Rで学ぶ
データサイエンス 金 明哲 編

6

マシンラーニング
第2版

辻谷將明・竹澤邦夫 著

共立出版

本シリーズの編集にあたって

　社会の進化に伴い，統計科学の環境が大きく変化している．その主な変化として次のような点があげられる．1) データの収集の方法が多様化されている．2) データの平均サイズがますます大きくなっている．3) データの流通が容易になっている．4) 統計計算やシミュレーションに必要となるコンピュータがますます安価になっている．5) 統計計算やシミュレーションの専用ソフトが無料で入手可能になった．6) 統計科学の役割の重要性の認知度が向上している．

　このようなさまざまな変化は，統計的データ解析の新しい手法の開発と応用を促し，データマイニング (data mining) や統計的機械学習 (statistical machine learning) のような新しい研究分野が生まれるようになり，その応用が急速に広がっている．従来の統計学，近年のデータマイニングや機械学習（マシンラーニング）に関する定義はいろいろあるが，共通点はデータを対象としていることであるので，本シリーズではこれらを包含する用語として，狭義のデータサイエンス (data science) を用いることにする．

　データサイエンスは，広義ではデータの収集，加工，蓄積，管理，流通，解析，マイニングなど，データの流れの上流から下流までを貫く科学である．昨今，データサイエンスは，工学，医学，薬学，生命科学，社会科学（社会，経済，マーケティングなど），心理学，教育学はもちろんのこと，文化学のような，従来は統計学やデータ解析があまり応用されていなかった分野でも，データサイエンスの手法による斬新な研究成果が多く報告されている．データサイエンスは，あらゆる分野において必要となる万人の科学と言っても過言ではない．

　データ解析の手法のほとんどは数理的理論に基づいて開発されているので，データサイエンスに関する解説書では，数式を避けると厳密な説明ができなくなる．非理工系の研究者の中には数式が苦手である方が多いため，非理工系の研究分野におけるデータサイエンスの適用が遅れている．一方，データ解析のツールを用いると，数理的な理論が分からなくても，データを入力すると何らかの結果が出力され，形式上はデータ解析が可能な時代になっている．しかし，データ解析の理論に関する理解が不十分であると，統計手法の利用を間違えたり，出力された結果の解析を誤ったりする可能性がある．

　データ解析を行うには，用いる手法の数理的理論の理解だけではなく，ツールを用いてデータを解析しなければならない．そのためには，データサイエンスの基礎理論を理解した上でツールを用いてデータを操作し，データ解析やデータマイニングを行うことが望ましい．データ解析やデータマイニングの手法は，データの構造と目的に依存する．万能なデータ解析やマイニングの手法はない．データ解析やマイニングを行う際には，データの構造や目的に合う手法を用いることが必要である．そのためには，用いる手法の理論を正しく理解することが必要である．

　データ解析の手軽なソフトとしては，表計算ソフト Excel や Calc がある．前者はマイクロソ

フト社の有料ソフトであり，後者はサン・マイクロシステムズ社が開発したフリーソフトである．最近，個人，法人を問わず，ほとんどのパソコンにはExcelがインストールされていることもあり，広く利用されている．表計算ソフトは，データの整理や簡単な計算には便利なツールであるが，高度なデータ解析を行うためには，プログラムを作成するか追加ソフトを用いることが必要である．また，これらのソフトは列の数に制限があり，大量のデータ解析には向いていない．その一方，データ解析の専用ソフトとしてはSAS, SPSS, S-PLUSなどがあるが，これらは高価であるため，個人のポケットマネーでは購入しがたく，恵まれている環境でなければ使用できない．

このようなことから，1990年代にニュージーランドのオークランド大学統計学科のRoss Ihakaとアメリカのハーバード大学のRobert GentlemanによりR（R環境，R言語とも呼ぶ）というデータ解析ツールの開発が始められ，1997年からは多くの賛同者が加わり，オープンソース方式で開発が続けられている．Rはフリーソフトであり，インターネットが接続された環境であれば，誰でもどこでも自由にダウンロードできる．Rは，基本的な統計計算の環境と専用パッケージの利用環境を提供している．2009年の現在，公開されたR専用のフリーパッケージの数は2千を超えている．Rでは，表形式のように定型化されたデータ処理やモデリング，データマイニング，機械学習などはもちろん，定型化されていない遺伝子情報のデータ，画像データ，音声・音楽データ，テキストデータなどを解析することも可能である．Rは，高度なデータ解析，繊細多様なグラフィックスの作成，データマイニング，機械学習，シミュレーションなどを行うツールであり，伝統的な統計計算やデータ解析の概念を超えたツールとして発展し続けている．従来は，研究者が考案したデータ解析の方法をエンドユーザが使用するまでには長い時間を要したが，Rの普及のおかげで，研究者が考案した新しい方法をエンドユーザが使用できるようになるまでのサイクルが大幅に短縮されている．

Rによる統計学に関する単行本がわが国で初めて刊行されたのは2003年である．約5年の間にRに関する訳書・和書の数はすでに30冊を超えるようになった．これがR普及の勢いを物語っている．しかし，その中にはRによる初級統計学やRのマニュアル形態のものが多く，高度なデータ解析やデータマイニングに関する理論を系統的に説明し，その方法をRで実践する，いわゆる理論と実践を両立したものが少ない．

そこで，数理的な基礎が一定程度ある方は，関連手法の数理的理論を理解し，Rによる実践を通じてその方法の理論と応用を学び，数理的基礎が弱い方々は，Rを用いて実践的に入門し，数理的理論を徐々に理解するようにと，数理に強い，弱いに関係なく幅広く使用できる本を提供することが本シリーズの主な目的である．ただし，企画した時点ですでに上記の理念と一致する本が刊行されている分野もある．それらの内容に関しては，重複を避けている．本シリーズでは，可能であれば社会的ニーズに応じて新たな内容の巻を追加していく予定である．

各巻の著者は，それぞれの分野で教育と研究にご活躍されている専門家である．ご多忙にもかかわらずご執筆をお引き受けいただいたことに感謝する．

本シリーズがデータサイエンスの発展に少しでも寄与できれば幸いである．

編者　金　明哲

第 2 版に寄せて

　R で学ぶデータサイエンスのシリーズとして「マシンラーニング」を 2009 年に出版してから早くも 5 年が経過した．フリーソフト R の飛躍的な発展とともにマシンラーニングは益々脚光を浴びている．蓄積された大量のデータから最大限の情報を引き出し，予測や制御の点で優れたモデルを生み出すことの重要性が，画像処理，自動翻訳，音声認識，自動制御，テキストマイニング，医療情報などの分野で一層強く認識されるようになった．

　マシンラーニングは，そうした目的を実現するための基盤となる技術の集積なので，その基本的な概念と技巧を身につけることはデータを有効に活用するための必須条件となっている．このような時代の変遷に呼応するため，本書もこのたび第 2 版を発刊する運びとなった．主な改訂点は下記のとおりである．

1. 第 3 章では旧版におけるノンパラメトリック回帰を関数データ解析へと発展させた．そこでは，ノンパラメトリック回帰の基礎的な概念を概観した後，ノンパラメトリック回帰が生み出してきた多くの応用分野の中で特に重要性の高い分野である関数データ解析の概要を，ライブラリ {fda version 2.4.0} を用いた R プログラムの例とその実行結果とともに示した．それにより，関数データ解析が幅広い応用の可能性が広がる方法であることが実感でき，ライブラリ {fda version 2.4.0} の利用には高度な知識や技巧は必要ではなく，いくつかの単純な概念を把握すれば十分であることが容易に理解できる．
2. 第 7 章では新たにライブラリ {neuralnet} を活用し，構築されるニューラルネットワークの可視化を試みた．その結果，結合荷重の推定値が直接，ネットワークの図に書き込まれるようになった．AIC や BIC もモデル文で指定できるようになった．さらに目的関数として尤度関数や最小 2 乗誤差の指定ができるようになった．
3. 第 9 章の生存時間解析を大幅に加筆・修正した．時間依存型の特殊なケースとして，多重状態 (multistate) モデルに基づくイベントヒストリー解析を取り上げた．観測開始から目標事象（死亡あるいは打切り）発生までに種々のイベント（すなわち，多重状態）が起こり，その時間と共変量の値が記録される．イベントヒストリーデータを R により解析し，読者の理解の向上を目指した．さらに，競合リスクモデルも加筆した．具体的には，周辺モデル，層別比例ハザードモデル，累積発生関数を取り上げた．累積発生関数についての解説は他書にはあまり見られない．具体例を通じて R の魅力を明示した．

2015 年 1 月

辻谷將明・竹澤邦夫

まえがき

　近年におけるパソコンとインターネットの高機能化と廉価化によって，データの取得と蓄積と処理が飛躍的に容易になった．その結果，高い計算能力と洗練されたグラフ化能力を駆使して，大量のデータから有益な情報を引き出す技術が数多く開発されてきた．それらは，データに対する，整理，分類，順序づけ，位置づけ，関連づけ，図式化，グラフ化，体系化，モデル化を行う．それによって，重要なデータの抽出，データ間の関連性の析出，概念の創出，法則の発見，既存の知識の検証，データに立脚した推定・予測・制御，対策技術の立案などが実現する．そうした技術は，マシンラーニング (machine learning) と総称され，情報化社会の要である．マシンラーニングの的確で迅速な活用なしには立ちゆかない分野も多い．

　本書では，マシンラーニングにおいて主要な役割を果たしている技術を取り上げる．それは，データに基づいて回帰式を作成することを目的とするものである．データの特徴を把握し実用に資するために回帰式の作成は有力な手段なので，マシンラーニングの中核の1つとして揺るぎない地位にある．回帰式に関する理論や手法は長い歴史をもつにもかかわらず，近年，飛躍的な進歩を遂げ，現在もその勢いを弱めていない．そのため，多様な概念や技法が多層に渡って分岐しつつ拡大し，時には混迷するという事態にある．そうした中で，実用的にも理論的にも価値の高い手法を選択し，理解を深め，洗練させ，適切に利用するためには，それぞれの手法を信頼できる視点に立脚して習得することと，主要な手法を自ら試行してその意義や特性を把握することが不可欠になる．本書において，「信頼できる視点」とは統計学的な方法論であり，「主要な手法を自ら試行」するための手段がRというソフトウエアである．

　「信頼できる視点」として統計学的な方法論を採用したのは，大量のデータを用いたマシンラーニングを行う場合においては，常に統計学的な正当性を意識しなければならないからである．確率的な不確実性を伴う事象を取り扱うにあたって，統計学的な方法論が唯一の信じるに足る体系であるゆえ，マシンラーニングにおけるその重要性は明らかといえる．実用性の高いマシンラーニングを実現するためには，解決すべき問題を統計学的な視点に基づいて理解し，それぞれの手法が拠って立つ数学的な仮説の意味とその能力と限界を知り，仮説が成り立たない場合の対処法にまで考えが及ばなければならない．

　「主要な手法を自ら試行」する手段としてRを選択したのは，現実の問題に対処することを最終的な目的とする手法の利用において，それらのアルゴリズムを実際に機能させてその様子を実感することも重要だからである．理論的な内容が明らかになっている事柄であっても，結果の解釈や利用においては複眼的な配慮が必要になることも多い．また，アルゴリズムが進行する中で，数値がどのような様相を呈しながら結果に至るかを知ることによって，新たな側面が明らかになったり，これまでに知られていなかった問題点が浮かび上がったりする．そうした取り組みによっ

て，マシンラーニングの実務的な能力が向上する．この目的のための道具として R は最高の条件を備えている．

　これらの目的意識に沿って本書は，重回帰，関数データ解析，樹形モデル，判別分析，一般化加法モデル (generalized additive models)，ニューラルネットワーク (neural network)，サポートベクターマシン (support vector machine)，生存時間解析について解説し，R を使ってこれらの手法を利用する方法を述べている．本書で取り上げた手法は，それ自体が有意義なマシンラーニングを実現するための有力な道具であるとともに，より高度な手法を理解したり構築したりする際の礎にもなる．それぞれの章の担当は，序論（辻谷），重回帰（竹澤），ノンパラメトリック回帰（竹澤），Fisher の判別分析（辻谷），一般化加法モデルによる判別（辻谷），樹形モデルと MARS（竹澤），ニューラルネットワーク（辻谷），サポートベクターマシン (SVM)（辻谷），生存時間解析（辻谷）である．本書が，マシンラーニングの各手法の統計学的な意義に対する理解を深め，R によってその意義を体感し，実用への足がかりを築くために役立つことを期待する．

　本書の執筆に至る研究活動において，諸先輩，同僚諸氏から受けた影響は計り知れないものがある．この機会に心から感謝を申し上げたい．大阪府立成人病センターの左近賢人病院長，住宅金融支援機構の外山信夫氏，大塚製薬(株)の伊庭克拓氏，(株)NTT データ数理システムの中園美香氏，イーピーエス(株)の田中祐輔氏には，専門知識の提供やプログラムの開発で多大なご教示を賜った．また，本書の執筆を勧めてくださり，原稿を読んで数々のご指摘をいただいた同志社大学文化情報学部 金明哲教授に感謝の念を表したい．最後に，本書の出版に当たり共立出版の横田穂波氏と北由美子氏にはひとかたならぬお世話になった．

　なお，本書に掲載されている R コマンド，正誤表などは共立出版のホームページ http://www.kyoritsu-pub.co.jp/service/service.html#019263 からダウンロードできる．

2009 年 5 月

辻谷將明・竹澤邦夫

目　次

第 1 章　序　論　　1
　1.1　母集団と標本　　1
　1.2　確率分布　　1
　　1.2.1　離散型確率変数　　1
　　1.2.2　連続型確率変数　　2
　　1.2.3　期待値と分散　　3
　　1.2.4　多変数の確率分布　　4
　　1.2.5　最尤法　　5
　　1.2.6　指数分布族　　7
　1.3　R 言語　　7
　1.4　本書の構成　　8

第 2 章　重回帰　　10
　2.1　重回帰式の導出と性質　　10
　2.2　予測変数の選択　　14
　2.3　重回帰式の妥当性　　19
　2.4　重回帰式における検定　　26
　2.5　ダブル・クロスバリデーション　　36
　2.6　カテゴリー型の予測変数を含む重回帰　　39

第 3 章　関数データ解析　　50
　3.1　平滑化スプライン　　50
　3.2　平滑化スプラインにおける平滑化パラメータ　　57
　3.3　スカラーを目的変数とする関数線型モデル　　60
　3.4　スカラーを目的変数とする関数線型モデルの作成手順　　61
　3.5　スカラーを目的変数とする関数線型モデルによる気象データの解析　　67
　3.6　関数データを目的変数とする関数線型モデルによる気象データの解析　　74
　3.7　主成分分析　　79

- 3.8 関数主成分分析 84
- 3.9 関数主成分分析による気象データの解析 86

第4章 Fisher の判別分析　94
- 4.1 2群判別 94
  - 4.1.1 マハラノビスの汎距離 95
  - 4.1.2 線形判別関数 97
  - 4.1.3 2次判別関数 105
- 4.2 多群判別 107
  - 4.2.1 線形判別 107
  - 4.2.2 適用例 108
- 4.3 正準判別解析 109
  - 4.3.1 定式化 109
  - 4.3.2 適用例 110
- 4.A 相関比に基づく線形判別式の導出 114
- 4.B ロジスティック判別 116
- 4.C 2つの群の大きさが異なる場合の線形判別 118

第5章 一般化加法モデル (GAM) による判別　119
- 5.1 ロジスティック判別 119
  - 5.1.1 平滑化スプライン 119
  - 5.1.2 薄板平滑化スプライン 123
  - 5.1.3 リサンプリング法 125
  - 5.1.4 適用例 125
- 5.2 ベクトル一般化加法モデル (VGAM) 133
  - 5.2.1 モデル構築 133
  - 5.2.2 適用例 135
- 5.3 ポアソン回帰と負二項回帰 139
  - 5.3.1 ポアソン分布と負二項分布 139
  - 5.3.2 適用例 141
- 5.A GACV の導出 146
- 5.B ロジスティック判別モデルのパラメータ推定 147
- 5.C Overdispersion 148

第6章 樹形モデルと MARS　149
- 6.1 はじめに 149
- 6.2 樹形モデルの基本概念 150
- 6.3 回帰のための樹形モデル 153
- 6.4 分類のための樹形モデル 163
- 6.5 バギング樹形モデル 169
- 6.6 予測変数が1つのときの MARS 172

6.7	予測変数が 2 つ以上のときの MARS	176

第 7 章 ニューラルネットワーク　184

7.1	階層型ニューラルネット	184
	7.1.1　尤度	184
	7.1.2　Kullback-Leibler 情報量	186
	7.1.3　バックプロパゲーション学習則	188
7.2	隠れユニット数の決定と適合度検定	192
7.3	適用例	192
	7.3.1　2 群判別	192
	7.3.2　多群判別	195

第 8 章 サポートベクターマシン (SVM)　199

8.1	SVM	199
	8.1.1　ハードマージン	200
	8.1.2　ソフトマージン	205
8.2	カーネル法	207
	8.2.1　カーネルトリック	207
	8.2.2　事後確率の推定	209
8.3	適用例	212
	8.3.1　調整パラメータの最適選択	213
8.A	別法（ソフトマージン）	216
8.B	別法（ハードマージン）	218
8.C	入力空間と特徴空間	219
8.D	SVM とロジスティック判別	220

第 9 章 生存時間解析　222

9.1	比例ハザードモデル	222
9.2	時間依存型生存データ解析	225
	9.2.1　時間依存型モデル	225
	9.2.2　Mayo updated モデルとヨーロッパ new version モデル	228
	9.2.3　部分ロジスティックモデル	231
	9.2.4　ニューラルネット	233
9.3	イベントヒストリー解析	236
9.4	競合リスクモデル	240
	9.4.1　周辺モデル	241
	9.4.2　層別比例ハザードモデル	241
	9.4.3　累積発生関数	247

参考文献	263
索　引	271

第1章

序 論

1.1 母集団と標本

われわれは，実験や調査によって種々のデータを入手する．それらは，もとになっている集団の一部として抽出された標本からの情報である．対象とした構成要素（人や物）すべての集まりを母集団と呼ぶ．標本は母集団を代表する情報で，標本から知りたいのは，あくまで母集団の様子である．そのためには，母集団全体から，偏りがないように標本を無作為 (random) に抽出しなければならない．標本から得られた情報は，母集団について常に誤差を伴う．その誤差は，一定の確率法則に従い，正規分布，二項分布などを想定することが多い [129]．

1.2 確率分布

1.2.1 離散型確率変数

離散型確率変数 X の実現値を $x_1, x_2, \ldots, x_n$ とするとき，

$$0 \leq \pi_i \leq 1 \tag{1.1}$$

$$\sum_{i=1}^{n} \pi_i = 1 \tag{1.2}$$

を満たす（離散型）確率

$$f(x_i) = Pr\{X = x_i\} = \pi_i, \quad i = 1, 2, \ldots, n \tag{1.3}$$

を離散型確率変数 X の確率分布 (probability distribution) という．

確率変数 X が区間 $(-\infty, x)$ の値をとる確率

$$Pr\{-\infty < X \leq x\} = Pr\{X \leq x\} \tag{1.4}$$

は，上界 x によって決まる．これを X の累積分布関数 (cumulative distribution function)，あるいは単に分布関数といい，

$$F(x) = Pr\{X \leq x\} = \sum_{t \leq x} f(t) \tag{1.5}$$

と書く．すなわち，x を超えない t のすべての値に対する $f(t)$ の値の和が $F(x)$ である．明らかに

$$Pr\{a < X \leq b\} = Pr\{X \leq b\} - Pr\{X \leq a\} = F(b) - F(a) \tag{1.6}$$

が成り立つ．

(1) 二項分布

結果が 0（成功），1（失敗）のいずれかである実験を独立に n 回繰り返す．1 の生ずる確率を π，0 の生ずる確率を $1-\pi$ とする（独立な試行で特定の事象の生じる確率が常に π である試行を，ベルヌーイ試行という）．このとき，n 回中 1 の生ずる回数 X（確率変数）が x である確率は

$$Pr\{X = x\} = {}_nC_x \pi^x (1-\pi)^{n-x}, \quad x = 0, 1, \ldots, n \tag{1.7}$$

で与えられる．この離散型確率分布は，二項分布 (binomial distribution) と呼ばれ，$B(n, \pi)$ と書く．

二項分布の形は n と π の値によって定まる．たとえば，n 個の製品を製造したとき，その中に含まれる不良品の個数 X は二項分布に従う．この場合の未知パラメータ π は，母不良率と呼ばれる．特に，$n=1$ の場合を，ベルヌーイ分布と呼ぶ．確率変数 X が二項分布 $B(n, \pi)$ に従うとき，

$$\begin{cases} E[X] = n\pi \\ Var[X] = n\pi(1-\pi) \end{cases} \tag{1.8}$$

となる．

(2) ポアソン分布

二項分布の期待値 $n\pi = \mu$ を一定にし，$n \to \infty$ にすると，二項分布はポアソン分布

$$Pr\{X = x\} = \frac{e^{-\mu}\mu^x}{x!}, \quad x = 0, 1, 2, \ldots \tag{1.9}$$

になる．ポアソン分布では，μ が未知パラメータになる．試行回数が n のとき，ポアソン分布の期待値と分散は

$$\begin{cases} E[X] = \mu \\ Var[X] = \mu \end{cases} \tag{1.10}$$

で与えられる．

1.2.2 連続型確率変数

（連続型）確率変数 X の確率分布 $f(x)$ を確率密度関数 (probability density function)，あるいは単に密度関数といい，

$$f(x) \geq 0 \tag{1.11}$$

$$\int_{-\infty}^{\infty} f(x)dx = 1 \tag{1.12}$$

を満たす．連続型確率変数に対する分布関数を

$$F(x) = \int_{-\infty}^{x} f(t)dt \tag{1.13}$$

と定義する．よって，$a < b$ のとき X が区間 $[a, b]$ の値をとる確率は

$$Pr\{a < X \leq b\} = \int_a^b f(x)dx = F(b) - F(a) \tag{1.14}$$

となる．

連続型確率変数の分布として最もよく用いられるのが，正規分布 (Normal distribution)

$$f(x) = \frac{1}{\sqrt{2\pi}\sigma} e^{-\frac{(x-\mu)^2}{2\sigma^2}} \tag{1.15}$$

である．正規分布は，μ と σ でその曲線の形状が決まる．μ は分布の中心位置を，σ^2 は尺度を表し，μ を母平均，σ^2 を母分散と呼ぶ．$f(x)$ を $f(x; \mu, \sigma^2)$ と書くこともある．確率変数 X が母平均 μ と母分散 σ^2 の正規分布に従うとき，$X \sim N(\mu, \sigma^2)$ と書く．特に，$N(0, 1^2)$ を標準正規分布という．

1.2.3 期待値と分散

X が連続型確率変数なら，期待値 $\mu = E[X]$ は

$$E[X] = \int_{-\infty}^{\infty} x f(x) dx \tag{1.16}$$

と定義する．確率変数 X の期待値 $\mu = E[X]$ を母平均という．一般に，X の任意の関数 $g(X)$ について

$$E[g(X)] = \int_{-\infty}^{\infty} g(x) f(x) dx \tag{1.17}$$

とする．

期待値について，X_i を互いに独立な確率変数，$a_0, a_1, \ldots, a_n$ を定数とするとき

$$E[a_0 + a_1 X_1 + a_2 X_2 + \cdots + a_n X_n] = a_0 + a_1 E[X_1] + a_2 E[X_2] + \cdots + a_n E[X_n] \tag{1.18}$$

が成り立つ．確率変数 X の母分散 $Var[X] \equiv \sigma^2$ を

$$Var[X] = E[(X - \mu)^2], \quad \mu = E[X] \tag{1.19}$$

と定義する．(1.19) 式は

$$Var[X] = E[X^2 - 2\mu X + \mu^2] = E[X^2] - 2\mu E[X] + \mu^2 = E[X^2] - \{E[X]\}^2 \tag{1.20}$$

と書ける．また，$\sigma = \sqrt{Var[X]}$ を母標準偏差という．分散について，X_i を互いに独立な確率変数，$a_0, a_1, \ldots, a_n$ を定数とするとき

$$Var[a_0 + a_1 X_1 + a_2 X_2 + \cdots + a_n X_n] = a_1^2 Var[X_1] + a_2^2 Var[X_2] + \cdots + a_n^2 Var[X_n] \tag{1.21}$$

が成り立つ．

1.2.4 多変数の確率分布

(1) 多変数離散型確率変数

確率変数 X, Y がそれぞれ，離散値 $x_1, x_2, \ldots, x_n$ および $y_1, y_2, \ldots, y_m$ をとるとき，すべての (i, j) の組について，$X = x_i, Y = y_j$ となる確率を

$$Pr\{X = x_i, Y = y_j\} = \pi_{ij} \tag{1.22}$$

と書く．そして，

$$Pr\{X = x_i\} = \sum_{j=1}^{m} \pi_{ij}, \quad i = 1, 2, \ldots, n \tag{1.23}$$

$$Pr\{Y = y_j\} = \sum_{i=1}^{n} \pi_{ij}, \quad j = 1, 2, \ldots, m \tag{1.24}$$

をそれぞれ確率変数 X および Y の周辺分布 (marginal distribution) という．

2つの確率変数 X, Y について，$E[X] = \mu_x, E[Y] = \mu_y$ とおけば，X と Y の共分散 (covariance) は

$$Cov[X, Y] = E\left[(X - \mu_x)(Y - \mu_y)\right] \tag{1.25}$$

と定義される．共分散は

$$Cov[X, Y] = E[XY] - E[X]E[Y] \tag{1.26}$$

となる．

多変数離散型確率分布の代表が多項分布 (multinomial distribution) である．二項分布では，n 回の試行でのそれぞれの結果が 0 (成功)，1 (失敗) の 2 種類しかなかったが，それが K 通りある場合を考える．その K 通りが起こる確率を $\pi_1, \pi_2, \ldots, \pi_K$ (ただし，$\sum_{i=1}^{K} \pi_i = 1$) とすると，それぞれの結果が $x_1, x_2, \ldots, x_K$ 回起こる確率は

$$Pr\{X_1 = x_1, X_2 = x_2, \ldots, X_K = x_K\} = \frac{n!}{x_1! x_2! \cdots x_K!} \pi_1^{x_1} \pi_2^{x_2} \cdots \pi_K^{x_K} \tag{1.27}$$

$$x_i \geq 0 \ (i = 1, 2, \ldots, K), \quad \sum_{i=1}^{K} x_i = n$$

となる．これを，多項分布と呼ぶ．X_i の平均，分散，共分散は

$$\begin{cases} E[X_i] = n\pi_i \\ Var[X_i] = n\pi_i (1 - \pi_i) \\ Cov[X_i, X_j] = E[X_i X_j] - E[X_i]E[X_j] = -n\pi_i \pi_j \end{cases} \tag{1.28}$$

で与えられる．

(2) 多変数連続型確率変数

2つの確率変数 X, Y の組 (X, Y) が連続値をとるとき，連続型同時確率分布 $f(x, y)$ を考える．$a \leq X \leq b$ かつ $c \leq Y \leq d$ となる確率は

$$Pr\{a \leq X \leq b, c \leq Y \leq d\} = \int_a^b \int_c^d f(x, y) dx dy \tag{1.29}$$

で与えられ，

$$f(x,y) \geq 0 \tag{1.30}$$

$$\int_{-\infty}^{\infty}\int_{-\infty}^{\infty} f(x,y)dxdy = 1 \tag{1.31}$$

となる．ここでも，周辺分布を定義する．確率変数 X が，$a \leq X \leq b$ となる確率は

$$\begin{aligned} Pr\{a \leq X \leq b\} &= Pr\{a \leq X \leq b, -\infty \leq Y \leq \infty\} \\ &= \int_a^b \int_{-\infty}^{\infty} f(x,y)dxdy = \int_a^b \left\{\int_{-\infty}^{\infty} f(x,y)dy\right\} dx \end{aligned} \tag{1.32}$$

である．$g(x) = \int_{-\infty}^{\infty} f(x,y)dy$ とおくと

$$Pr\{a \leq X \leq b\} = \int_a^b g(x)dx \tag{1.33}$$

となるから，$g(x)$ は X の周辺（確率）密度関数である．この $g(x)$ を同時確率分布 $f(x,y)$ の周辺分布という．同様に，Y の周辺分布を

$$h(y) = \int_{-\infty}^{\infty} f(x,y)dx \tag{1.34}$$

と定義する．

(X,Y) の同時密度関数が，X の周辺密度関数 $g(x)$ と，Y の周辺密度関数 $h(y)$ との積

$$f(x,y) = g(x)h(y) \tag{1.35}$$

で与えられるとき，X と Y は独立である．

1.2.5　最尤法

無作為標本 $x_1, x_2, \ldots, x_n$ が得られたとき，未知パラメータ θ をもつ確率変数 X_i が値 x_i をとる確率を $f(x_i;\theta)$ とする．$\{X_1 = x_1, X_2 = x_2, \ldots, X_n = x_n\}$ となる同時確率 $f(x_1, x_2, \ldots, x_n;\theta)$ について，実現値 $x_1, x_2, \ldots, x_n$ を固定し，θ を変数とみなし

$$L(\theta) = L(\theta; x_1, x_2, \ldots, x_n) = f(x_1, x_2, \ldots, x_n; \theta) \tag{1.36}$$

と書く．これを尤度関数 (likelihood function) と呼ぶ．また，

$$l(\theta) = l(\theta; x_1, x_2, \ldots, x_n) = \ln L(\theta; x_1, x_2, \ldots, x_n) \tag{1.37}$$

を対数尤度関数という．この $L(\theta; x_1, x_2, \ldots, x_n)$ あるいは $l(\theta; x_1, x_2, \ldots, x_n)$ が最大になる θ の値を最尤推定量 MLE (Maximum Likelihood Estimator) と呼び $\hat{\theta}$ で示す．未知パラメータ θ が $\hat{\theta}$ のとき，実際に得られる標本が最も生じやすい．すなわち最尤法とは，その標本の生ずる確率が最も"尤らしい" θ の値 $\hat{\theta}$ を求めている．

特に，確率変数 $X_1, X_2, \ldots, X_n$ が独立なら，

$$Pr\{X_1 = x_1, X_2 = x_2, \ldots, X_n = x_n\} = f(x_1, x_2, \ldots, x_n; \theta) = f(x_1;\theta)f(x_2;\theta)\cdots f(x_n;\theta) \tag{1.38}$$

となる．よって，(1.36), (1.37) 式はそれぞれ

$$L(\theta; x_1, x_2, \ldots, x_n) = f(x_1; \theta)f(x_2; \theta) \cdots f(x_n; \theta) \tag{1.39}$$

および

$$l(\theta; x_1, x_2, \ldots, x_n) = \sum_{i=1}^{n} \ln f(x_i; \theta) \tag{1.40}$$

と書ける．

たとえば，母平均 μ，母分散 σ^2 の正規母集団 $N(\mu, \sigma^2)$ から，大きさ n の無作為標本 $x_1, x_2, \ldots, x_n$ が得られたとき，μ と σ^2 の最尤推定量を求めよう．正規母集団 $N(\mu, \sigma^2)$ の確率密度関数は

$$f(x) = \frac{1}{\sqrt{2\pi}\sigma} e^{-\frac{(x-\mu)^2}{2\sigma^2}} \tag{1.41}$$

であるから，(1.40) 式の対数尤度関数は

$$\begin{aligned} l(\mu, \sigma^2; x_1, x_2, \ldots, x_n) &= \sum_{i=1}^{n} \ln f(x_i) \\ &= -\frac{n}{2} \ln(2\pi) - n \ln \sigma - \frac{1}{2\sigma^2} \sum_{i=1}^{n} (x_i - \mu)^2 \end{aligned} \tag{1.42}$$

と書ける．

$$\frac{\partial l}{\partial \mu} = \frac{\partial l}{\partial \sigma} = 0 \tag{1.43}$$

より，

$$\begin{cases} \dfrac{\partial l}{\partial \mu} = -\dfrac{1}{2\sigma^2} \sum_{i=1}^{n} 2(x_i - \mu) \times (-1) = 0 \\ \dfrac{\partial l}{\partial \sigma} = -n \dfrac{1}{\sigma} + \dfrac{1}{\sigma^3} \sum_{i=1}^{n} (x_i - \mu)^2 = 0 \end{cases} \tag{1.44}$$

の解が，μ, σ^2 の MLE である．ゆえに，μ, σ^2 の MLE は

$$\begin{cases} \hat{\mu} \equiv \bar{X} = \dfrac{1}{n} \sum_{i=1}^{n} X_i \\ \hat{\sigma}^2 = \dfrac{1}{n} \sum_{i=1}^{n} (X_i - \bar{X})^2 \end{cases} \tag{1.45}$$

で与えられる．

次に，二項分布に従う母不良率を最尤法で推定してみよう．n 個の製品を製造し，良・不良を判定したとき，i 番目の製品が良なら $0\,(y_i = 0)$，不良なら $1\,(y_i = 1)$ という確率変数を Y_i とすると，尤度関数は

$$\begin{aligned} L(\pi; y_1, y_2, \ldots, y_n) &= f(y_1; \pi)f(y_2; \pi) \cdots f(y_n; \pi) \\ &= \pi^{\sum y_i}(1-\pi)^{n-\sum y_i} \end{aligned} \tag{1.46}$$

となる．ただし，母不良率を π としたとき

$$f(y_i) = \pi^{y_i}(1-\pi)^{1-y_i} \tag{1.47}$$

とする．

n 個の製品中の不良品の個数 X は $X = \sum_{i=1}^{n} Y_i$ となる．$P = X/n$ を標本不良率という．ここで，未知パラメータ π の MLE を求める．(1.46) 式の対数値

$$\ln L(\pi; y_1, y_2, \ldots, y_n) = \left(\sum_{i=1}^{n} y_i\right) \ln \pi + \left(n - \sum_{i=1}^{n} y_i\right) \ln(1-\pi) \tag{1.48}$$

を π で微分すると

$$\frac{d \ln L(\pi; y_1, y_2, \ldots, y_n)}{d\pi} = \frac{\sum_{i=1}^{n} y_i}{\pi} - \frac{n - \sum_{i=1}^{n} y_i}{1-\pi} \tag{1.49}$$

を得る．(1.49) 式の右辺を 0 とおき，π について解くと MLE

$$\hat{\pi} = P = X/n \tag{1.50}$$

が得られる．母不良率の MLE は標本不良率となる．

1.2.6 指数分布族

1 つの未知パラメータ θ をもつ確率変数 X が，

$$f(x|\theta) = \exp\{a(x)b(\theta) + c(\theta) + d(x)\} \tag{1.51}$$

と表せるとき，その分布は指数分布族に属するという．正規分布，ガンマ分布，ポアソン分布，二項分布，多項分布などを含む分布族である．$b(\theta)$ を自然パラメータ (natural parameter) と呼ぶ．$a(x) = x$ のとき，その分布は正準型 (canonical form) であるという．θ 以外に他のパラメータがあるとき，それらは局外パラメータ (nuisance parameter) と呼ばれ，既知として取り扱う．

たとえば，

$$\text{正規分布}: f(x|\mu) = \exp\left\{-\frac{x^2}{2\sigma^2} + \frac{x\mu}{\sigma^2} - \frac{\mu^2}{2\sigma^2} - \frac{1}{2}\ln(2\pi\sigma^2)\right\} \tag{1.52}$$

$$\text{二項分布}: f(x|\pi) = \exp\left\{x\ln\pi - x\ln(1-\pi) + n\ln(1-\pi) + \ln\binom{n}{x}\right\} \tag{1.53}$$

と書ける．正規分布の場合，σ^2 が局外パラメータとなる [124]．

1.3 R 言語

R は，インターネットを使ってダウンロードして無料で利用できるパソコン用ソフトウエアである．その Web サイト（英語）の URL は http://cran.r-project.org/ である．「r cran」などをキーワードにして検索することでも到達できる．

R を用いて統計計算やグラフ描画を行うための基本的な手法には 2 種類ある．1 つは，一連の作業を記述したプログラム（ただし，R の世界での正式な用語としては，データだけではなく，プログラムもオブジェクトの一種と称する）をエディタを用いて作成し，コンソール画面においてプログラムを実行する方法である．もう 1 つは，コンソール画面において R のコマンド（R の世界では，コマンドもオブジェクトの一種である）を 1 つ 1 つ入力することによって実行する方法

である．前者は，行ったことの内容が確実に記録され，過去に行った作業や他の人が行った作業を忠実に再現できる点が特長である．後者は，1つ1つのコマンドがもたらす結果を参照しながら模索できる点で優れている．本書では，戸惑うことなくRに親しめることを重視して，前者の利用法に従ってRの使い方を示した．

1.4 本書の構成

近年のコンピュータ技術の飛躍的進歩や多様なデータの収集と蓄積によって，非線形性をもつ統計的多変量データ解析が脚光を浴びつつある．特に，平滑化スプライン関数を用いた一般化加法モデル (GAM: Generalized Additive Model)，樹形モデル，MARS (Multivariate Adaptive Regression Splines)，ニューラルネットワーク，サポートベクターマシン (SVM: Support Vector Machine) などのマシンラーニングが有力な武器になりつつあり，データから直接的に非線形モデルを構築することができる．

第2章では，重回帰による回帰式の導出を扱う．予測変数を選択する方法として，予測誤差に主眼を置いた方法と検定を用いる方法の両方を取り上げる．ダブル・クロスバリデーションを用いて，予測誤差をより正確に推定する方法についても述べる．カテゴリー型の予測変数を含む場合も，通常の重回帰と同じ要領で扱うことができる．

第3章では，関数データ解析について説明する．ノンパラメトリック回帰の基礎的な概念を把握すれば，関数データ解析の概要を理解することは容易であることがわかる．また，実データを用いてRプログラムの実施例を示すことによって，関数データ解析の実用的な利用を促す．

第4章では，古典的なFisherの判別分析を取り上げる．線形判別，2次判別における誤判別率の計算法としてクロスバリデーションについても簡単に触れる．さらに，多群判別について，相関比に基づく正準判別解析について解説する．それは，予測変数の1次結合からなる新しい変量（正準変量）を構成し，群間の相違を2次元あるいは3次元に縮約する方法である．

第5章では，平滑化スプラインによるGAMを用いた判別モデルについて解説する．ロジスティック判別へそれらを適用するため，従来の後退当てはめ (backfitting) による局所評点化法 (local scoring algorithm) を改良したアルゴリズムについて解説する．また，平滑化スプラインを用いたベクトル一般化加法モデル (VGAM: Vector Generalized Additive Models) による多群判別についても解説する．

第6章では，樹形モデルとMARSについて述べる．この2つの手法は，平滑化スプラインの方法論とはやや立場の異なるノンパラメトリック回帰の手法とみなせる．予測変数の個数が多く，予測変数と目的変数の関係が未知のときの回帰手法として多くの実績をもっている．

第7章では，パターン認識と密接な関係にある階層型ニューラルネットを取り上げる．特に，ベイズ理論の観点からネットワーク尤度を構成し，予測平方和規準とKullback-Leibler情報量規準との関係を明確にする．そして，ニューロン間のリンク荷重 (connection weight) を未知パラメータとみなし，最尤法による統計的推測について解説する．ライブラリ {neuralnet} を活用し，構築されるニューラルネットワークの可視化を試みる．その結果，統合荷重の推定値が直接，ネットワークの図に書き込まれるようになり，AICやBICもモデル文で指定できるようになる．さらに目的関数として尤度関数や最小2乗誤差の指定ができるようになる．実際例を用い2群判別，および多群判別について解説する．

第8章では近年，脚光を浴びつつある SVM を紹介する．SVM は，ニューロンの最も単純な線形しきい素子を拡張したパターン識別器である．階層型ニューラルネットのバック・プロパゲーション学習則で未知パラメータを推定すると，初期値によって最適解が異なる局所解の問題があった．しかし，SVM では，局所的最適解が必ず大局的最適解になるという利点がある．

第9章では，生存時間データ解析で広範に活用されてきた Cox 比例ハザードモデルを取り上げる．第5章の GAM を生存時間解析へ拡張した一般化加法比例ハザードモデルについて解説する．予測変数の値が時間とともに変動する時間依存型データが含まれる場合，部分ロジスティック回帰モデルを援用した部分ロジスティックモデルおよび第7章のニューラルネットモデルを援用し，ブートストラップ法による統計的推測を系統的に行う．さらに，競合リスクモデルについても解説する．具体的には，周辺モデル，層別比例ハザードモデル，累積発生関数を取り上げる．累積発生関数についての解説は他書にはあまり見られない．具体例を通じて R の魅力を明示する．

第2章

重回帰

2.1 重回帰式の導出と性質

重回帰式とは，以下の形をした回帰式である．

$$y = a_0 + \sum_{j=1}^{I} a_j x_j, \quad j = 1, 2, \ldots, I \tag{2.1}$$

ここで，$\{x_j\}$ が予測変数，y が目的変数である．予測変数の代わりに，説明変数や独立変数という言葉が使われることがある．ここでは，「predictor variable」あるいは「predictor」に沿った言葉であることを意識して，予測変数という用語を用いる．$\{a_j\}$ が回帰係数である．この回帰式を作成するためのデータを

$$\mathbf{X} = \begin{pmatrix} 1 & x_{11} & x_{12} & \ldots & x_{1p} \\ 1 & x_{21} & x_{22} & \ldots & x_{2p} \\ \vdots & \vdots & \vdots & \ddots & \vdots \\ 1 & x_{n1} & x_{n2} & \ldots & x_{np} \end{pmatrix} \tag{2.2}$$

$$\mathbf{y} = (y_1, y_2, \ldots, y_n)^t \tag{2.3}$$

のように表す．n がデータの個数である．「^{t}」は転置を示す．$\mathbf{X}$ が計画行列（デザイン行列ともいう）である．x_{ij} は i 番目 $(1 \leq i \leq n)$ のデータの j 番目 $(1 \leq j \leq I)$ の予測変数の値である．$\mathbf{y}$ はデータの目的変数の部分で，その i 番目の要素が i 番目のデータの目的変数の値を表す．次に，$\{a_j\}(0 \leq j \leq I)$ を以下のベクトルで表す．

$$\mathbf{a} = (a_0, a_1, \ldots, a_I)^t \tag{2.4}$$

以下の値を最小にする $\mathbf{a}$ を $\hat{\mathbf{a}}$（$\mathbf{a}$ の推定値）として採用することが多い．

$$E = \sum_{i=1}^{n} \left(y_i - a_0 - \sum_{j=1}^{I} a_j x_{ij} \right)^2 \tag{2.5}$$

この方法を，最小2乗法と呼ぶ．

$\hat{\mathbf{a}}$ は,

$$\hat{\mathbf{a}} = (\mathbf{X}^t\mathbf{X})^{-1}\mathbf{X}^t\mathbf{y} \tag{2.6}$$

と書ける.ここで,「$^{-1}$」は逆行列を意味する.この式の両辺に左から $\mathbf{X}$ を掛けると以下の式が得られる.

$$\mathbf{X}\hat{\mathbf{a}} = \mathbf{X}(\mathbf{X}^t\mathbf{X})^{-1}\mathbf{X}^t\mathbf{y} \tag{2.7}$$

この式を以下のように書くことができる.

$$\hat{\mathbf{y}} = \mathbf{H}\mathbf{y} \tag{2.8}$$

ここで,$\hat{\mathbf{y}}$ と $\mathbf{H}$ はそれぞれ以下のものである.

$$\hat{\mathbf{y}} = \begin{pmatrix} \hat{a}_0 + \sum_{j=1}^{I} \hat{a}_j x_{1j} \\ \hat{a}_0 + \sum_{j=1}^{I} \hat{a}_j x_{2j} \\ \vdots \\ \hat{a}_0 + \sum_{j=1}^{I} \hat{a}_j x_{nj} \end{pmatrix} \tag{2.9}$$

$$\mathbf{H} = \mathbf{X}(\mathbf{X}^t\mathbf{X})^{-1}\mathbf{X}^t \tag{2.10}$$

$\hat{\mathbf{y}}$ は,データのそれぞれに対応する推定値を要素とする列ベクトルである.$\mathbf{H}$ をハット行列と呼ぶ.重回帰式の性質を知るうえで重要な役割を果たす.

最小 2 乗法は,それぞれのデータが以下の式で表現できる,という仮定に基づいている.

$$y_i = a_0 + \sum_{j=1}^{I} a_j x_{ij} + \epsilon_i \tag{2.11}$$

ここで,$\{\epsilon_i\}(1 \leq i \leq n)$ は正規分布などの分布に従う確率変数(データを得るごとに異なった値を与えるけれども,その値は特定の確率法則に従う変数)の実現値(確率変数から得られる特定の値)である.この $\{\epsilon_i\}$ を生み出した確率変数を ϵ とし,ϵ の分散を σ^2 とすると,σ^2 は,

$$\sigma^2 = E[(\epsilon - E[\epsilon])^2] \tag{2.12}$$

と書ける.ここで,$E[\cdot]$ は期待値を表す.$E[\cdot]$ の中にある確率変数からたくさんの実現値を求めて,それらの平均を求めた結果を意味する.$E[\epsilon]$ は 0 であることを仮定することが多い.σ^2 の値が大きいことは,データの目的変数の部分の値に大きい誤差が加わっていることを示す.σ^2 の値の推定量($\hat{\sigma}^2$)は以下の式を使って得られる.

$$\hat{\sigma}^2 = \frac{SS_{Res}}{n - I - 1} \tag{2.13}$$

ここで,SS_{Res} は残差 2 乗和を示す.SS は「sum of squares」を,$_{Res}$ は「residuals」をそれぞれ意味する.SS_{Res} は,

$$SS_{Res} = \sum_{i=1}^{n} \left(y_i - \hat{a}_0 - \sum_{j=1}^{I} \hat{a}_j x_{ij} \right)^2 \tag{2.14}$$

と書ける．(2.13) 式の背景には以下の式がある．

$$\frac{SS_{Res}}{\sigma^2} \sim \chi^2_{n-I-1} \tag{2.15}$$

$\frac{SS_{Res}}{\sigma^2}$ が，自由度が $(n-I-1)$ のカイ 2 乗分布に従うことを意味している．自由度が $(n-I-1)$ のカイ 2 乗分布は以下の式を用いて得られる．

$$\chi^2 = \sum_{k=1}^{n-I-1} X_k^2 \tag{2.16}$$

ここで，$\{X_k\}(1 \leq k \leq n-I-1)$ は，平均が 0，分散が 1 の正規分布である．すなわち，(2.15) 式における SS_{Res} が，

$$SS_{Res} = \sigma^2 \sum_{k=1}^{n-I-1} X_k^2 = \sum_{k=1}^{n-I-1} \Xi_k^2 \tag{2.17}$$

と書ける．ここで，$\{\Xi_k\}(1 \leq k \leq q)$ は，平均が 0，分散が σ^2 の正規分布である．つまり，得られたデータと同じ条件での実験や調査を繰り返して得られるデータを用いて得られる SS_{Res} の分布は，平均が 0，分散が σ^2 の正規分布に従う $(n-I-1)$ 個の確率変数 (Ξ_k) を 2 乗したものを足し合わせたものが与える分布になる．このことを，SS_{Res} の自由度が $(n-I-1)$ である，と表現する．データを生み出した真の重回帰式がわかっているときは，その式が与える推定値とデータとの差の 2 乗は ϵ^2 の実現値になるので，残差 2 乗和は $(n \cdot \sigma^2)$ に近い値になる．しかし，推定値を求めるための式がデータを使って最小 2 乗法によって得られたものである場合には，残差 2 乗和は $((n-I-1) \cdot \sigma^2)$ に近い値になる．なお，(2.13) 式と (2.15) 式の証明は，たとえば，[85] の付録 C3 を参照していただきたい．ただし，(2.13) 式や (2.16) 式は，(2.11) 式が優れた近似であることを踏まえたものであることに注意が必要である．そうでないときに (2.13) 式や (2.16) 式を使うと，データの性質を正しく反映しない結果が得られることがある．また，データと回帰式の性質によっては，(2.13) 式が与える推定値の分散が非常に大きくなる．

重回帰式を作るための R プログラムの例が以下のものである．

```
function() {
#(1)
  xx <- matrix(rep(0, length=20), ncol=2)
  xx[,1] <- c(3.34, 7.73, 2.25, 4.95, 1.51, 6.70, 1.54, 9.98, 8.15, 2.65)
  xx[,2] <- c(2.43, 3.92, 0.83, 8.81, 6.35, 7.96, 7.92, 3.23, 4.29, 2.92)
  yy <- c(23.17, 29.85, 9.16, 36.94, 42.97, 42.56, 41.19, 27.66, 33.55, 32.96)
#(2)
  print("xx")
  print(xx)
  print("yy")
  print(yy)
#(3)
  data1 <- data.frame(x=xx, y=yy)
#(4)
```

```
  lm.out <- lm(y~.,data=data1)
#(5)
  print("lm.out")
  print(lm.out)
}
```

(1) データを与える．ここでは，データは R プログラムの中で直接的に与えている．データはデータファイルから読み込むこともできる．xx が計画行列で，yy がデータの目的変数の部分である．
(2) (1) で与えたデータを出力する．
(3) データを，data1 という名前のデータフレーム (data frame) にまとめる．このデータフレームの中では，xx が x という名前になり，yy が y という名前になる．
(4) data1 をデータとして用い，lm() を使って重回帰式を作成する．lm() は R に標準で所収されている R プログラムである．その結果を，lm.out とする．
(5) lm.out を出力する．

この R プログラムを実行すると以下が出力される．

```
"xx"
        [,1]  [,2]
 [1,]  3.34  2.43
 [2,]  7.73  3.92
 [3,]  2.25  0.83
 [4,]  4.95  8.81
 [5,]  1.51  6.35
 [6,]  6.70  7.96
 [7,]  1.54  7.92
 [8,]  9.98  3.23
 [9,]  8.15  4.29
[10,]  2.65  2.92
"yy"
23.17 29.85  9.16 36.94 42.97 42.56 41.19 27.66 33.55 32.96
"lm.out"
Call:
lm(formula = y ~ ., data = data1)
Coefficients:
(Intercept)            x.1            x.2
    15.4641         0.1376         3.2605
```

lm.out の内容から
$$y = 0.1376x_1 + 3.2605x_2 + 15.4641 \tag{2.18}$$
という重回帰式が作成されたことがわかる．

2.2 予測変数の選択

予測を目的として重回帰式を作成する場合には，予測に伴う誤差の大きさを表す統計量の値が小さくなる重回帰式を有益とみなす．したがって，重回帰式の中で用いる予測変数の選択においては，予測に伴う誤差が小さくなるように配慮する．そのためには，予測変数の組合せのそれぞれから得られる重回帰式を用いて予測に伴う誤差を表す統計量を算出し，予測に伴う誤差が最小になる重回帰式を最適なものとして選択する．予測に伴う誤差を推定するための統計量にはさまざまなものがある．よく使われるものの1つが，一般化クロスバリデーション (GCV: Generalized Cross-Validation) である．以下のように定義される．

$$\text{GCV} = \frac{\sum_{i=1}^n (y_i - \hat{s}(\mathbf{x}_i))^2}{n \cdot \left(1 - \frac{\sum_{i=1}^n [\mathbf{H}]_{ii}}{n}\right)^2} \tag{2.19}$$

ここで，n はデータの個数，$\mathbf{x}_i$ ($1 \leq i \leq n$) は i 番目のデータの予測変数の部分，y_i ($1 \leq i \leq n$) は i 番目のデータの目的変数の部分（実測値），$\hat{s}(\cdot)$ はデータを用いて得られる重回帰式，$[\mathbf{H}]_{ii}$ ($1 \leq i \leq n$) は重回帰式に対応するハット行列（(2.10) 式（11 ページ））の対角要素の値，をそれぞれ示す．ハット行列の対角要素の値を梃子値（てこち）と呼ぶこともある．

GCV と類似した統計量に，クロスバリデーション (CV: Cross-Validation) がある．以下のものである．

$$\text{CV} = \frac{\sum_{k=1}^n (y_k - \hat{s}^{-k}(\mathbf{x}_k))^2}{n} \tag{2.20}$$

ここで，$\hat{s}^{-k}(\cdot)$ は，k 番目のデータを除いたときに得られる重回帰式である．つまり，$\hat{s}^{-k}(\mathbf{x}_k)$ は，k 番目のデータが存在しないと仮定して回帰式を作成して，k 番目のデータの予測変数の値を与えたときに得られる予測値である．$(y_k - \hat{s}^{-k}(\mathbf{x}_k))$ が k 番目のデータに対する予測誤差 (prediction error) ([85] の 135 ページ）である．したがって，CV はすべてのデータに対する予測誤差の大きさを表す統計量である．CV のように，データを除いて回帰式を作ることによって予測誤差の大きさを推定する方法を交差検証法という．CV はデータを1つずつ除くので，1つ取って置き法 (leaving-one-out method) とも呼ぶ．CV は，

$$\text{CV} = \sum_{i=1}^n \frac{(y_i - \hat{s}(\mathbf{x}_i))^2}{n \cdot (1 - [\mathbf{H}]_{ii})^2} \tag{2.21}$$

を用いて求めることもできる．(2.20) 式が与える値と (2.21) 式が与える値は，近似的ではなく厳密に一致する．予測に伴う誤差を推定するための統計量としては，AIC (Akaike's Information Criteria, Akaike's Information Criterion)（赤池の情報量規準）が使われることも多い．GCV，CV，AIC は，多くの場合，似通った結果をもたらす．

予測変数のすべての組合せのそれぞれを用いて重回帰式を作成することは，たとえば，データにおける予測変数として $\{x_1, x_2, x_3\}$ という3つが与えられているとすると，以下の7つの重回帰式を作成することを意味する．

$$y = a_0 + a_1 x_1 \tag{2.22}$$

$$y = a_0 + a_2 x_2 \tag{2.23}$$

$$y = a_0 + a_3 x_3 \tag{2.24}$$

$$y = a_0 + a_1 x_1 + a_2 x_2 \tag{2.25}$$

$$y = a_0 + a_1 x_1 + a_3 x_3 \tag{2.26}$$

$$y = a_0 + a_2 x_2 + a_3 x_3 \tag{2.27}$$

$$y = a_0 + a_1 x_1 + a_2 x_2 + a_3 x_3 \tag{2.28}$$

予測変数が I 個あるときは，作成する重回帰式の個数は $(2^I - 1)$ 個になる．以下は，データにおける予測変数として 5 つのものが与えられたときに GCV を最小にする重回帰式を作成するための R プログラムの例である．

```
function() {
#(1)
  file1 <- read.table(file="C:\\Users\\user1\\Documents\\R\\win-library\\2.7
    \\mvpart\\data\\car.test.frame.csv", sep=";", header=T)
  file1 <- na.omit(file1)
  xx <- file1[,c(3,4,6,7,8)]
#(2)
  colnames(xx) <- c("x1", "x2", "x3", "x4", "x5")
  rownames(xx) <- NULL
  yy <- file1[,1]
  rownames(yy) <- NULL
  nd <- dim(xx)[1]
  np <- dim(xx)[2]
  nc <- 2^np-1
#(3)
  cmat1 <- matrix(rep(F,length=nc*np), ncol=nc)
  for(ii in 1:nc){
    quot1 <- ii
    for(jj in 1:np){
      rem1 <- quot1 %% 2
      if (rem1 == 1) cmat1[jj,ii] <- T
      quot1 <- quot1 %/% 2
      if(quot1 == 0) break
    }
  }
#(4)
  gcvt <- NULL
  for(ii in 1:nc){
    cd <- cmat1[, ii]
    xxs <- xx[, cd, drop=F]
    data1 <- data.frame(x=xxs, y=yy)
    lm.out <- lm(y~.,data=data1)
```

```
    lev1 <- lm.influence(lm.out)$hat
    ey <- fitted(lm.out)
    fr <- sum(lev1)
    gcvt[ii] <- sum((yy-ey)^2)/(nd*(1-fr/nd)^2)
  }
  best1 <- which(gcvt == min(gcvt))
  bestcd <- cmat1[, best1]
  print("bestcd")
  print(bestcd)
#(5)
  xxs <- xx[,bestcd,drop=F]
  data2 <- data.frame(x=xxs, y=yy)
  lm.out <- lm(y~.,data=data2)
  lev1 <- lm.influence(lm.out)$hat
  ey <- lm.out$fitted
  fr <- sum(lev1)
  gcv <- sum((yy-ey)^2)/(nd*(1-fr/nd)^2)
  py <- (ey-lev1*yy)/(1-lev1)
  cv <- sum((yy-py)^2)/nd
  print("lm.out$coef")
  print(lm.out$coef)
  print("gcv")
  print(gcv)
  print("cv")
  print(cv)
#(6)
  par(mfrow = c(1, 2), mai = c(0.8, 0.8, 0.1, 0.1),oma = c(5, 1, 5, 1))
  ymin <- min(pretty(c(yy,ey)))
  ymax <- max(pretty(c(yy,ey)))
  plot(yy, ey, type="n", xlab="observed", ylab="estimated",
   xlim=c(ymin,ymax), ylim=c(ymin,ymax))
  points(yy, ey, pch=18, col=4, cex=0.8)
  plot(yy, py, type="n", xlab="observed", ylab="predicted",
   xlim=c(ymin,ymax), ylim=c(ymin,ymax))
  points(yy, py, pch=18, col=4, cex=0.8)
}
```

(1) データを読み込む．ここで用いているデータは，ライブラリ「mvpart」[88]に所収されている「car.test.frame.csv」[25][1]である．「car.test.frame.csv」はライブラリ「mvpart」に所収されて

---

[1] http://finzi.psych.upenn.edu/R/library/mvpart/html/car.test.frame.html

いるデータファイルなので,「car.test.frame.csv」を用いるためには事前にパッケージ「mvpart」をインストールする必要がある. car.test.frame.csv というデータファイルが置かれる位置はOS の種類や R をインストールするときの設定に依存するので, car.test.frame.csv の所在がわからないときは検索する. このデータの予測変数に連続量のものとカテゴリー型のものがあるので, ここでは連続量のものだけを利用している. また, na.omit() を使って欠測値を除いているため, 重回帰式を作成するために用いるデータの個数は 49 個である.

(2) colnames() を用いて予測変数のそれぞれに, "x1", "x2", "x3", "x4", "x5" という名前をつける. rownames() を用いて, データのそれぞれについている名前は削除する. nd はデータの個数, np はデータの中の予測変数の個数, nc は予測変数の組合せの個数, をそれぞれ表す.

(3) cmat1 は予測変数の組合せのすべてを示す行列である. たとえば, 予測変数の個数が 3 のとき, cmat1 は以下のものになる.

```
      [,1]   [,2]   [,3]   [,4]   [,5]   [,6]   [,7]
[1,]  TRUE   FALSE  TRUE   FALSE  TRUE   FALSE  TRUE
[2,]  FALSE  TRUE   TRUE   FALSE  FALSE  TRUE   TRUE
[3,]  FALSE  FALSE  FALSE  TRUE   TRUE   TRUE   TRUE
```

それぞれの列が 1 つの重回帰式を表し, TRUE が予測変数を使うことを表し, FALSE が予測変数を使わないことを表す. したがって, 最初の列は (2.22) 式 (14 ページ) に相当し, 2 番目の列は, (2.23) 式 (14 ページ) に相当する.

(4) lm() を用いて重回帰を行う. fitted(lm.out) を使って, それぞれのデータに対応する推定値を求める. fitted(lm.out) を lm.out$fitted に代えても同じ結果が得られる. そして, それぞれの重回帰式に対応する GCV の値を算出して, 最小の GCV を与える重回帰式を選ぶ. 選ばれた重回帰式がいずれの予測変数を用いているかが bestcd に所収されているので, bestcd を出力する.

(5) (4) で選択された重回帰式における, 梃子値 (ハット行列の対角要素) (lm.influence() を用いる), GCV, CV, クロスバリデーションによる予測値, 重回帰式を求める.

(6) 得られた重回帰式による推定値を実測値と比較するグラフを描く. さらに, 実測値をクロスバリデーションによる予測値と比較するグラフを描く.

この R プログラムは以下のものを出力する.

```
"bestcd"
FALSE FALSE  TRUE  TRUE  TRUE
"lm.out$coef"
  (Intercept)          x.x3          x.x4          x.x5
-8740.564055      6.717658    -40.324382     64.157892
"gcv"
7235400
"cv"
7927844
```

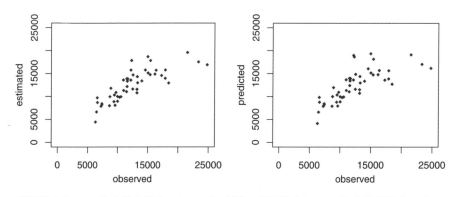

図 2.1 実測値 (observed) と推定値 (estimated)（左）．実測値 (observed) と予測値 (predicted)（右）

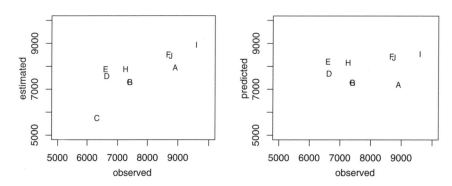

図 2.2 データとして最初の 10 個だけを用いた場合．実測値 (observed) と推定値 (estimated)（左）．実測値 (observed) と予測値 (predicted)（右）．いずれのグラフでも「B」と「G」が重なっている

`bestcd` が `FALSE FALSE TRUE TRUE TRUE` であることは，予測変数として $\{x_3, x_4, x_5\}$ を用いるべきであることを示している．加えて，`lm.out$coef`（`coef(lm.out)` とすることもできる）の内容から，得られた重回帰式は以下のものであることがわかる．

$$y = -8740.564055 + 6.717658 x_3 - 40.324382 x_4 + 64.157892 x_5 \quad (2.29)$$

また，この重回帰式に対応する GCV ((2.19) 式（14 ページ））の値は 7235400 であり，CV ((2.20) 式（14 ページ））の値は 7927844 であることもわかる．この R プログラムは図 2.1 のグラフも出力する．推定値の分布の様子と予測値の分布の様子に大きな違いは見られない．したがって，推定値と実測値の値の隔たりは，予測値と実測値の間の隔たりとあまり違わない．しかし，データとして 49 個のうちの最初の 10 個だけを用いると，以下の回帰式が得られる．

$$y = 11512.08090 - 203.33307 x_2 + 27.83957 x_5 \quad (2.30)$$

そのときの実測値と推定値の関係が図 2.2 である．推定値は実測値にかなり近いのに対して，予測値は実測値からかなり離れている．推定値が実測値に近いからといって得られた回帰式が予測の意味で有益とは限らないことを示す例である．

2.3 重回帰式の妥当性

最小2乗法がもたらす重回帰の有益さは，GCV などが与える，予測に伴う誤差の値だけによって決まるわけではない．たとえば，いくつかのデータの目的変数の部分の値が推定値からかなり離れた値であれば，それらのデータの意味を問う必要が生じるかもしれない．あるいは，データの中から1つか2つを除くと得られる重回帰式が与える推定値が大きく変化してしまうことがわかれば，データを除く前の重回帰式に対する信頼性はかなり揺らいでしまう，というような観点もある．

そうした問題意識に沿って用いられる量の1つに残差がある．以下のものである．

$$res_i = y_i - \hat{y}_i \tag{2.31}$$

ここで，$\{y_i\}$ $(1 \leq i \leq n)$ がデータの目的変数の部分，$\{\hat{y}_i\}$ $(1 \leq i \leq n)$ が回帰式がもたらす推定値，$\{res_i\}$ $(1 \leq i \leq n)$ が残差である．線形回帰においてはハット行列を算出することができるので，(2.31) 式は，

$$res_i = y_i - \sum_{j=1}^{n} [\mathbf{H}]_{ij} y_j \tag{2.32}$$

と書ける．残差は，与えられたデータをすべて使って回帰式を作成し，それぞれのデータに対応する推定値を求めたときの，実測値（データの目的変数の部分）と推定値の差である．しかし，回帰式による予測がどのくらい優れたものであるかを知るためには，与えられたデータから特定のデータを除いたものを用いて回帰式を作成し，その回帰式を使い，先に除いたデータに対応する推定値を求めることも有益である．それによって，回帰式が予測の観点からどのくらい役立つかが推定できるからである．その方法で得られた誤差を予測誤差と呼ぶ．以下のものである．

$$\begin{aligned} pre_i &= y_i - \hat{y}_i^{-i} \\ &= \frac{res_i}{1 - [\mathbf{H}]_{ii}} \end{aligned} \tag{2.33}$$

$\hat{y}_i^{-i}$ は，i 番目のデータを除いて回帰式を作成し，その回帰式を使って $\mathbf{x}_i$ ((2.19) 式（14 ページ）の次の行）における目的変数の値を算出して得られる推定値である．(2.33) 式の1行目と2行目の等式が厳密に成り立つことが，(2.21) 式（14 ページ）の由来である．

最小2乗法による回帰は，誤差の分散が実測値には依存しないことを前提としているので，$\{res_i\}$ と $\{pre_i\}$ の様子からその前提が成り立っていないと考えざるをえないときには，最小2乗法を行う際にそれぞれのデータに重みをつけるなどの対策が必要になる．また，特定のデータに対する res_i または pre_i の値の絶対値が異常に大きいとみなされるときは，そのデータの出所が問題になる．さらに，res_i と pre_i の値が大きく異なるとき，すなわち，$[\mathbf{H}]_{ii}$ の値が1以下ではあるけれども1に近い値のときは，そのデータの予測変数の部分の値が他のデータから孤立している可能性が高いので，そのデータの適否を調べるべきである．

残差の絶対値が小さいと，そのデータが回帰式の妥当性を支持している印象を与える．しかし，その印象は正当化されないこともある．残差は梃子値（ハット行列の対角要素）にも依存するからである．あるデータに対応する梃子値が1より小さく1に近い値であれば，そのデータに対応する推定値はそのデータの目的変数の部分の値に近くなる．すなわち，残差の絶対値が小さくなる．しかし，そのような形で残差の絶対値が小さくなった場合，そのデータを除いて得られる回

帰式にそのデータの予測変数の部分を代入することによって得られる推定値は，そのデータの目的変数の部分の値からかなり離れている可能性がある．そこで，梃子値にも配慮して残差を標準化した値を標準化残差と呼び，

$$star_i = \frac{res_i}{s\sqrt{1-[\mathbf{H}]_{ii}}} \tag{2.34}$$

のように定義する．ここで，s は誤差の標準偏差（分散の正の平方根）の最尤推定値である．以下のように定義される．

$$s = \sqrt{\frac{\sum_{i=1}^{n} res_i^2}{n-I-1}} \tag{2.35}$$

(2.34) 式が標準化残差と呼ばれるのは，$star_i$ の平均が 0 に，分散が 1 になるからである．

$star_i$ の平均が 0 になるのは，以下の式によって res_i の平均が 0 になることによる．

$$E[\mathbf{res}] = E[\mathbf{y}-\mathbf{Hy}] = E[\mathbf{y}^* - \mathbf{Hy}^*] = E[\mathbf{y}^* - \mathbf{y}^*] = \mathbf{0} \tag{2.36}$$

ここで，$\mathbf{res}$ は列ベクトルで，i 番目の要素が res_i である．$\mathbf{y}^*$ も列ベクトルで，i 番目の要素が，y_i に対応する真の値である．y_i に対応する真の値とは，$a_0 + \sum_{j=1}^{I} a_j x_{ij}$，すなわち，(2.11) 式（11 ページ）の右辺から ϵ_i を除いたものである．$\mathbf{0}$ も列ベクトルで要素はすべて 0 である．

$star_i$ の分散が 1 になるのは，以下の式によって res_i の分散が $\sigma^2(1-[\mathbf{H}]_{ii})$ になることによる．

$$\begin{aligned} V[\mathbf{res}] &= V[\mathbf{y}-\mathbf{Hy}] \\ &= V[\boldsymbol{\epsilon}-\mathbf{H}\boldsymbol{\epsilon}] \\ &= E[(\boldsymbol{\epsilon}-\mathbf{H}\boldsymbol{\epsilon})(\boldsymbol{\epsilon}-\mathbf{H}\boldsymbol{\epsilon})^t] \\ &= E[\boldsymbol{\epsilon}\boldsymbol{\epsilon}^t - \boldsymbol{\epsilon}\boldsymbol{\epsilon}^t\mathbf{H} - \mathbf{H}\boldsymbol{\epsilon}\boldsymbol{\epsilon}^t + \mathbf{H}\boldsymbol{\epsilon}\boldsymbol{\epsilon}^t\mathbf{H}] \\ &= (\mathbf{I}-\mathbf{H})\sigma^2 \end{aligned} \tag{2.37}$$

ここで，$V[\cdot]$ は分散共分散行列を表す．$\boldsymbol{\epsilon}$ は列ベクトルで，i 番目の要素が ϵ_i ((2.11) 式（11 ページ））である．また，$\mathbf{H}$ が対称行列であり，等冪（とうべき）（$\mathbf{H}^2 = \mathbf{H}$）であることも利用した．この 2 つの性質は，(2.7) 式（11 ページ）から得られる．

なお，R 以外のパソコン用ソフトの中に，「標準化残差」あるいは「標準残差」として，(2.34) 式とは異なった定義による量を算出するものがあるので，注意が必要である．

標準化残差における誤差の分散の算出にあたってはすべてのデータを用いるのに対して，誤差の分散を算出する際に当該データを除くものを，スチューデント化残差と呼ぶ．以下のものである．

$$stur_i = \frac{res_i}{s^{-i} \cdot \sqrt{1-[\mathbf{H}]_{ii}}} \tag{2.38}$$

ここで，s^{-i} は以下のものである．

$$s^{-i} = \sqrt{\frac{\sum_{j=1}^{n(j \neq i)} res_j^2}{n-I-2}} \tag{2.39}$$

$\sum_{j=1}^{n(j \neq i)}$ は $j \neq i$ のときに和をとることを示す．この値を外部スチューデント化残差 (externally studentized residual) あるいは削除後スチューデント化残差 (deleted studentized residual) と

2.3 重回帰式の妥当性

呼ぶことがある．標準化残差を内部スチューデント化残差 (internally studentized residual) あるいは単にスチューデント化残差と表現することがあるためである．

s^{-i} は以下の式を使って求めることもできる（[89] の付録 B.5）．

$$s^{-i} = \sqrt{\frac{(n-I-1) \cdot s^2 - \dfrac{res_i^2}{1-[\mathbf{H}]_{ii}}}{n-I-2}} \tag{2.40}$$

この式を使えば i 番目のデータを除いたときの回帰式を作成する必要がない．

図 2.2 で用いた 10 個のデータを使った重回帰における，予測誤差（$\{pre_i\}$），標準化残差（$\{star_i\}$），スチューデント化残差（$\{stur_i\}$）を算出するための R プログラムの例が以下のものである．

```
function() {
#(1)
 library(MASS)
#(2)
  file1 <- read.table(file="C:\\Users\\user1\\Documents\\R\\win-library\\2.7
    \\mvpart\\data\\car.test.frame.csv", sep=";", header=T)
  file1 <- na.omit(file1)
  file1 <-file1[1:10,]
  xx <- file1[,c(3,4,6,7,8)]
  xx <- xx[,c(2,5)]
  colnames(xx) <- c("x2", "x5")
  rownames(xx) <- NULL
  yy <- file1[,1]
  rownames(yy) <- NULL
  nd <- dim(xx)[1]
  np <- dim(xx)[2]
#(3)
  data1 <- data.frame(x=xx, y=yy)
  lm.out <- lm(y~., data=data1)
  lev1 <- lm.influence(lm.out)$hat
#(4)
  sta1 <- stdres(lm.out)
  print("sta1 標準化残差 stdres()")
  print(sta1[1:5])
  sta2 <- rstandard(lm.out)
  print("sta2 標準化残差 rstandard()")
  print(sta2[1:5])
  res1 <- residuals(lm.out)
  res2 <- res1/(1-lev1)
  ss1 <- sqrt(sum(res1^2)/(nd-np-1))
```

```
  my_sta1 <- res1/(ss1*sqrt(1-lev1))
  print("my_sta1 標準化残差 自作")
  print(my_sta1[1:5])
#(5)
  stu1 <- studres(lm.out)
  print("stu1 スチューデント化残差 studres()")
  print(stu1[1:5])
  stu2 <- rstudent(lm.out)
  print("stu2 スチューデント化残差 rstudent()")
  print(stu2[1:5])
  ss1d <- sqrt(((nd-np-1)*ss1^2 - res1^2/(1-lev1))/(nd-np-2))
  my_stu1 <- res1/(ss1d*sqrt(1-lev1))
  print("my_stu1 スチューデント化残差 自作")
  print(my_stu1[1:5])
#(6)
  par(mfrow = c(1, 2), mai = c(0.8, 0.8, 0.4, 0.1),oma = c(5, 1, 5, 1))
  plot(yy,res1, type = "n", xlab = "observed", ylab = "residuals",
   ylim=c(-2000, 3000))
  ord1 <- order(yy)
  lines(yy[ord1], res1[ord1], pch = LETTERS[1:10], col=1, cex=0.8, lwd=1)
  lines(yy[ord1], res2[ord1], pch = LETTERS[1:10], col=1, cex=0.8, lwd=2)
  plot(yy,my_sta1, type = "n", xlab = "observed", ylab = "residuals",
   ylim=c(-3, 3))
  lines(yy[ord1], my_sta1[ord1], pch = LETTERS[1:10], col=1, cex=0.8, lwd=1)
  lines(yy[ord1], my_stu1[ord1], pch = LETTERS[1:10], col=1, cex=0.8, lwd=2)
}
```

(1) ライブラリ「MASS」を使う．

(2) データを読み込んで，予測変数 (xx) と目的変数 (yy) を設定する．nd がデータの個数，np が予測変数の個数である．

(3) データを data1 にまとめ，重回帰を行う．その結果を lm.out に入れる．lm.influence() を用いて，梃子値（ハット行列の対角要素）(lev1) を算出する．

(4) stdres()（ライブラリ「MASS」に所収されている）を用いて標準化残差を算出し，sta1 に入れ，その一部分を出力する．rstandard()（R に標準に所収されている）を用いて標準化残差を算出し，sta2 に入れ，その一部分を出力する．残差（$\{res_i\}$）を res1 とし，予測誤差（$\{pre_i\}$）を res2 とする．(2.34) 式（20 ページ）を用いて標準化残差を求め，my_sta1 に入れ，その一部分を出力する．なお，residuals(lm.out) を lm.out$residuals に代えても同じ結果が得られる．

(5) studres()（ライブラリ「MASS」に所収されている）を使ってスチューデント化残差を算出し，stu1 に入れ，その一部分を出力する．rstudent()（R に標準に所収されている）を用いてスチューデント化残差を算出し，stu2 に入れ，その一部分を出力する．(2.38) 式（20 ページ）

2.3 重回帰式の妥当性　23

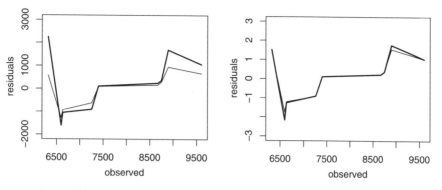

図 2.3 データとして最初の 10 個だけを用いた場合のデータの目的変数の部分と残差の関係．細線が残差で，太線が予測誤差（左）．細線が標準化残差で，太線がスチューデント化残差（右）

と (2.40) 式（21 ページ）を用いてスチューデント化残差を求め，`my_stu1` に入れ，その一部分を出力する．

(6) 予測誤差，標準化残差，スチューデント化残差を図 2.3 に示す．

このRプログラムは以下も出力する．

```
"sta1 標準化残差 stdres()"
          1         2         3          4          5
 1.5459041  0.1243611  1.3920112 -1.2108393 -1.7500961
"sta2 標準化残差 rstandard()"
          1         2         3          4          5
 1.5459041  0.1243611  1.3920112 -1.2108393 -1.7500961
"my_sta1 標準化残差 自作"
          1         2         3          4          5
 1.5459041  0.1243611  1.3920112 -1.2108393 -1.7500961
"stu1 スチューデント化残差 studres()"
          1         2         3          4          5
 1.7635965  0.1152634  1.5154590 -1.2608044 -2.1604578
"stu2 スチューデント化残差 rstudent()"
          1         2         3          4          5
 1.7635965  0.1152634  1.5154590 -1.2608044 -2.1604578
"my_stu1 スチューデント化残差 自作"
          1         2         3          4          5
 1.7635965  0.1152634  1.5154590 -1.2608044 -2.1604578
```

図 2.3（右）が示しているように，標準化残差とスチューデント化残差は近い値になるのが普通である．しかし，残差の性質を t 分布と照らし合わせて検討する際には，スチューデント化残差を用いるほうが厳密な議論ができる（[89] の 223 ページ）．また，ここでは，標準化残差とスチューデント化残差の値を既存のRプログラムを使って算出し，さらに，定義に従った計算も行ってい

る．既存の R プログラムを使う際には，文献を参照するだけではなく，定義に従った計算も試みることでその内容を正確に把握することが好ましい．

また，それぞれのデータが推定値にどのくらいの影響を及ぼしているかも，回帰式の重要な性質である．梃子値（ハット行列の対角要素）は，それぞれのデータがそのデータに対応する推定値に与える影響の大きさを示している．しかし，梃子値が大きくても，そのデータの有無が回帰式が与えるさまざまな推定値に及ぼす影響はわずかかもしれない．たとえば，梃子値が大きいデータの目的変数の部分の値がそのデータに対応する推定値に一致するときは，そのデータを除いても回帰係数の値には影響しない．そのため，特定のデータの有無がそのデータに対応する推定値に及ぼす影響をより直接的に推定するための値として，DFFITS を用いる．以下の式が与える．

$$\text{DFFITS}_i = \frac{\hat{y}_i - \hat{y}_i^{-i}}{s^{-i} \cdot \sqrt{\mathbf{H}_{ii}}} \tag{2.41}$$

この式の分子は i 番目のデータの有無によってそのデータに対応する推定値がどのくらい変化するかを示している．また，$s^{-i} \cdot \sqrt{\mathbf{H}_{ii}}$ で割っているのは，$\hat{y}_i$ の標準偏差が $s^{-i} \cdot \sqrt{\mathbf{H}_{ii}}$ にほぼ等しいことによる．つまり，この除算によって，$\hat{y}_i$ の標準偏差が 1 に規格化される．DFFITS という言葉の最初の 2 文字の「DF」は，i 番目のデータを用いて作成した回帰式による推定値と i 番目のデータを用いずに作成した回帰式による推定値の差 (difference) を意味する（[89] の 258 ページ）．

梃子値と DFFITS の値を求めてグラフを描くための R プログラムの一例を以下に示す．

```
function() {
#(1)
  file1 <- read.table(file="C:\\Users\\user1\\Documents\\R\\win-library\\2.7
    \\mvpart\\data\\car.test.frame.csv", sep=";", header=T)
  file1 <- na.omit(file1)
  file1 <- file1[1:10,]
#(2)
  xx <- file1[,c(3,4,6,7,8)]
  xx <- xx[,c(2,5)]
  yy <- file1[,1]
  colnames(xx) <- c("x2", "x5")
  rownames(xx) <- NULL
  rownames(yy) <- NULL
  nd <- dim(xx)[1]
  np <- dim(xx)[2]
#(3)
  data1 <- data.frame(x=xx, y=yy)
  lm.out <- lm(y~., data=data1)
  lev1 <- lm.influence(lm.out)$hat
  sig1 <- lm.influence(lm.out)$sigma
  res1 <- residuals(lm.out)
```

```
    ey <- fitted(lm.out)
    py <- yy - res1/(1-lev1)
#(4)
    ss1 <- sqrt(sum(res1^2)/(nd-np-1))
    ss1d <- sqrt(((nd-np-1)*ss1^2 - res1^2/(1-lev1))/(nd-np-2))
    ss1e <- NULL
    for (jj in 1:nd){
      data2 <- data.frame(x=xx[-jj,], y=yy[-jj])
      ss1e[jj] <- sqrt(sum((yy[-jj]-fitted(lm(y~.,data=data2)))^2)/(nd-np-2))
    }
    names(ss1e) <- as.character(1:nd)
    print("ss1d {s^{-i}} 梃子値を使った式を利用")
    print(ss1d[1:5])
    print("ss1e {s^{-i}} 定義に従って計算")
    print(ss1e[1:5])
    print("sig1 {s^{-i}} lm.influence()")
    print(sig1[1:5])
#(5)
    df1 <- dffits(lm.out)
    print("df1 DFFITS dffits()")
    print(df1[1:5])
    my_df1 <- (ey-py)/(ss1d*sqrt(lev1))
    print("my_df1 DFFITS 自作")
    print(my_df1[1:5])
#(6)
    par(mfrow = c(1, 2), mai = c(0.8, 0.8, 0.4, 0.1),oma = c(5, 1, 5, 1))
    barplot(lev1, ylim=c(0,1), names.arg=LETTERS[1:10])
    barplot(my_df1, ylim=c(-2,3), names.arg=LETTERS[1:10])
}
```

(1) データを読み出す．

(2) 予測変数 (xx1, xx2, xx3, xx4, xx5) と目的変数 (yy) を設定する．データの個数を nd, 予測変数の個数（定数は含まない）を np とする．

(3) 用いるデータを data1 にまとめて，lm() を使って重回帰を行い，結果を lm.out に入れる．lm.influence() を使って梃子値（ハット行列の対角要素）を求めて lev1 とする．$\{s^{-i}\}$ ((2.39) 式（20 ページ），(2.40) 式（21 ページ））を sig1, $\{res_i\}$ ((2.32) 式（19 ページ））を res1, $\{\hat{y}_i\}$ ((2.8) 式（11 ページ））を ey, $\{\hat{y}_i^{-i}\}$ ((2.33) 式（19 ページ））を py とする．

(4) s ((2.35) 式（20 ページ））を ss1 とする．(2.40) 式（21 ページ）を用いて求めた $\{s^{-i}\}$ を ss1d に入れる．(2.39) 式（20 ページ）を用いて求めた $\{s^{-i}\}$ を ss1e に入れる．そして，sig1, ss1d, ss1e の値の一部分を出力する．

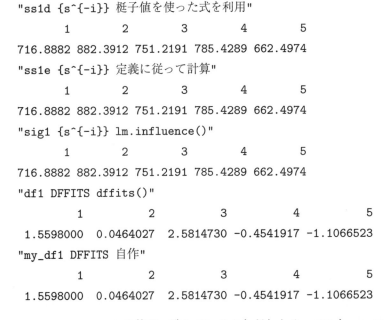

図 2.4 梃子値（ハット行列の対角要素）（左）．DFFITS の値（右）

(5) dffits() を使って求めた $\{\text{DFFITS}_i\}$ の値を df1 とし，その値の一部分を出力する．(2.41)
式（24 ページ）を使って求めた $\{\text{DFFITS}_i\}$ の値を my_df1 とし，その値の一部分を出力する．
(6) 梃子値（ハット行列の対角要素）(lev1) を図示する（図 2.4（左））．$\{\text{DFFITS}_i\}$ の値 (df1)
を図示する（図 2.4（右））．

この R プログラムは以下のものも出力する．

```
"ss1d {s^{-i}} 梃子値を使った式を利用"
         1        2        3        4        5
716.8882 882.3912 751.2191 785.4289 662.4974
"ss1e {s^{-i}} 定義に従って計算"
         1        2        3        4        5
716.8882 882.3912 751.2191 785.4289 662.4974
"sig1 {s^{-i}} lm.influence()"
         1        2        3        4        5
716.8882 882.3912 751.2191 785.4289 662.4974
"df1 DFFITS dffits()"
           1          2          3          4          5
 1.5598000  0.0464027  2.5814730 -0.4541917 -1.1066523
"my_df1 DFFITS 自作"
           1          2          3          4          5
 1.5598000  0.0464027  2.5814730 -0.4541917 -1.1066523
```

ss1d, ss1e, sig1 の値が一致していることがわかる．df1 と my_df1 の値も一致している．

2.4 重回帰式における検定

重回帰式を作成するとき，その目的が予測ではない場合がある．できるだけ単純な重回帰式を使って予測変数と目的変数の関係を記述したいときや，予測変数として使う変数として欠かせないと判断されるものを選択して今後の実験や調査で収集するデータの項目を絞り込みたいときには，予測を目的として重回帰式を作成する場合とは異なった手順を採用する．そのときは，重回

2.4 重回帰式における検定

帰式における特定の予測変数を用いない場合と用いた場合を比較して，残差2乗和がその予測変数を取り入れることで大幅に減少したとみなされるときにその予測変数を利用する．

そうした方針に基づく検討を行うために，たとえば，以下のRプログラムを用いる．

```
function() {
#(1)
  file1 <- read.table(file="C:\\Users\\user1\\Documents\\R\\win-library\\2.7
    \\mvpart\\data\\car.test.frame.csv", sep=";", header=T)
  file1 <- na.omit(file1)
#(2)
  xx <- file1[,c(3,4,6,7,8)]
  yy <- file1[,1]
  colnames(xx) <- c("x1", "x2", "x3","x4", "x5")
  rownames(xx) <- NULL
  rownames(yy) <- NULL
#(3)
  data5 <- data.frame(x=xx, y=yy)
  lm.out5 <- lm(y~., data=data5)
  print(summary(lm.out5))
}
```

(1) データを読み出す．
(2) 予測変数 (xx) と目的変数 (yy) を設定する．
(3) summary() が重回帰にまつわるいくつかの統計量をもたらすので，その結果を出力する．

このRプログラムが以下を出力する．

```
Call:
lm(formula = y ~ ., data = data5)

Residuals:
    Min      1Q  Median      3Q     Max
-5595.7 -1469.0   156.2   913.1  7295.0

Coefficients:
            Estimate Std. Error t value Pr(>|t|)
(Intercept) -503.767   7120.081  -0.071  0.94392
x.x1         303.854    328.979   0.924  0.36083
x.x2        -193.580    142.975  -1.354  0.18283
x.x3           5.170      1.847   2.800  0.00763 **
x.x4         -32.880     15.789  -2.082  0.04329 *
x.x5          55.005     23.251   2.366  0.02257 *
```

```
---
Signif. codes:  0 '***' 0.001 '**' 0.01 '*' 0.05 '.' 0.1 ' ' 1
Residual standard error: 2569 on 43 degrees of freedom
Multiple R-squared: 0.6696,    Adjusted R-squared: 0.6311
F-statistic: 17.43 on 5 and 43 DF,  p-value: 2.115e-09
```

Call:の次の行は，回帰式の形式と用いたデータを示している．Residuals:の後の2行は，残差((2.31)式(19ページ)，(2.32)式(19ページ))の分布を四分位数で表したものである．quantile()を使って，print(quantile(residuals(lm.out5)))あるいはprint(quantile(yy-fitted(lm.out5)))としてもほぼ同じものが得られる．以下である．

```
0%           25%          50%          75%          100%
-5595.6562   -1469.0345   156.1609     913.0806     7294.9636
```

Coefficients:の下の7行は，予測変数のそれぞれの必要性をt検定を用いて調べた結果である．たとえば，最初に(Intercept)とある行は，5つの予測変数のすべてを使うけれども定数項がない重回帰式と，5つの予測変数のすべてを使い定数項も存在する重回帰式を比べることによって，定数項の必要性がどの程度かを示している．最初にx.x1とある行は，x.x1を除く4つの予測変数と定数項を使う重回帰式と，加えてx.x1も使う重回帰式を比べることによってx.x1の必要性がどの程度であるかを示している．Std. Errorと書かれている行にはそれぞれの回帰係数の標準偏差の値が記されている．$\hat{a}_j (0 \leq j \leq I)$の標準偏差$s_j (0 \leq j \leq I)$は以下のものである．

$$s_j = \sqrt{\frac{\sum_{i=1}^n (y - \hat{y}_i^{<I>})^2}{n - I - 1} [(\mathbf{X}^t \mathbf{X})^{-1}]_{jj}} \tag{2.42}$$

ここで，$\{\hat{y}_i^{<I>}\}$はI個の予測変数を使った重回帰式が与える推定値である．ここでは，$I = 5$である．$\mathbf{X}$は計画行列((2.2)式(10ページ))である．このときの$\{a_j\}(0 \leq j \leq I)$のそれぞれに対応するt値を$t_j(0 \leq j \leq I)$とすると，以下がt_jの定義である．

$$t_j = \frac{a_j}{s_j} \tag{2.43}$$

これらのt_jの値を使ったp値($\{p_j\}(0 \leq j \leq I)$)の算出には，先のRプログラムの(1)(2)(3)に以下のRプログラムを続ける方法もある．

```
#(4)
  nd <- dim(xx)[1]
  np <- dim(xx)[2]
  xxdes <- cbind(rep(1, lenght=nd), as.matrix(xx))
  xxdesi <- solve(t(xxdes) %*% xxdes)
  sd1 <- sqrt((sum(residuals(lm.out5)^2)/(nd-np-1)))*sqrt(diag(xxdesi))
  names(sd1) <- c("(Intercept)", names(sd1[-1]))
  print("sd1")
  print(sd1)
  t1   <- coef(lm.out5)/sd1
```

```
print("t1")
print(t1)
p.t <- (1-pt(abs(t1), nd-np-1))*2
print("p.t")
print(p.t)
```

以下が出力である.

```
"sd1"
(Intercept)          x1           x2           x3           x4           x5
7120.080515  328.978791  142.974663     1.846599    15.789191    23.251087
"t1"
(Intercept)         x.x1         x.x2         x.x3         x.x4         x.x5
  -0.070753     0.923629    -1.353947     2.799686    -2.082419     2.365699
"p.t"
(Intercept)         x.x1         x.x2         x.x3         x.x4         x.x5
0.943922382  0.360833605  0.182826849  0.007630389  0.043288334  0.022574600
```

$\{s_j\}$(sd1), $\{t_j\}$(t1), $\{p_j\}$(p.t) が得られている. `summary(lm.out5)` による値と一致している. 上の R プログラムで `p.t <- (1-pt(abs(t1), nd-np-1))*2` としている背景が図 2.5 である. (2.14) 式 (11 ページ) により, (2.42) 式による s_j^2 は, 自由度が $(n-I-1)$ のカイ 2 乗分布の実現値に定数を掛けたものである. 一方, a_j の真の値が 0 (すなわち, データが無限個あるときの a_j の値が 0) の場合は, a_j は平均が 0 で分散が s_j^2 の正規分布に従う. すると, t 分布の定義から, a_j の真の値が 0 のとき, t_j の値は自由度が $(n-I-1)$ の t 分布に従う. `pt(abs(t1), nd-np-1)` の値は, 自由度が $(n-I-1)$ の t 分布の確率密度関数を表す曲線と x 軸に挟まれた部分の中で, t の値が $-\infty$ から `abs(t1)` のそれぞれの値までの間にある部分の面積を与える (図 2.5 (左)). よって, `(1-pt(abs(t1), nd-np-1))` は, t 分布の確率密度関数を表す曲線と x 軸に挟まれた部分の中で, `abs(t1)` の値から $+\infty$ までの範囲に存在する領域の面積を示す. ここでは, $a_j = 0$ が帰無仮説で, 対立仮説が $a_j \neq 0$ (つまり, $a_j > 0$ あるいは $a_j < 0$) なので, t の値の絶対値が特定の値より大きいときに帰無仮説が棄却される. したがって, 帰無仮説が棄却される領域 (棄却域) の面積は `(1-pt(abs(t1), nd-np-1))` の面積の 2 倍になる (図 2.5 (右)). この面積が p 値である. たとえば, 5% 有意で $a_j = 0$ が棄却されるのは, `(1-pt(abs(t1), nd-np-1))*2` の値 (p 値) が 0.05 以下のときである.

`summary(lm.out5)` の結果を参照すると, x.x3 の行の `Pr(>|t|)` の値が 0.01 より小さいため, ** が付与されている. ** は「1% 有意」を意味する. 最初に `Signif. codes:` と書いてある行に書かれている. ここでの「1% 有意」とは, $y = a_0 + a_1 x_1 + a_2 x_2 + a_4 x_4 + a_5 x_5$ という重回帰式がデータを生み出した, という帰無仮説を強く棄却でき, $y = a_0 + a_1 x_1 + a_2 x_2 + a_3 x_3 + a_4 x_4 + a_5 x_5$ という重回帰式がデータを生み出した, という対立仮説を強く支持できることを意味する. 一方, x.x4 と x.x5 における最初に `Signif. codes:` と書いてある行の `Pr(>|t|)` の値は 0.01 より大きいけれども 0.05 より小さい. そのため, * が付与されている.「5% 有意」である. これにより, その予測変数以外の予測変数と定数項を用いた重回帰式がデータを生み出した, という帰無仮説

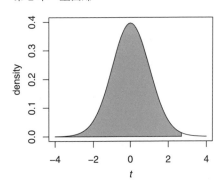 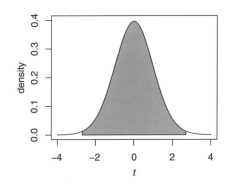

図 2.5 自由度が 43 の t 分布の確率密度関数を表す曲線における灰色で塗りつぶした部分の面積が pt(t1,43) の値で，x 軸より上で曲線の下にある部分で塗りつぶされていない部分の面積が (1-pt(t1,43))（左）．両側検定を行うときには，棄却域が左右対称に生じるので，その面積は (1-pt(t1,43))*2 になる（右）

を棄却でき，この予測変数も加えた重回帰式がデータを生み出した，という対立仮説を支持できる．Residual standard error:は残差標準誤差を意味し，$\hat{\sigma}^2$（(2.13) 式（11 ページ））の正の平方根である．先の R プログラムの (1)(2)(3) に以下を続けることでも得られる．

```
#(4)'
  nd <- dim(xx)[1]
  np <- dim(xx)[2]
  print("sqrt(sum((residuals(lm.out5))^2)/(nd-np-1))")
  print(sqrt(sum((residuals(lm.out5))^2)/(nd-np-1)))
```

ここで，nd はデータの個数である．np は予測変数の個数である．残差標準誤差を算出する際の分母はデータの個数から回帰係数の個数を引くので，ここでは予測変数の個数を引いて，さらに，定数項を考慮して 1 を引いている．以下が出力である．

```
"sqrt(sum((residuals(lm.out5))^2)/(nd-np-1))"
2568.878
```

Multiple R-squared:は重決定係数 (R^2)（単に，決定係数ともいう）を意味する．R^2 の定義は，

$$R^2 = \frac{\sum_{i=1}^{n}(\hat{y}_i - \bar{y})^2}{\sum_{i=1}^{n}(y_i - \bar{y})^2} \tag{2.44}$$

である．ここで，$\bar{y}$ は $\{y_i\}$ の平均値，すなわち，$\sum_{i=1}^{n} y_i/n$ である．$\{\hat{y}_i\}$ は $\hat{\mathbf{y}}$（(2.8) 式（11 ページ））の要素である．先の R プログラムの (1)(2)(3) に以下を続けることでも得られる．

```
#(4)''
  nd <- dim(xx)[1]
  np <- dim(xx)[2]
  var0 <- sum((yy-mean(yy))^2)/nd
  var5 <- sum(lm.out5$residuals^2)/nd
```

```
print("(var0-var5)/var0")
print((var0-var5)/var0)
```

ここで，`var0` はデータの目的変数の部分の分散である．`var5` は残差の分散である．以下が出力される．

```
"(var0-var5)/var0"
0.6695513
```

`Adjusted R-squared:`は自由度調整済み決定係数 (R^2_{Adj}) である．R^2_{Adj} の定義は，

$$R^2_{Adj} = 1 - \frac{\dfrac{\sum_{i=1}^{n}(\hat{y}_i - \bar{y})^2}{n-p-1}}{\dfrac{\sum_{i=1}^{n}(y_i - \bar{y})^2}{n-1}} \tag{2.45}$$

である．先の R プログラムの (1)(2)(3) に以下を続けることでも得られる．

```
#(4)'''
  nd <- dim(xx)[1]
  np <- dim(xx)[2]
  var0a <- sum((yy-mean(yy))^2)/(nd-1)
  var5a <- sum(lm.out5$residuals^2)/(nd-np-1)
  print( "1-var5a/var0a")
  print(1-var5a/var0a)
```

ここで，`var0a` は，データの予測変数の部分の分散を算出するにあたって，自由度を考慮して得られた値である．`var5a` は残差の分散を算出するにあたって，自由度を考慮して得られた値である．以下が結果である．

```
"1-var5a/var0a"
0.631127
```

`F-statistic: 17.43 on 5 and 43 DF,  p-value: 2.115e-09` は，$y = a_0$ という回帰式と $y = a_0 + \sum_{j=1}^{5} a_j x_j$ という回帰式を比較する際に用いる F 値の値が 17.43 であり，そのときの p 値が $2.115 \cdot 10^{-9}$ であることを示す．したがって，$y = a_0$ がデータを生み出した，という帰無仮説を強く棄却でき，$y = a_0 + \sum_{j=1}^{5} a_j x_j$ がデータを生み出した，という対立仮説を強く支持できる．こうした検定を F 検定と呼ぶ．この F 値は以下の式を使って求めている．

$$F = \frac{\dfrac{v_0 - v_5}{p}}{\dfrac{v_5}{n-I-1}} \tag{2.46}$$

v_0 と v_5 はそれぞれ以下のものである．

$$v_0 = \frac{\sum_{i=1}^{n}(y_i - \hat{y}_i^{<0>})^2}{n} \tag{2.47}$$

$$v_5 = \frac{\sum_{i=1}^n (y_i - \hat{y}_i^{<5>})^2}{n} \tag{2.48}$$

ここで，$\{\hat{y}_i^{<0>}\}$ は $y = a_0$ に回帰することによって得られる推定値である．F-statistic: 17.43 on 5 and 43 DF, p-value: 2.115e-09 の中の，5 and 43 DF とは，(2.46) 式の分母にある $n - I - 1$ の値が $43 (= 49 - 5 - 1)$ であり，分子にある I の値が 5 であることを意味する．

(2.46) 式の分母の v_5 は，データが I 個（ここでは，$I = 5$）の予測変数を用いた重回帰式が生み出したものである場合，自由度が $(n - I - 1)$ のカイ 2 乗分布に近似的にあるいは厳密に従う．データが $y = a_0$ が生み出したものである場合は，5 つの予測変数に対応する回帰係数が 0 の場合に相当するので，そのときも，v_5 は自由度が $(n - I - 1)$ のカイ 2 乗分布に近似的にあるいは厳密に従う．つまり，データが $y = a_0$ が生み出したものである場合，(2.46) 式の分母は自由度が $(n - I - 1)$ のカイ 2 乗分布に従う値をその値の自由度で割っている．分子の $(v_0 - v_5)$ は，データが $y = a_0$ が生み出したものであるとき，自由度が I のカイ 2 乗分布に近似的にあるいは厳密に従う．つまり，分子は，データが $y = a_0$ によって生み出されたものである場合，自由度が I のカイ 2 乗分布に従う値をその値の自由度で割っている．したがって，データが $y = a_0$ が生み出したものであれば，分子も分母もカイ 2 乗分布の実現値をその自由度で割ったものになる．このとき，(2.46) 式の F の値は F 分布に従う．

分子も分母もカイ 2 乗分布をその自由度で割ったものにして F 分布に従う値を与えることによって，2 つの回帰式を比較する F 値を与える式は他にも考えられる．たとえば，分子を v_0 だけを使う形にすることもできそうである．しかし，(2.46) 式を使って得られる統計量が優れた性質をもっていることがわかっているので，この式を使うのが普通である．データが $y = a_0$ が生み出したものであれば，(2.46) 式による F 値は 1 に近い値になることが多い．したがって，得られる F 値が 1 に近いとき，データは $y = a_0$ が生み出した，という帰無仮説を棄却することができない．一方，得られる F 値が 1 よりも大幅に大きいときは，予測変数が 5 つの重回帰式を作ったときの残差 2 乗和が $y = a_0$ を回帰関数として用いたときよりも大きく減少したといえる．そのときは，データは $y = a_0$ が生み出した，という帰無仮説を棄却でき，データは $y = a_0 + \sum_{j=1}^5 a_j x_j$ が生み出した，という対立仮説を支持できる．これは，F 値が 1 よりも大幅に大きいという結果は，データが $y = a_0$ が生み出したものである場合には滅多に得られないからである．推論においては，滅多に起きそうにないことが起きたと考えることはできるだけ避けるべきなので，得られる F 値が 1 よりも大幅に大きいとき，データは $y = a_0 + \sum_{j=1}^5 a_j x_j$ が生み出した，と推定する．F 値がどのくらい大きい値になったときに $y = a_0 + \sum_{j=1}^5 a_j x_j$ を選択すべきかは，F 値に加えて，データの個数と重回帰式の予測変数の個数を加味して p 値を算出することによって決定する．

先の R プログラムの (1)(2)(3)(4)'' に以下を続けることでも得られる．

```
#(5)
  f1 <- ((var0-var5)/(np))/(var5/(nd-np-1))
  print("F 値")
  print(f1)
  p.F <- 1- pf(f1, np, nd-np-1)
  print("p 値")
  print(p.F)
```

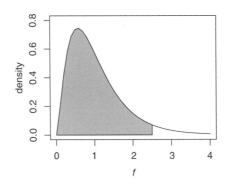

図 2.6 自由度が 5 と 43 の F 分布の確率密度関数を表す曲線における灰色で塗りつぶした部分の面積が `pf(f1, np, nd-np-1)` の値で，x 軸より上で曲線の下にある部分で塗りつぶされていない部分（棄却域）の面積が `1- pf(f1, np, nd-np-1)`

`var0` は (2.47) 式の v_0 を意味し，`var5` は (2.48) 式の v_5 を意味する．`pf()` は F 値を使って p 値を算出する R プログラムである．以下が得られる．

`"F 値"`
`17.42522`
`"p 値"`
`2.115371e-09`

`summary(lm.out5)` を用いたときと同じ結果である．上の R プログラムで `p.F <- 1- pf(f1, np, nd-np-1)`（ここでは，`np` の値は 5 で，`nd` の値は 49）としている背景を図 2.6 に示す．このグラフに描かれている曲線が，自由度が 5 と 43 の F 分布の確率密度関数である．灰色で塗りつぶした部分の面積が `pf(f1, np, nd-np-1)` である．したがって，x 軸より上で曲線の下にある部分で塗りつぶされていない部分（棄却域）の面積が `1- pf(f1, np, nd-np-1)` である．この面積が p 値である．たとえば，5% 有意で $a_j = 0$ が棄却されるのは，`1- pf(f1, np, nd-np-1)` の値（p 値）が 0.05 以下のときである．このとき，帰無仮説を棄却する．

`summary(lm.out5)` あるいはそれと同等の計算では，予測変数のすべてを用いたときの重回帰式と予測変数のうちの 1 つを除いたときの回帰式の比較と，予測変数のすべてを用いたときの重回帰式と定数だけを用いたときの比較を行う．したがって，$y = a_0 + a_1 x_1 + a_5 x_5$ と $y = a_0 + a_1 x_1 + a_3 x_3 + a_5 x_5$ を比較するのであれば，たとえば，先の R プログラムの (1)(2) に以下を続ける．

```
#(3)'
  xxa <- xx[, c(1,3,5)]
  data3 <- data.frame(x=xxa, y=yy)
  lm.out3 <- lm(y~., data=data3)
  print(summary(lm.out3))
```

以下が得られる．

```
Call:
lm(formula = y ~ ., data = data4)

Residuals:
     Min       1Q   Median       3Q      Max
-4384.79 -1772.52    22.63   904.20  8305.32

Coefficients:
             Estimate  Std. Error  t value  Pr(>|t|)
(Intercept) -8214.977    2852.443   -2.880  0.006069 **
x.x1          626.189     277.467    2.257  0.028923 *
x.x3            4.913       1.394    3.525  0.000986 ***
x.x5           34.370      21.044    1.633  0.109394
---
Signif. codes:  0 '***' 0.001 '**' 0.01 '*' 0.05 '.' 0.1 ' ' 1
Residual standard error: 2694 on 45 degrees of freedom
Multiple R-squared:  0.6196,    Adjusted R-squared:  0.5943
F-statistic: 24.43 on 3 and 45 DF,  p-value: 1.557e-09
```

x.x3 の行を参照すると，Pr(>|t|) の行が 0.000986 *** となっているので，「0.1%有意」であることがわかる．したがって，$y = a_0 + a_1 x_1 + a_5 x_5$ がデータを生み出した，という帰無仮説を強く棄却でき，$y = a_0 + a_1 x_1 + a_3 x_3 + a_5 x_5$ がデータを生み出した，という対立仮説を強く支持できる．

この結果の一部分，すなわち，x.x3 と書かれている行の Pr(>|t|) の列の値 (0.000986) は F 検定を用いて算出することもできる．そのときは，先の R プログラムの (1)(2) に以下を続ける．

```
#(3)''
  xxa <- xx[, c(1,3,5)]
  data3 <- data.frame(x=xxa, y=yy)
  lm.out3 <- lm(y~., data=data3)
  xxb <- xx[, c(1,5)]
  data2 <- data.frame(x=xxb, y=yy)
  lm.out2 <- lm(y~., data=data2)
  aov2 <- anova(lm.out2, lm.out3)
  print(aov2)
```

anova() を用いて 2 つの回帰式を比較している．以下が結果である．

```
Analysis of Variance Table
Model 1: y ~ x.x1 + x.x5
Model 2: y ~ x.x1 + x.x3 + x.x5
  Res.Df      RSS  Df  Sum of Sq       F      Pr(>F)
```

1	46	416841862				
2	45	326638504	1	90203358	12.427	0.0009855 ***

`Res.Df` の列はそれぞれの重回帰式の残差の自由度 $(n-I-1)$ を表している．`RSS` の列はそれぞれの重回帰式の残差2乗和である．(2.47) 式の v_1 に n を掛けたものと，(2.48) 式の v_2 に n を掛けたものである．`Df` が1であることは2つの回帰式の残差の自由度の差が1であることを示している．`Sum of Sq` は2つの残差2乗和の差である．`F` は以下の値である．

$$F = \frac{\frac{v_2 - v_3}{I_3 - I_2}}{\frac{v_3}{n - I_3 - 1}} \tag{2.49}$$

ここで，v_3 と v_2 は以下のものである．

$$v_3 = \frac{\sum_{i=1}^{n}(y_i - \hat{y}_i^{<3>})^2}{n} \tag{2.50}$$

$$v_2 = \frac{\sum_{i=1}^{n}(y_i - \hat{y}_i^{<2>})^2}{n} \tag{2.51}$$

$\{\hat{y}_i^{<3>}\}$ は，$y = a_0 + a_1 x_1 + a_3 x_3 + a_5 x_5$ を用いたときの推定値で，$\{\hat{y}_i^{<2>}\}$ は $y = a_0 + a_1 x_1 + a_5 x_5$ を用いたときの推定値である．I_3 は，$y = a_0 + a_1 x_1 + a_3 x_3 + a_5 x_5$ の予測変数の個数，すなわち3である．I_2 は，$y = a_0 + a_1 x_1 + a_5 x_5$ の予測変数の個数，すなわち2である．(2.49) 式において，I_3 を I，I_2 を0とすると，(2.46) 式（31 ページ）になる．この F 値に対応する p 値が `Pr(>F)` の列に表示されている 0.0009855 である．先の `summary(lm.out5)` における，`x.x3` の行の値と同一である．このように，特定の重回帰式と，そこで使われている予測変数から1つを除いて最小2乗法を実行して得られる重回帰式を F 検定を使って比較する方法のことを部分 F 検定 (partial F-test) と呼ぶ．

したがって，(3)' における F 値と p 値は先の R プログラムの (1)(2)(3)'(3)'' に以下を続けることで得ることもできる．

```
#(4)''''
  nd <- dim(xxa)[1]
  var3 <- sum((residuals(lm.out3))^2)/nd
  var2 <- sum((residuals(lm.out2))^2)/nd
  f3 <- ((var2-var3)/1)/(var3/(nd-3-1))
  print("F 値")
  print(f3)
  p.F <- 1- pf(f3, 1, nd-3-1)
  print("p 値")
  print(p.F)
```

以下が結果である．

"F 値"
12.42704

"p 値"
0.0009855001

2.5　ダブル・クロスバリデーション

　予測の意味で優れた重回帰式を得るために，GCV，CV，AIC などを用い，それらの値が最小になる重回帰式を選択することが多い．得られた重回帰式の予測誤差の大きさを見積もるために，クロスバリデーションによる予測値を求め，図 2.1（右）（18 ページ）や図 2.2（右）（18 ページ）に示したようなグラフを描く．その場合，予測値とデータにおける目的変数の値の距離が実際よりやや小さくなる傾向になる．すなわち，その重回帰式が与える本当の予測誤差よりもやや小さく見積もられてしまう．これは，選択バイアスの一種である．

　こうした問題に対処し，選択された重回帰式がもつ本当の予測誤差の 2 乗和に近い値を推定するための手段の 1 つにダブル・クロスバリデーション (double cross-validation) がある．データから 1 つまたは複数のデータを除くことによって得られるデータを用いて，GCV，CV，AIC などによる最適な重回帰式を選択し，得られた重回帰式を用いて先に除いたデータに対応する予測値を求めることによって，予測誤差の 2 乗和を求める方法である．

　最初に除くデータの個数を 1 とした場合の手順は，以下のとおりである．

[ステップ 1]　最初に除くデータを $(\mathbf{x}_j, y_j)$ とする．
[ステップ 2]　$(\mathbf{x}_j, y_j)$ を除くことで得られるデータを $D^{(-j)}$ とする．
[ステップ 3]　$D^{(-j)}$ をデータとして用い，GCV，CV，AIC などを使って予測変数の選択を行う．
[ステップ 4]　[ステップ 3]で選んだ予測変数と $D^{(-j)}$ を用いて重回帰式を作成する．
[ステップ 5]　[ステップ 4]で作成した重回帰式と $\mathbf{x}_j$ を用いて推定を行うことで得られた予測値を $\hat{m}^{(-j)}(\mathbf{x}_j)$ とする．
[ステップ 6]　[ステップ 1]から[ステップ 5]を j のすべての値について実行する．
[ステップ 7]　以下の値を，ダブル・クロスバリデーションによる予測誤差の 2 乗和とする．

$$\mathrm{DCV} = \frac{\sum_{j=1}^{n}(y_j - \hat{s}^{(-j)}(\mathbf{x}_j))^2}{n} \tag{2.52}$$

この式は，一見，(2.20) 式（14 ページ）と同じである．しかし，予測変数の組合せを選択することによって (2.20) 式の最小値を求めると，その値は，その回帰式における本当の意味の予測誤差よりも小さい値をもたらす方向のバイアスを伴っている可能性が高い．(2.20) 式を最小化するにあたってすべてのデータを利用しているので，回帰式を作成するために利用したデータとは独立のデータを用いて予測誤差を推定したとはいえないからである．一方，(2.52) 式は，$\{D^{(-j)}\}$ のそれぞれにおいて予測変数の組合せの最適化を行うことによって回帰式を求め，その過程では用いなかったデータを使って予測誤差を算出したものである．$\{D^{(-j)}\}$ のそれぞれは少しずつ異なるので，それらが与える回帰式における予測変数の組合せが同一になるとは限らない．したがって，(2.52) 式が与える予測誤差は，回帰式を求める際に利用したデータとは独立したデータを用いて推定したものといえる．そのため，(2.20) 式より (2.52) 式のほうが予測誤差として好ましい統計量である．

　ダブル・クロスバリデーションによる予測誤差の 2 乗和を推定するための R プログラムの一例が以下のものである．

```
function() {
#(1)
  gcvmulti <- function(xxa, yya){
  nd <- dim(xxa)[1]
  np <- dim(xxa)[2]
  nc <- 2^np-1
  cmat1 <- matrix(rep(F,length=nc*np), ncol=nc)
  for(ii in 1:nc){
    quot1 <- ii
    for(jj in 1:np){
      rem1 <- quot1 %% 2
      if (rem1 == 1) cmat1[jj,ii] <- T
      quot1 <- quot1 %/% 2
      if(quot1 == 0) break
    }
  }
  gcvt <- NULL
  for(ii in 1:nc){
    cd <- cmat1[, ii]
    xxs <- xxa[, cd, drop=F]
    data1 <- data.frame(x=xxs, y=yya)
    lm.out <- lm(y~., data=data1)
    lev1 <- lm.influence(lm.out)$hat
    ey <- fitted(lm.out)
    fr <- sum(lev1)
    gcvt[ii] <- sum( (yya-ey)^2 )/(nd*(1-fr/nd)^2)
}
  best1 <- seq(form=1, length=length(gcvt) , by=1)
  best1[gcvt != min(gcvt) ] <- 0
  best2 <- sum(best1)
  bestcd <- cmat1[, best2]
  xxs <- xxa[, bestcd, drop=F]
  data2 <- data.frame(x=xxs, y=yya)
  lm.out <- lm(y~., data=data2)
  return(list(lm.out=lm.out, bestcd=bestcd))
}
#(2)
  file1 <- read.table(file="C:\\Users\\user1\\Documents\\R\\
    win-library\\2.7\\mvpart\\data\\car.test.frame.csv", sep=";", header=T)
  file1 <- na.omit(file1)
```

```
    xx <- file1[,c(3,4,6,7,8)]
    colnames(xx) <- c("x1", "x2", "x3","x4", "x5")
    rownames(xx) <- NULL
    yy <- file1[,1]
    rownames(yy) <- NULL
    nd <- dim(xx)[1]
    np <- dim(xx)[2]
#(3)
    py <- NULL
    for(ii in 1:nd){
      xxd <- xx[-jj,]
      yyd <- yy[-jj]
      gcvmulti.out <- gcvmulti(xxd, yyd)
      lm.out <-   gcvmulti.out$lm.out
      bestcd <- gcvmulti.out$bestcd
      data2 <- data.frame(x=xx[jj,bestcd])
      py[jj] <- predict(lm.out, newdata=data2)
    }
    dcv <- sum((yy-py)^2)/nd
    print("dcv")
    print(dcv)
}
```

(1) gcvmulti() を定義する．gcvmulti() は，xxa と yya をデータとして用い，GCV を使って予測変数の選択を行う．
(2) データを読み込む．nd はデータの個数，np はデータの中の予測変数の個数である．
(3) jj 番目のデータを除いたものを用いて gcvmulti() を実行する．gcvmulti() がもたらす，回帰式 (gcvmulti.out$lm.out) と最適な予測変数 (gcvmulti.out$bestcd) を用いて，jj 番目のデータに対する推定を行う．そして，ダブル・クロスバリデーションによる予測誤差の 2 乗和 (dcv) を算出する．

この R プログラムは以下のものを出力する．

"dcv"
8975412

DCV の値が 8975412 である．単純なクロスバリデーションによる CV の値 (7927844) に比べてやや大きい値になった．DCV の値のほうが予測誤差の推定値としてより相応しいといえる．

2.6 カテゴリー型の予測変数を含む重回帰

「car.test.frame.csv」[25] の予測変数のうち, 1番目と4番目のものはカテゴリーである. 1番目の予測変数は, Germany, Japan, Japan/USA, Korea, Mexico, Sweden, USA (アルファベット順) の7つのうちのいずれか1つを値とする. 本来のデータには自動車の生産地が France のものがあるけれども, それらのデータは欠測値を含んでいるため, ここで用いるデータには自動車の生産地が France のものは含まれていない. 4番目の予測変数の値は, Compact, Large, Medium, Small, Sporty, Van (アルファベット順) の6つのうちのいずれかである. 目的変数は, それぞれの車種の標準装備のときの表示価格 (US ドル) である. すると, データの中のすべての予測変数を用いて得られる重回帰式は,

$$y = a_0 + \sum_{j=1}^{16} a_j x_j \tag{2.53}$$

になる. 7つの予測変数のうち2つがカテゴリーなので, すべての予測変数を用いて得られる重回帰式の予測変数が16個になる. 16個の予測変数は以下のように構成されている.

x_1: 自動車の生産地が Japan のときの値は1, そうでないときの値は0になる.

x_2: 自動車の生産地が Japan/USA のときの値は1, そうでないときの値は0になる.

x_3: 自動車の生産地が Korea のときの値は1, そうでないときの値は0になる.

x_4: 自動車の生産地が Mexico のときの値は1, そうでないときの値は0になる.

x_5: 自動車の生産地が Sweden のときの値は1, そうでないときの値は0になる.

x_6: 自動車の生産地が USA のときの値は1, そうでないときの値は0になる.

x_7: 信頼性を表す, 1から5のいずれかの整数. 連続量だけを用いた重回帰における x_1 に相当する.

x_8: US ガロンあたりの走行距離 (マイル). 連続量だけを用いた重回帰における x_2 に相当する.

x_9: 自動車の型式が Large のときの値は1, そうでないときの値は0になる.

x_{10}: 自動車の型式が Medium のときの値は1, そうでないときの値は0になる.

x_{11}: 自動車の型式が Small のときの値は1, そうでないときの値は0になる.

x_{12}: 自動車の型式が Sporty のときの値は1, そうでないときの値は0になる.

x_{13}: 自動車の型式が Van のときの値は1, そうでないときの値は0になる.

x_{14}: 車両重量 (ポンド). 連続量だけを用いた重回帰における x_3 に相当する.

x_{15}: エンジン総排気量 (単位はリットル (と解説に書かれているけれども, 実際には10ミリリットルを単位とした値であろう)). 連続量だけを用いた重回帰における x_4 に相当する.

x_{16}: エンジン出力 (馬力). 連続量だけを用いた重回帰における x_5 に相当する.

自動車の生産地が Germany の場合に相当する予測変数が設定されていない. しかし, $x_1, x_2, \ldots, x_6$ の値がすべて0であることは自動車の生産地が Germany であることを意味するので, 自動車の生産地が Germany であることを直接的に表現する予測変数は必要ない. 直接的な予測変数は設定せずに他のカテゴリーに相当する予測変数の値がすべて0という形で表現するカテゴリーはいずれか1つであればどれでも構わない. lm() の仕様では, カテゴリーを表す名称をアルファベット順に並べたときの最初のものに対してこの扱いを行う. 自動車の型式についても同様である. $x_9, \ldots, x_{13}$ の値がすべて0であることで, 自動車の形式が Compact であることを表現する.

(2.53) 式を以下のように書くこともできる.

$$y = a_0 + \alpha_j + a_7 x_7 + a_8 x_8 + \beta_k + a_{14} x_{14} + a_{15} x_{15} + a_{16} x_{16} \tag{2.54}$$

ここで，α_j は，$\alpha_j = a_j (1 \leq j \leq 6)$ である．β_k は，$\beta_k = a_{k+8} (1 \leq k \leq 5)$ である．

(2.53) 式（あるいは，(2.54) 式）の形の回帰式を得るための R プログラムの一例を以下に示す．

```
function() {
#(1)
  file1 <- read.table(file="C:\\Users\\user1\\Documents\\R\\
  win-library\\2.7\\mvpart\\data\\car.test.frame.csv", sep=";", header=T)
  file1 <- na.omit(file1)
  xx <- file1[,c(2,3,4,5,6,7,8)]
  yy <- file1[,1]
  rownames(xx) <- NULL
  rownames(yy) <- NULL
  nd <- dim(xx)[1]
  np <- dim(xx)[2]
  nc <- 2^np-1
#(2)
  cmat1 <- matrix(rep(F,length=nc*np), ncol=nc)
  for(ii in 1:nc){
    quot1 <- ii
    for(jj in 1:np){
      rem1 <- quot1 %% 2
      if (rem1 == 1) cmat1[jj,ii] <- T
      quot1 <- quot1 %/% 2
      if(quot1 == 0) break
    }
  }
#(3)
  gcvt <- NULL
  for(ii in 1:nc){
    cd <- cmat1[, ii]
    xxs <- xx[, cd, drop=F]
    data1 <- data.frame(x=xxs, y=yy)
    lm.out <- lm(y~., data=data1)
    lev1 <- lm.influence(lm.out)$hat
    ey <- fitted(lm.out)
    fr <- sum(lev1)
    gcvt[ii] <- sum( (yy-ey)^2 )/(nd*(1-fr/nd)^2)
  }
  best1 <- seq(form=1, length=length(gcvt) , by=1)
```

```
    best1[gcvt != min(gcvt) ] <- 0
    best2 <- sum(best1)
    bestcd <- cmat1[, best2]
    print("bestcd")
    print(bestcd)
#(4)
    xxs <- xx[, bestcd, drop=F]
    data2 <- data.frame(x=xxs, y=yy)
    lm.out <- lm(y~., data=data2)
    lev1 <- lm.influence(lm.out)$hat
    ey <- lm.out$fitted
    fr <- sum(lev1)
    py <- (ey-lev1*yy)/(1-lev1)
    gcv <- sum( (yy-ey)^2 )/(nd*(1-fr/nd)^2)
    print("GCV")
    print(gcv)
    print(lm.out$coef)
#(5)
    par(mfrow = c(1, 2), mai = c(0.8, 0.8, 0.1, 0.1),oma = c(5, 1, 5, 1))
    ymin <- min(pretty(c(yy,ey)))
    ymax <- max(pretty(c(yy,ey)))
    plot(yy, ey, type = "n", xlab = "observed", ylab = "estimated" ,
     xlim=c(ymin,ymax), ylim=c(ymin,ymax))
    points(yy, ey, pch = 18, col=4, cex=0.8)
    plot(yy, py, type = "n", xlab = "observed", ylab = "predicted" ,
     xlim=c(ymin,ymax), ylim=c(ymin,ymax))
    points(yy, py, pch = 18, col=4, cex=0.8)
}
```

(1) データを読み込んで，データに関する値 (nd, np, nc) を求める．
(2) 予測変数の組合せのすべてを示す行列 (cmat1) を求める．
(3) 予測変数の組合せのそれぞれについて GCV の値を算出して，最小の GCV を与える組合せを選ぶ．予測変数として選択すべきもの (bestcd) を出力する．
(4) (3) で選択された予測変数を用いて重回帰式を作成し，推定値 (ey)，クロスバリデーションによる予測値 (py) を求める．得られた重回帰式の GCV の値 (gcv) と回帰係数 (lm.out$coef) を出力する．
(5) 実測値を重回帰式による推定値と比較するグラフを描く．さらに，実測値と重回帰式による予測値を比較するグラフを描く．
　この R プログラムは以下のものを出力する．

"bestcd"

42　第2章　重回帰

```
TRUE FALSE FALSE   TRUE   TRUE FALSE FALSE
"GCV"
4832424
```

(Intercept)	x.CountryJapan	x.CountryJapan/USA	x.CountryKorea
602.422599	-698.185659	-2541.662081	-2077.972409
x.CountryMexico	x.CountrySweden	x.CountryUSA	x.TypeLarge
-1104.188208	3333.061879	-4237.728390	1733.238655
x.TypeMedium	x.TypeSmall	x.TypeSporty	x.TypeVan
3602.068231	-1937.010929	-33.819645	-1390.462538
x.Weight			
4.862484			

用いるべき回帰係数は，(2.54) 式（40 ページ）における $\{a_0, \alpha_j, \beta_k, a_{14}\}$ であることを示している．それぞれの回帰係数の値は以下のとおりである．

$$\hat{a}_0 = 602.422599, \quad \hat{\alpha}_1 = -698.185659 \tag{2.55}$$

$$\hat{\alpha}_2 = -2541.662081, \quad \hat{\alpha}_3 = -2077.972409 \tag{2.56}$$

$$\hat{\alpha}_4 = -1104.188208, \quad \hat{\alpha}_5 = 3333.061879 \tag{2.57}$$

$$\hat{\alpha}_6 = -4237.728390, \quad \hat{\beta}_1 = 1733.238655 \tag{2.58}$$

$$\hat{\beta}_2 = 3602.068231, \quad \hat{\beta}_3 = -1937.010929 \tag{2.59}$$

$$\hat{\beta}_4 = -33.819645, \quad \hat{\beta}_5 = -1390.462538 \tag{2.60}$$

$$\hat{a}_{14} = 4.862484 \tag{2.61}$$

得られたグラフが図 2.7 である．

次に，カテゴリー型の予測変数を含む重回帰式の作成におけるさらに多様な予測変数のあり方を考える．(2.54) 式を率直に用いた予測変数の選択においては，たとえば，α_j という予測変数を用いることは，(2.53) 式（39 ページ）における $\sum_{j=1}^{6} a_j x_j$ を回帰式の中に取り入れることを意味する．α_j を用いないときは，(2.53) 式における $\sum_{j=1}^{6} a_j x_j$ は回帰式の中に存在しなくなる．し

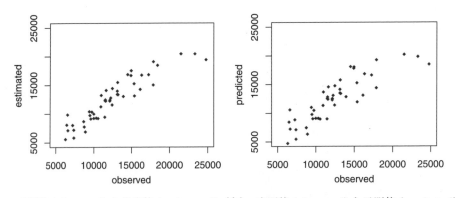

図 2.7　実測値 (observed) と推定値 (estimated)（左）．実測値 (observed) と予測値 (predicted)（右）

2.6 カテゴリー型の予測変数を含む重回帰

かし，選択肢はこの 2 つだけとは限らない．$a_1 = a_2$ を条件として $\sum_{j=1}^{6} a_j x_j$ を回帰式の中に取り入れることもできる．それは，$(x_1 = 1, x_2 = 0)$ と $(x_1 = 0, x_2 = 1)$ を同等とみなすことであり，自動車の生産地が Japan の場合と Japan/USA の場合を区別しない，ということでもある．そうした操作によって予測誤差がより小さい回帰式が得られる可能性がある．自動車の生産地は France を除くと，7 つのカテゴリーによって構成されているけれども，計算の過程をわかりやすく示す目的で，先に得られた重回帰式の回帰係数が近いものを 1 つのカテゴリーにまとめるという方針をとって，以下の 4 つのカテゴリーに再構成する．

カテゴリー A：Sweden と Germany
カテゴリー B：Japan と Mexico
カテゴリー C：Japan/USA と Korea
カテゴリー D：USA

この 4 つのカテゴリーのどの組合せを同一視するかについて，以下の 15 通りの組合せが考えられる．

ABCD, ABC#D, ABD#C, ACD#B, BCD#A, AC#BD, AB#CD, AD#BC,
BC#A#D, AC#B#D, AB#C#D, BD#A#C, AD#B#C, CD#A#B, A#B#C#D

たとえば，ABCD は 4 つのカテゴリーのすべてを同一視することを意味する．ABC#D は，A と B と C の 3 つのカテゴリーを 1 つのカテゴリーとして扱い，D だけは別のカテゴリーとして扱うことを意味する．上の結果を出力する R プログラムはやや長いので，ここでは割愛する．この 15 通りの組合せの中から GCV が最小になるものを選ぶための R プログラムの例が以下のものである．

```
function() {
#(1)
  file1 <- read.table(file="C:\\Users\\user1\\Documents\\R\\win-library\\2.7
   \\mvpart\\data\\car.test.frame.csv", sep=";", header=T)
  file1 <- na.omit(file1)
  xx <- file1[,c(2,3,4,5,6,7,8)]
  yy <- file1[,1]
  rownames(xx) <- NULL
  rownames(yy) <- NULL
  nd <- length(yy)
  nc <- 4
#(2)
  levels(xx[,1]) <- list(A=c("Sweden","Germany") , B=c("Japan", "Mexico"),
   C=c("Japan/USA","Korea"), D="USA")
  lev1 <- attr(xx[,1],"levels")
  zz <- matrix(rep(0, length = nd*nc), ncol=nc)
  for(jj in 1:nc){
     zz[xx[,1] == lev1[jj],jj ]  <- 1
  }
```

```
#(3)
  colnames(zz) <- lev1
  comb1 <- NULL;          comb1[1] <- "ABCD"
  comb1[2] <- "ABC#D";    comb1[3] <- "ABD#C"
  comb1[4] <- "ACD#B";    comb1[5] <- "BCD#A"
  comb1[6] <- "AC#BD";    comb1[7] <- "AB#CD"
  comb1[8] <- "AD#BC";    comb1[9] <- "BC#A#D"
  comb1[10] <- "AC#B#D";  comb1[11] <- "AB#C#D"
  comb1[12] <- "BD#A#C";  comb1[13] <- "AD#B#C"
  comb1[14] <- "CD#A#B";  comb1[15] <- "A#B#C#D"
  ncomb1 <- 15
#(4)
  gcvt <- rep(0, length=ncomb1)
  for (ii in 1:ncomb1){
    div1 <- comb1[ii]
    dev2 <- unlist(strsplit(div1,"#"))
    ldev2 <- length(dev2)
#(5)
    zz3 <- NULL
    for(kk in 1:ldev2){
      dev3 <- unlist(strsplit(dev2[kk],""))
      zz2 <- apply(zz[,dev3, drop=F], 1, sum)
      zz3 <- cbind(zz3, zz2)
    }
    colnames(zz3) <- dev2
#(6)
    xxs <- cbind(xx[, c(4,5)], zz3[,c(1:(ldev2-1))])
    data2 <- data.frame(x=xxs, y=yy)
    lm.out <- lm(y~.-1, data=data2)
    lev1 <- lm.influence(lm.out)$hat
    ey <- fitted(lm.out)
    fr <- sum(lev1)
    gcvt[ii] <- sum( (yy-ey)^2 )/(nd*(1-fr/nd)^2)
  }
#(7)
  whi1 <- which(gcvt==min(gcvt))
  print(comb1[whi1])
  print("GCV")
  print(gcvt[whi1])
}
```

2.6 カテゴリー型の予測変数を含む重回帰

(1) データの予測変数の部分 (xx) と目的変数 (yy) を読み込む．データ数を nd とする．国名グループを 4 つのカテゴリーで表現することを nc の値で示す．

(2) 4 つの国名グループのカテゴリーに属するかを表す行列 (zz) を作成する．zz の最初の 5 行は以下のものである．

```
     [,1] [,2] [,3] [,4]
[1,]   0    0    0    1
[2,]   0    0    0    1
[3,]   0    0    1    0
[4,]   0    0    1    0
[5,]   0    1    0    0
```

(3) 4 つの国名グループのすべての組合せを comb1 で表す．組合せの数を ncomb1 とする．

(4) GCV の値を入れるためのベクトルとして gcvt を作成する．comb1 のそれぞれについての回帰式を作成する繰り返し計算を行う．

(5) comb1 のそれぞれを使って，どの国名グループかを表す行列 (zz3) を作成する．たとえば，comb1[9]("BC#A#D") に対応する zz3 の最初の 5 行は以下のものである．

```
     BC A D
[1,]  0 0 1
[2,]  0 0 1
[3,]  1 0 0
[4,]  1 0 0
[5,]  1 0 0
```

(6) zz3，4 番目の予測変数 (Type) の値，5 番目の予測変数 (Weight) の値を連結して，データの予測変数の部分 (xxs) とする．その際に，zz3 のすべてではなく zz3[,c(1:(ldev2-1))] を使っているのは，先の R プログラムの中で Germany であることを直接的に表現する予測変数を設けなかったのと同様に，ここでは最後のグループに属することを直接的に表現する予測変数を設けないことを意味する．そして，lm() を用いて重回帰を行う．得られた重回帰式に対応する GCV の値を gcvt に入れる．

(7) gcvt から最小のものを選ぶ．ncomb1 の中からその値を与えるものを選択する．両者を表示する．

この R オブジェクトは以下を出力する．

"A#B#C#D"
"GCV"
4300644

すなわち，4 つのグループのそれぞれを別々のグループとして扱ったとき GCV の値が最小になる．

　カテゴリー型の予測変数を含む重回帰式の作成においても，目的が予測ではないことがある．予測変数と目的変数の間の関係をできるだけ単純な重回帰式を使って表現することによって，両者の関係を見通しのよい形で表現したり，少ない数の予測変数の値だけを利用することで目的変

第 2 章 重回帰

数の値を制御したりする場合である．その場合は，予測変数がすべて連続量のときと同様に，特定の予測変数を除くことによって残差 2 乗和が大幅に増大したときにその予測変数が重要な意味をもつとみなす．

2 つの回帰式の比較の例として，以下の 2 つの回帰式の比較を考える．

$$y = a_0 + \alpha_j + a_7 x_7 + a_8 x_8 + \beta_k + a_{14} x_{14} + a_{15} x_{15} + a_{16} x_{16} \tag{2.62}$$

$$y = a_0 + \alpha_j + a_7 x_7 + a_8 x_8 + a_{14} x_{14} + a_{15} x_{15} + a_{16} x_{16} \tag{2.63}$$

(2.62) 式は，(2.54) 式（40 ページ）と同じものである．(2.63) 式は (2.62) 式から自動車の形式に関する予測変数 (β_k) を除いたものである．この 2 つの回帰式の比較は先の R プログラムの (1) に以下のものを続けることで実行する．

```
data7 <- data.frame(x=xx, y=yy)
aov.out7 <- aov(y~., data=data7)
data6 <- data.frame(x=xx[,-4], y=yy)
aov.out6 <- aov(y~., data=data6)
anova7 <- anova(aov.out7, aov.out6)
print(anova7)
```

以下が結果である．

```
Analysis of Variance Table
Model 1: y ~ x.Country + x.Reliability + x.Mileage + x.Type + x.Weight +
    x.Disp. + x.HP
Model 2: y ~ x.Country + x.Reliability + x.Mileage + x.Weight + x.Disp. +
    x.HP
  Res.Df        RSS Df  Sum of Sq      F    Pr(>F)
1     32  113113284
2     37  218224808 -5  -105111524 5.9473 0.0005368 ***
```

データは (2.63) 式が生み出したものである，という帰無仮説を強く棄却でき，データは (2.62) 式が生み出したものである，という対立仮説を強く支持できる．この結果は先の R プログラムの (1) と上の R プログラムに以下のものを続けることでも得られる．

```
#(2)
var6 <- sum((residuals(aov.out6))^2)/nd
var7 <- sum((residuals(aov.out7))^2)/nd
f7 <- ((var6-var7)/5)/(var7/(nd-16-1))
print("F 値")
print(f7)
p.F <- 1- pf(f7, 5, nd-16-1)
print("p 値")
print(p.F)
```

2.6 カテゴリー型の予測変数を含む重回帰   47

以下が出力である.

"F 値"
5.947257
"p 値"
0.0005367779

aov() からの出力を aov.out としたときの summary(aov.out) が与える結果は, lm() からの出力を lm.out としたときの summary(lm.out) の結果とは意味が異なる. たとえば, 先の R プログラムの (1) に以下のものを続けて, 実行する.

```
#(2)
  data7 <- data.frame(x=xx, y=yy)
  aov.out7 <- aov(y~., data=data7)
  print(summary(aov.out7))
```

以下が得られる.

	Df	Sum Sq	Mean Sq	F value	Pr(>F)	
x.Country	6	215826953	35971159	10.1763	2.678e-06	***
x.Reliability	1	4464916	4464916	1.2631	0.269419	
x.Mileage	1	299345308	299345308	84.6855	1.663e-10	***
x.Type	5	173537364	34707473	9.8188	9.285e-06	***
x.Weight	1	40837966	40837966	11.5532	0.001828	**
x.Disp.	1	5974482	5974482	1.6902	0.202862	
x.HP	1	5619424	5619424	1.5897	0.216478	
Residuals	32	113113284	3534790			

Signif. codes: 0 '***' 0.001 '**' 0.01 '*' 0.05 '.' 0.1 ' ' 1

たとえば, 最初に x.Type と書かれている行に列記されている値は, x.Type より上にある 3 つの予測変数 (x.Country, x.Reliability, x.Mileage) を使った重回帰式がデータを生み出した, という帰無仮説と, その 3 つの予測変数に加えて x.Type を加えることで得られる重回帰式がデータを生み出した, という対立仮説を設定して検定を行った結果である. このように, 予測変数を 1 つずつ加えていく際に F 検定を用いることを逐次 F 検定 (sequential F-test) と呼ぶ.

逐次 F 検定による F 値は先の R プログラムの (1) に以下のものを続けることで得ることもできる.

```
#(2)
  data7 <- data.frame(x=xx, y=yy)
  aov.out7 <- aov(y~., data=data7)
  var7 <- sum((residuals(aov.out7))^2)/nd
  data4 <- data.frame(x=xx[,c(1,2,3,4)], y=yy)
```

```
aov.out4 <- aov(y~., data=data4)
var4 <- sum((residuals(aov.out4))^2)/nd
data3 <- data.frame(x=xx[,c(1,2,3)], y=yy)
aov.out3 <- aov(y~., data=data3)
var3 <- sum((residuals(aov.out3))^2)/nd
f4 <- ((var3-var4)/5)/(var7/(nd-16-1))
print("F値")
print(f4)
p.F <- 1- pf(f4, 5, nd-16-1)
print("p値")
print(p.F)
```

以下が出力である.

"F値"
9.818821
"p値"
9.284755e-06

　しかし，F検定を用いて予測変数を選択すると意外な結果が得られることもある．そのことを示すための単純な例を図2.8に示す．図2.8（左）には，用いたデータ，最小2乗法を用いて得られた1次式，2次式，5次式が描かれている．このデータに多項式を当てはめるにあたって，1次式，2次式，3次式，…と1つずつ高い次数の多項式を当てはめる方法を採用したとする．そのとき，まず，1次式を当てはめて，その結果を2次式を当てはめた結果と比較して，このデータが1次式から生み出された，という帰無仮説が棄却されるかどうかを検定する．それによって，以下の結果が得られる．

```
Analysis of Variance Table
Model 1: y ~ x1
```

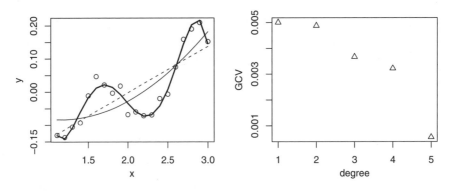

図 2.8　○が用いたデータ，破線が1次式を当てはめた結果，細線が2次式を当てはめた結果，太線が5次式を当てはめた結果（左）．1次式から5次式を当てはめたときのGCVの値（右）

```
Model 2: y ~ x1 + x2
  Res.Df      RSS Df Sum of Sq      F Pr(>F)
1     18 0.081078
2     17 0.070446  1   0.010632 2.5657 0.1276
```

この結果は，このデータが 1 次式から生み出された，という帰無仮説が棄却されないことを示している．そのため，多項式の当てはめ作業はここで終了し，1 次式を最適な回帰式として支持するべきであることが結論づけられる．しかし，図 2.8（左）が与える直感的な印象はこの結論を支持しない．むしろ，5 次式が妥当とみなされる．実際，図 2.8（右）が示す GCV の値は，1 次式より 5 次式を推奨している．

この例のような形での F 検定の利用は，F 検定の意義の説明，あるいは，多項式を当てはめるための技法としてしばしば紹介されている．しかし，この方法がもたらす結論をただちに妥当なものとして受け入れることはできないこともあることをこの例が示している．これは，多項式の当てはめに限らず，F 検定を行うにあたっての対立仮説における回帰式がデータを生み出したとはみなせない場合があることが原因と考えられる [115]．また，F 検定を用いた予測変数の選択を行うと，用いるべき予測変数の組合せが 1 つに定まらない，という問題が生じることがある [116]．その他の面でも，F 検定，あるいは，t 検定による予測変数の選択は一貫性のない結果を生み出す可能性がある（たとえば，[89]）．これらのことから，いろいろな形式の回帰式の作成において F 検定が広く用いられているけれども，その利用にはさまざまな留保を伴うといえる．

第3章

関数データ解析

3.1 平滑化スプライン

データ（予測変数も目的変数も1つ）の平滑化は，データから最大限の情報を引き出すための手法の中で重要な位置を占める．そのための方法の1つとして，最小2乗法などを用いてデータを特定の関数形をもつ回帰式に当てはめることが考えられる．しかし，回帰式としてどのような形の関数を使うかによって，得られる推定値（平滑化された値）が大きく異なってしまうことがある．そのため，信頼性や説得性の高い推定値を得るためには，さまざまな形の関数形をもつ回帰式による回帰を行い，得られた回帰式の中から何らかの基準を用いて妥当性の高い回帰式を選択しなければならない．その手間を小さくするための有力な手段が，ノンパラメトリック回帰 [119], [120], [121] である．ノンパラメトリック回帰においては柔軟性の高い回帰式を利用するため，回帰式の形の選択が結果に及ぼす影響が小さい．柔軟性の高い回帰式としてよく知られているものにスプライン関数がある．平滑化スプラインは，回帰式としてスプライン関数を利用し，残差2乗和を小さくするだけではなく，推定値の凸凹を小さくすることにも配慮して回帰を行う方法である．ノンパラメトリック回帰の特性を生かした優れた回帰手法なので広く利用され，さまざまな形で応用されている．

最小2乗法による回帰においては，以下の値を最小にすることによって回帰係数を求める．

$$E = \sum_{i=1}^{n}(y_i - s(\mathbf{a}, x_i))^2 \tag{3.1}$$

ここで，n はデータの個数，$\{x_i\}(1 \leq i \leq n)$ はデータの予測変数の部分，$\{y_i\}(1 \leq i \leq n)$ はデータの目的変数の部分，$s(\mathbf{a}, x_i)$ はデータを用いて得られる回帰式，$\mathbf{a}$ は回帰係数をそれぞれ表す．しかし，データに加えて，回帰式が特定の性質をもつという知識が得られている場合は，その情報も用いたほうがより有用な回帰式が得られることが期待できる．そうした知識の1つに，回帰式が与える推定値が滑らかに変化する，というものがある．その知識を反映した回帰式を作成するためには，(3.1) 式に代えて以下の値を最小にすることで回帰係数を求めることが考えられる．

この章に掲載されている計算結果やグラフは「fda version 2.4.0」を用いて R プログラムを実行したものなので，他のバージョンの fda パッケージを用いた場合は異なる結果になることがある．

$$E = \sum_{i=1}^{n}(y_i - s(\mathbf{a}, x_i))^2 + \lambda \int_{x_1}^{x_n} \left(\frac{d^2 s(\mathbf{a}, x)}{dx^2}\right)^2 dx \tag{3.2}$$

右辺の第 1 項は，(3.1) 式と同じものである．実測値と推定値の間の距離を表す．x_1 はデータの予測変数の部分の最小値，x_n が最大値である．右辺の第 2 項から λ を除いた部分は，回帰式の凸凹が激しいほど大きい値になる．λ は正の定数で，平滑化パラメータと呼ぶ．この値が大きいときは，右辺の第 2 項（凸凹ペナルティ）が重視されるので，得られる推定値が滑らかになるけれども，実測値と推定値の間の距離は大きくなるかもしれない．この値が小さいときは，実測値と推定値の間の距離が小さくなるけれども，得られる推定値があまり滑らかではないものになることが多い．

(3.2) 式を利用すると，λ として適切な値を用いれば，回帰式として凸凹が大きい推定値をもたらす可能性があるものを採用した場合でも，適度な滑らかさを伴う回帰式が得られる．したがって，得られるべき回帰式が滑らかな関数であることがわかっているときにも，凸凹が大きい関数を与えることもありうるけれどもさまざまな関数関係を表現することが可能な回帰式を用いる．そして，(3.2) 式を使って回帰係数を算出すれば，推定値が滑らかで，データに対する当てはまりも許容範囲とみなせる回帰式が得られる．

凸凹が大きい回帰式にもなりうるけれどもさまざまな関数関係を表現できる回帰式として，以下のものが考えられる．

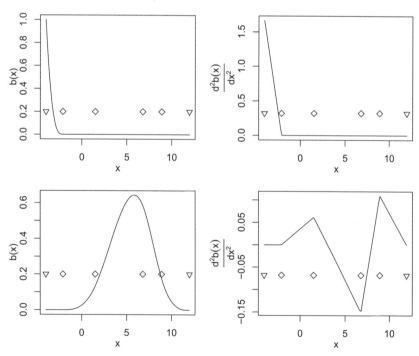

図 3.1 3 次の B-スプライン基底の例．▽が 4 重節点，◇がそれ以外の節点．$b_1(x)$（左上），$\frac{d^2 b_1(x)}{dx^2}$（右上），$b_5(x)$（左下），$\frac{d^2 b_5(x)}{dx^2}$（右下）

$$s(x) = \sum_{j=1}^{q} \beta_j b_j(x) \tag{3.3}$$

ここで，$\{b_j(x)\}(1 \leq j \leq q)$ が 3 次の B-スプライン基底である．以下では，単に「B-スプライン基底」と記したとき，3 次の B-スプライン基底を示す．(3.3) 式で表現できる関数を，3 次のスプライン関数，あるいは単にスプライン関数と呼ぶ．$\{\beta_j\}$ が回帰係数である．3 次の B-スプライン基底の例（$b_1(x)$ と $b_5(x)$）を図 3.1（左上）（左下）に示す．節点（ふしてん）の位置も表示されている．両端の節点は，4 つの節点が同じ位置にある．そうした節点を 4 重節点と呼ぶ．両端付近の節点の配置を 4 重節点を伴わない形態にすることもできる．しかし，回帰式の本質は 4 重節点を使った場合と同一なので，両端の節点を 4 重節点にすることが多い．図 3.1 においては節点の数が 6 個で，節点の位置が $\{-4, -2.1, 1.5, 6.8, 8.9, 12\}$ である．-4 と 12 が 4 重節点である．このとき，B-スプライン基底の数（q）は 8 個になる．両端の節点が 4 重節点のとき，B-スプライン基底の数は節点の数に 2 を足したものになることは，3 次の B-スプライン基底において普遍的に成り立つ．

この章では，R を用いて平滑化スプラインと関数データ解析に関する数値計算を行うために，R のためのパッケージ「fda version 2.4.0」を用いる．パッケージ「fda version 2.4.0」を使えば，平滑化スプラインと関数データ解析を統一された使用感で利用できる．パッケージ「fda version 2.4.0」を利用するためのマニュアル [104] が公開されている．

図 3.1（左上）が左端に位置する B-スプライン基底 $b_1(x)$ である．図 3.1（右上）がその 2 階微分値を示す．$b_1(x)$ は，左端の 1 つの区間だけ 3 次式で，その他の領域では 0 である．この B-スプライン基底の 2 階微分値は，左端の 1 つの区間だけ 1 次式で，その他の領域では 0 である．区分的な直線，すなわち，区分的線形関数といえる．しかも，節点で連続である．すなわち，節点と節点の間では直線で，節点においては連続的に繋がる関数である．また，図 3.1（左下）が 5 番目の B-スプライン基底（$b_5(x)$）で，図 3.1（右下）がその 2 階微分値である．$b_5(x)$ は，4 つの領域では区分的な 3 次式で，その 4 つの領域以外では 0 である．両端の近くを除くと，B-スプライン基底は，このように 4 つの区分的な 3 次式が繋がった部分からなり，それ以外の領域では 0 である．2 階微分値が区分的線形関数で，節点で連続である点はすべての B-スプライン基底に共通している．(3.3) 式は，3 次の B-スプライン基底の線形結合で表される関数である．したがって，節点と節点の間は 3 次式になる．しかも節点では，関数そのもの，関数の 1 階微分値，関数の 2 階微分値のすべてが連続である．そのため，さまざまな滑らかな関数を近似できる．

図 3.1（左上）（右上）を描くために用いる R プログラムの例が以下である．

```
function() {
# (1)
  library(fda)
# (2)
  x1 <- seq(from = -4, to = 12, length = 16)
  nd <- length(x1)
  br1 <- c(-4, -2.1, 1.5, 6.8, 8.9, 12)
  nbr1 <- length(br1)
  s1 <- rep(0, length = nd)
```

```
# (3)
  xbas1  <- create.bspline.basis(rangeval = c(-4 ,12), breaks = br1)
# (4)
  xsb1 <- smooth.basis(x1, s1, xbas1)
  xfd1   <- xsb1$fd
# (5)
  print("xfd1$coefs")
  print(xfd1$coefs)
# (6)
  xfd1$coefs <- c(1,0,0,0,0,0,0,0)
# (7)
  par(mfrow = c(1,2), mai = c(1, 1, 0.1, 0.1), omi = c(0.1, 0.1, 0.1, 0.1))
  et1 <- seq(from = -4, to = 12, length = 100)
  ex1 <- eval.fd(et1, xfd1)
  dex1 <- eval.fd(et1, xfd1, Lfdobj = 2)
  plot(et1,ex1, type="n", xlab = "x", ylab = "b(x)", mgp=c(1.9, 1, 0))
  lines(et1,ex1)
# (8)
  points(xfd1$basis$params, rep(0.2, nbr1 - 2 ), pch = 5)
  points(c(br1[1], br1[nbr1]), rep(0.2, 2 ) , pch = 6)
# (9)
  plot(et1,dex1, type="n", xlab = "x", ylab =
    expression(frac(paste(d^2, b(x)),dx^2)), mgp=c(1.9, 1, 0))
  lines(et1,dex1)
# (10)
  points(xfd1$basis$params, rep(0.32, nbr1 - 2 ), pch = 5)
  points(c(br1[1], br1[nbr1]), rep(0.32, 2 ) , pch = 6)
}
```

(1) ライブラリ「fda」[104] を使う.
(2) 予測変数の値 (x1), 予測変数の数 (nd), 節点の位置 (br1)（両端の節点は 4 重節点）, 節点の数 (nbr1) を与える. ただし, この R プログラムは, 両端の節点が 4 重節点のときの B-スプライン基底を求めることが目的なので, 予測変数の値はその最小値が左端の節点（4 重節点）の位置に一致し, その最大値が右端の節点（4 重節点）の位置に一致している必要がある. また, 予測変数の数と値が, 一意的なスプライン関数を与えるものになっていることも必要である. たとえば,

  x1 <- seq (from = -4, to = 12, length = 5)

とすると, B-スプライン基底は得られない. 目的変数の値 (s1) はすべて 0 にしている.
(3) create.bspline.basis() が B-スプライン基底を作成する. すなわち, 左端の節点（4 重節点）の位置が -4, 右端の節点（4 重節点）の位置が 12, 全部の節点の位置が br1, と設定したときの B-スプライン基底のすべてを作成して xbas1 に入れる. norder =を指定していないので,

norder = 4 が設定される．したがって，3 次の B-スプライン基底を作成する．

(4) `smooth.basis()` が平滑化スプラインを実行する．その際，予測変数の値 (`x1`) と目的変数の値 (`s1`) を用い，`xbas1` に所収されている B-スプライン基底を利用する．その結果を `xsb1` に入れる．`xsb1` に入っている `fd` 成分には，データを平滑化スプラインを用いて平滑化した結果が入っている．`fd` は，関数データ・オブジェクト (functional data object) という形式をもつ．そこで，`xsb1` の `fd` という成分を `xfd1` に入れる．

(5) `xfd1` の中の `coefs` 成分を画面に表示する．この成分は，(3.3) 式の中の $\{\beta_j\}$ である．ここでは，以下が表示される．

```
[1] "xfd1$coefs"
         [,1]
bspl4.1    0
bspl4.2    0
bspl4.3    0
bspl4.4    0
bspl4.5    0
bspl4.6    0
bspl4.7    0
bspl4.8    0
```

`s1` の値がすべて 0 のとき，$\{\beta_j\}(1 \leq j \leq 8)$ の値もすべて 0 になることを示している．6 個の節点を与えたので，8 個の B-スプライン基底が作成された．

(6) `xfd1$coefs` の最初の要素だけを 1 にする．これによって，$\beta_1 = 1$, $\beta_j = 0 (2 \leq j \leq 8)$ になる．

(7) 最初の B-スプライン基底 ($b_1(x)$) を図示する．`et1` が予測変数の値である．`eval.fd()` が，`xfd1` を使って `et1` のそれぞれに対応する推定値を算出する．`eval.fd (et1, xfd1, Lfdobj = 2)` とすると，推定値の 2 階微分値が得られる．

(8) 節点を描く．`xfd1$basis$params` に，両端の節点を除く節点の位置が所収されている．`br1[1]` と `br1[nbr1]` が両端の節点の位置である．

(9) 最初の B-スプライン基底 ($b_1(x)$) の 2 階微分値を描く．

(10) 節点を描く．

(3.3) 式が与える回帰関数を用いて，(3.2) 式を最小にすることによる回帰を行う方法を平滑化スプラインと呼ぶ．すなわち，以下の値を最小にする．

$$E = \sum_{i=1}^{n}(y_i - \sum_{j=1}^{q}\beta_j b_j(x_i))^2 + \lambda \int_{x_1}^{x_n} \left(\frac{\sum_{j=1}^{q}\beta_j b_j(x)}{dx^2}\right)^2 dx \qquad (3.4)$$

この値を最小にする $\{\beta_j\}(1 \leq j \leq q)$ は，$\{\beta_j\}$ を未知数とする線形の連立方程式を解くことによって得られる（[122] の 48 ページ）．

節点の位置をデータの予測変数の部分の値に一致させ，両端の節点を 4 重節点にしたとき，節点の個数は n (n はデータ数) になり，3 次の B-スプライン基底の個数は $(n+2)$ 個になる．つまり，(3.3) 式における q が $(n+2)$ になる．(3.1) 式（50 ページ）を用いて回帰式を作成する場合

は，n 個のデータを用いて $(n+2)$ 個の回帰係数の値を得ようとすると，解が一意ではなくなるのが普通である．しかし，(3.4) 式を使い，λ を正の定数にすれば，n 個のデータを使って $(n+2)$ 個の回帰係数の値が一意的に得られる．そのとき，λ の値によって得られる $\{\beta_j\}$ が異なる．すなわち，得られる回帰式が異なる．

図 3.2（左）（右）は，20 個のデータを用い，節点の位置をデータの予測変数の部分の値に一致させて平滑化スプラインを実行した結果である．図 3.2（左）は，$\lambda = 0.0001$ である．λ が小さい値なので，推定値 $(s(x) = \sum_{j=1}^{q} \beta_j b_j(x))$ の凸凹が大きすぎる．一方，図 3.2（右）は，$\lambda = 8$ である．λ が大きい値なので，推定値が滑らかすぎる．R を使って平滑化スプラインを実行するために，`smooth.spline()` を用いることもできる．`smooth.spline()` は，R に標準で所収されている．しかし，`smooth.spline()` においては，(3.2) 式における λ の値をそのまま指定することができない．パッケージ「fda version 2.4.0」を使えば，λ の値を直接的に設定できる．図 3.3 （左）（右）は図 3.2（左）（右）のそれぞれに描かれている推定値の 2 階微分値 $\left(\dfrac{d^2 s(x)}{dx^2}\right)$ である．いずれにおいても，推定値の 2 階微分値は，節点と節点の間では直線で，節点では連続的に繋がっている．これは，得られた推定値がスプライン関数であることを示している．また，両端

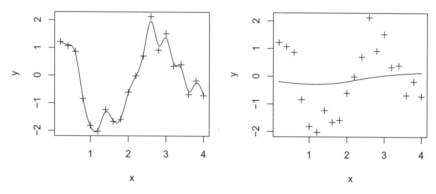

図 3.2 左右いずれのグラフにおいても，+ がデータ $(\{(x_i, y_i)\}(1 \leq i \leq n))$，実線が $s(x) = \sum_{j=1}^{q} \beta_j b_j(x)$．$\lambda = 0.0001$（左），$\lambda = 8$（右）

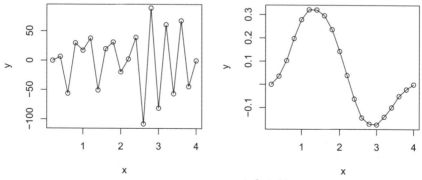

図 3.3 図 3.2（左）に描かれている推定値の 2 階微分値 $\left(\dfrac{d^2 s(x)}{dx^2}\right)$（左）．図 3.2（右）に描かれている推定値の 2 階微分値（右）

における2階微分値が0である．これは，得られた推定値が自然スプラインであることを示している．スプライン関数のうち，両端における2階微分値が0のものを自然スプラインと呼ぶ．

図3.2を描くために用いるRプログラムの例が以下である．

```
function() {
# (1)
  library(fda)
# (2)
  set.seed(92)
  nd <- 20
  xx <- seq(from = 0.2, to = 4, length = nd)
  yy <- cos(0.8 * pi * xx ) + cos(0.6 * pi * xx ) +
   rnorm(length(xx), mean = 0, sd = 0.4)
  ex <- seq(from = min(xx), to = max(xx), length = 1000)
  br1 <- xx
# (3)
  xbas1  <- create.bspline.basis(rangeval = c(min(xx),
   max(xx)), breaks = br1)
# (4)
  bp1  <- fdPar(xbas1, Lfdobj = 2)
  bp1$lambda <- 0.0001
# (5)
  xsb1 <- smooth.basis(xx, yy, bp1)
# (6)
  xfd1   <- xsb1$fd
  ey <- eval.fd(ex, xfd1)
# (7)
  par(mfrow = c(1,2), mai = c(1, 1, 0.1, 0.1), omi = c(0.1, 0.1, 0.1, 0.1))
  plot(xx, yy,  type = "n", xlab = "x", ylab = "y")
  points(xx, yy, pch = 3)
  lines(ex, ey)
# (8)
  bp1$lambda <- 8
  xsb1 <- smooth.basis(xx, yy, bp1)
  xfd1   <- xsb1$fd
  ey <- eval.fd(ex, xfd1)
# (9)
  plot(xx, yy,  type = "n", xlab = "x", ylab = "y")
  points(xx, yy, pch = 3)
  lines(ex, ey)
```

}

(1) ライブラリ「fda」[104] を使う．
(2) `set.seed(92)` が疑似乱数の初期値を設定する．データ数 (`nd`)，予測変数の値 (`xx`)，目的変数の値 (`yy`)，推定値を求める点の値 (`ex`) を与える．節点（両端の 4 重節点を含む）の位置 (`br1`) は，予測変数の値 (`xx`) と同一にする．
(3) `create.bspline.basis()` が B-スプライン基底を作成する．`xx` の最大値と最小値を両端の 4 重節点にして，`br1` を節点（両端の 4 重節点を含む）にする．
(4) `fdPar()` が関数パラメータ・オブジェクト (functional parameter object)（ここでは，`bp1`）を与える．この関数パラメータ・オブジェクトは，関数データ・オブジェクトの形式をもち，平滑化スプラインの条件を所収する．ここでは，`xbas1` が与える B-スプライン基底を用いることと，推定値の滑らかさを推定値の 2 階微分値を用いて算出すること (`Lfdobj = 2`) を設定している．`Lfdobj =` として線形微分演算子を指定することもできる．`bp1$lambda` に，平滑化パラメータ ((3.4) 式（54 ページ）の λ) を収納する．ここでは，0.0001 を設定している．
(5) `smooth.basis()` が，`xx` を予測変数，`yy` を目的変数，`bp1` をその他の条件とする平滑化スプラインを実行する．結果を `xsb1` に入れる．
(6) `xsb1` の中の `fd` 成分 (`xsb1$fd`) には，データを平滑化スプラインを用いて平滑化した結果が入っているので，それを `xfd1` に入れる．`eval.fd()` が，`xfd1` を使って `ex` のそれぞれに対応する推定値を算出する．その結果を `ey` に入れる．
(7) データと推定値を図示する．
(8) `bp1$lambda` に平滑化パラメータ ((3.2) 式（51 ページ）の λ) として 8 を収納する．`smooth.basis()` が平滑化スプラインを実行し，結果を `xfd1` に入れる．`eval.fd()` が，`xfd1`（すなわち，`xsb1$fd`）を使って `ex` のそれぞれに対応する推定値を算出する．結果を `ey` に入れる．
(9) データと推定値を図示する．

3.2 平滑化スプラインにおける平滑化パラメータ

λ として適切な値を使えば，推定値を滑らかにすることと，推定値とデータの距離が近いことの，2 つの要請を適度に満たす回帰式が得られる．λ として適切な値は，回帰式を利用する目的に依存する．たとえば，目的変数の大まかな動きを知ることが目的であれば，λ として大きな値を使うことによって凸凹の小さい回帰式を得るべきである．ここでは，目的変数の値を高い精度で予測するために回帰式を作成する目的で λ の値を最適化する．実用的な場面における回帰式の利用目的の典型である．そのとき，回帰式の有用性を推定するための基準として予測誤差の大きさを表す統計量を使う．その種の統計量の 1 つに，クロスバリデーション (CV: Cross-Validation) がある．以下が定義である．

$$\mathrm{CV} = \frac{\sum_{i=1}^{n}(Y_i - \hat{s}^{-i}(x_i))^2}{n} \tag{3.5}$$

ここで，$\{(x_i, y_i)\}(1 \leq i \leq n)$ がデータで，$\hat{s}^{-i}(\cdot)$ が i 番目のデータを除いたものをデータとして用いたときに得られる回帰式である．CV の値は，得られる回帰式を用いて予測を行ったときの予測誤差の平均的な大きさを表している．したがって，CV が小さいことは，$\hat{s}(\cdot)$（すべてのデータを用いて得られる回帰式）を使って予測を行ったときの予測誤差が小さくなることが期待でき

ることを意味する．クロスバリデーションにやや手を加えた統計量に一般化クロスバリデーション (GCV: Generalized Cross-Validation) がある．以下が定義である．

$$\text{GCV} = \frac{\sum_{i=1}^{n}(Y_i - \hat{s}(x_i))^2}{n \cdot \left(1 - \frac{\sum_{i=1}^{n}[\mathbf{H}]_{ii}}{n}\right)^2} \tag{3.6}$$

ここで，$\mathbf{H}$ はハット行列を示す．線形回帰においては常にハット行列を定義できる．

図 3.4（左）は，GCV を使って平滑化パラメータを最適化する様子の例である．$\lambda = 0.01$ のときが GCV が最小になることを示している．そこで，この λ を用いて推定値を求めた結果が，図 3.4（右）である．直感的にも妥当な滑らかさの推定値である．

図 3.4 を描くために用いる R プログラムの例が以下である．

```
function() {
# (1)
  library(fda)
# (2)
  set.seed(92)
  nd <- 20
  xx <- seq(from = 0.2, to = 4, length = nd)
  yy <- cos(0.8 * pi * xx ) + cos(0.6 * pi * xx ) +
   rnorm(length(xx), mean = 0, sd = 0.4)
  ex <- seq(from = min(xx), to = max(xx), length = 1000)
# (3)
  br1 <- xx
  xbas1  <- create.bspline.basis(rangeval = c(min(xx),
   max(xx)), breaks = br1)
  bp1   <- fdPar(xbas1, Lfdobj = 2)
# (4)
  lams <- rep(0, 10)
```

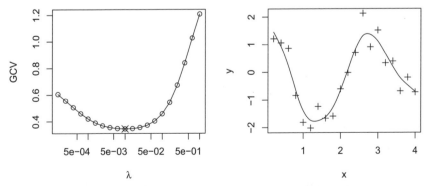

図 3.4 λ と GCV の関係（左）．最適な λ（$\lambda = 0.01$）が与える推定値が実線，＋ がデータ（右）

```
  gcvs <- rep(0, 10)
# (5)
  for(kk in 1:20){
# (6)
    bp1$lambda <- 10^(-4 + kk * 0.2)
    lams[kk] <- bp1$lambda
# (7)
     xsb1 <- smooth.basis(xx, yy, bp1)
     gcvs[kk] <- xsb1$gcv
   }
# (8)
  lamb <- lams[gcvs == min(gcvs)]
# (9)
  bp1$lambda <- lamb
  xsb1 <- smooth.basis(xx, yy, bp1)
# (10)
  xfd1    <- xsb1$fd
  ey <- eval.fd(ex, xfd1)
# (11)
  par(mfrow = c(1,2), mai = c(1, 1, 0.1, 0.1), omi = c(0.1, 0.1, 0.1, 0.1))
  plot(lams, gcvs, type = "n", log = "x", xlab = expression(lambda),
   ylab = "GCV")
  points(lams, gcvs, pch = 1)
  points(lamb, gcvs[lamb == lams], pch = 4, cex = 1.5)
  lines(lams, gcvs)
# (12)
  plot(xx, yy,  type = "n", xlab = "x", ylab = "y")
  points(xx, yy, pch = 3)
  lines(ex, ey)
}
```

(1) ライブラリ「fda」[104] を使う．
(2) 20 個のデータを作成する．予測変数の値が **xx**，目的変数の値が **yy**，データ数が **nd** である．推定値を求める点の位置を示す値を **ex** に入れる．
(3) 節点（両端の 4 重節点を含む）の位置 (**br1**) を **xx** と同一にする．**create.bspline.basis()** が B-スプライン基底を作成する．すなわち，左端の節点（4 重節点）の位置が **xx** の最小値，右端の節点（4 重節点）の位置が **xx** の最大値，節点の位置が **br1**，と設定したときの B-スプライン基底のすべてを作成して，**xbas1** に入れる．**fdPar()** が，平滑化スプラインの条件を設定する．その結果を **bp1** に入れる．
(4) 平滑化パラメータ ((3.2) 式 (51 ページ) の λ) を入れるために，**lams** を用意する．GCV

((3.6) 式（58 ページ））を入れるために，`gcvs` を用意する．
(5) 20 個の λ の値 (`lams`) の 1 つを用いて，平滑化スプラインを実行し，GCV を算出する．
(6) λ として `10^ (-4 + kk * 0.2)` を用いる．その値を `bp1$lambda` と `lams[kk]` に入れる．
(7) `smooth.basis()` が平滑化スプラインを実行する．その結果を `xsb1` に入れる．`smooth.basis()` は GCV の算出も行い，結果が `xsb1$gcv` に入る．それを `gcvs[kk]` に入れる．
(8) GCV の値を最小にする λ を `lamb` に入れる．
(9) `lamb` (λ の最適値) を `bp1$lambda` に入れる．`smooth.basis()` が，`bp1` を条件とする平滑化スプラインを実行する．結果を `xsb1` に入れる．
(10) `xsb1` の中の `fd` 成分 (`xsb1$fd`) には，データを平滑化スプラインを用いて平滑化した結果が入っているので，それらを `xfd1` に入れる．`eval.fd()` が，`xfd1` を使って `ex` のそれぞれに対応する推定値を算出する．結果を `ey` に入れる．
(11) `lams` (λ) と `gcvs` (GCV) の関係を図示する．
(12) 平滑化パラメータ (λ) として `lamb` (= 0.01) を用いたときの推定値をデータとともに図示する．

3.3 スカラーを目的変数とする関数線型モデル

予測変数を関数データとして取り扱い，目的変数をスカラーとして取り扱うときのデータの中で最も単純なものは，唯一の予測変数のデータが $\{x_i(t)\}(1 \leq i \leq n)$ (n がデータ数) という関数データで，目的変数のデータが $\{y_i\}(1 \leq i \leq n)$ というスカラーのデータになっているものである．両者の関係を以下のような回帰式を使って表す（たとえば，[102] の 261 ページ，[103] の 133 ページ，[120] の第 6 章）．

$$y_i = \alpha_0 + \int_{t^{min}}^{t^{max}} x_i(t)\beta(t)dt + \epsilon_i \tag{3.7}$$

ここで，α_0 は定数である．t^{min} と t^{max} は，$\{x_i(t)\}$ の t がとる範囲の，それぞれ最小値と最大値である．$\beta(t)$ が通常の回帰における回帰係数と同様の役割を果たす関数，$\{\epsilon_i\}(1 \leq i \leq n)$ が残差である．この回帰式は，$x_i(t)$ と $\beta(t)$ がいずれもスカラーのときには単回帰になるので，単回帰における予測変数を関数データに拡張したものとみなせる．このとき，(3.4) 式が以下に替わる．

$$E = \sum_{i=1}^{n} \left(y_i - \alpha_0 - \int_{t^{min}}^{t^{max}} x_i(t)\beta(t)dt \right)^2 + \lambda \int_{t^{min}}^{t^{max}} \left(\frac{d^2\beta(t)}{dt^2} \right)^2 dx \tag{3.8}$$

また，(3.7) 式を一般化すれば，予測変数の数が K 個の重回帰式に相当する回帰式が得られる．以下である．

$$y_i = \alpha_0 + \sum_{k=1}^{K} \int_{t_k^{min}}^{t_k^{max}} x_{ik}(t)\beta_k(t)dt + \epsilon_i \tag{3.9}$$

ここで，予測変数が $\{x_{ik}(t)\}(1 \leq i \leq n, 1 \leq k \leq K)$ という関数で，目的変数が $\{y_i\}(1 \leq i \leq n)$ というスカラーである．$\{\beta_k(t)\}(1 \leq k \leq K)$ が，通常の重回帰における回帰係数に相当する関数である．α_0 は定数である．t_k^{min} と t_k^{max} は，k 番目の予測変数のデータである $\{x_{ik}(t)\}(1 \leq i \leq n)$ における t がとる範囲の，それぞれ最小値と最大値である．$\{\epsilon_i\}(1 \leq i \leq n)$ が残差である．この

とき，(3.8) 式が以下になる．

$$E = \sum_{i=1}^{n}\left(y_i - \alpha_0 - \sum_{k=1}^{K}\int_{t_k^{min}}^{t_k^{max}} x_{ik}(t)\beta_k(t)dt\right)^2 + \sum_{k=1}^{K}\lambda_k\int_{t_k^{min}}^{t_k^{max}}\left(\frac{d^2\beta_k(t)}{dt^2}\right)^2 dx \quad (3.10)$$

ここで，$\{\lambda_k\}(1 \leq k \leq K)$ はそれぞれの予測変数に対する平滑化パラメータである．(3.9) 式のような回帰式を，スカラーを目的変数とする関数線型モデル (functional linear models for scalar responses)（[103] の 131 ページ）と呼ぶ．

また，スカラーを目的変数とする関数線型モデルは，加法モデル（[119] の第 4 章，[120] の第 4 章，[121] の第 6 章）を一般化したものでもある．そのことは，(3.9) 式における $\{x_{ik}(t)\}$ が以下のものである場合を想定すればわかる．

$$x_{ik}(t) = \delta(t - \tau_{ik}) \quad (3.11)$$

ここで，$\delta(\cdot)$ はデルタ関数である．このとき (3.9) 式は以下の式になる．

$$\begin{aligned} y_i &= \alpha_0 + \sum_{k=1}^{K}\int_{t_k^{min}}^{t_k^{max}}\delta(t - \tau_{ik})\beta_k(t)dt + \epsilon_i \\ &= \alpha_0 + \sum_{k=1}^{K}\beta_k(\tau_{ik}) + \epsilon_i \end{aligned} \quad (3.12)$$

これは，$\{\tau_{ik}\}$ がデータの予測変数の部分のときの加法モデルである．したがって，スカラーを目的変数とする関数線型モデルの特殊な場合が加法モデルである．

3.4 スカラーを目的変数とする関数線型モデルの作成手順

$\{x_{ik}(t)\}$（(3.9) 式（60 ページ））を平滑化スプラインを用いて作成し，スカラーを目的変数とする関数線型モデル（(3.9) 式）を作成するための手順を，簡単なシミュレーション・データを用いて例示する．

$n = 50$，$K = 2$，$m(i,1) = m(i,2) = 30$ $(1 \leq i \leq 50)$，$\{t_{ijk}\} = j$ $(1 \leq i \leq 50, 1 \leq k \leq 2)$ とする．すなわち，データ数 (n) を 50 個，スカラーを目的変数とする関数線型モデルの予測変数の数 (K) を 2 個，スカラーを目的変数とする関数線型モデルのそれぞれの予測変数を与えるデータの数 ($m(i,1)$ と $m(i,2)$) をすべての i について 2 つとも 30 にそれぞれ設定する．そして，$\{X_{ik}(t_{ijk})\}$ $(= \{X_{ijk}\})$ $(1 \leq i \leq 50, 1 \leq j \leq 30, 1 \leq k \leq 2)$ の値のそれぞれは，すべて最小値が 0，最大値が 1 の一様乱数の実現値とする．そして，$\{y_i\}$ $(1 \leq i \leq 50)$ の値は以下の式が与える．

$$y_i = 3\sum_{j=1}^{30}X_{ij1}\sin(1.5\pi j/30) + 5\sum_{j=1}^{30}X_{ij2}\cos(2.5\pi j/30) + \epsilon_i \quad (3.13)$$

$\{\epsilon_i\}$ は，$N(5, 2^2)$（平均が 5，分散が 2^2 の正規分布）の実現値である．

i のそれぞれの値に対して，$\{X_{ij1}\}$ $(1 \leq j \leq 30)$ に平滑化スプラインを施すことによって $\{x_{i1}(t)\}$ を作成する．同様に，i のそれぞれの値に対して，$\{X_{ij2}\}$ $(1 \leq j \leq 30)$ に平滑化スプラインを施すことによって $\{x_{i2}(t)\}$ を作成する．得られた $\{x_{i1}(t)\}$ と $\{x_{i2}(t)\}$ を用いて関数データ解析による回帰を行うことによって，(3.9) 式における $\beta_1(t)$ と $\beta_2(t)$ を推定する．その際，$\beta_1(t)$

と $\beta_2(t)$ がスプライン関数 ((3.3) 式 (52 ページ)) で表現できることを仮定し, (3.10) 式を用いて回帰を行う.

ここでは, (3.10) 式の右辺の $\{\lambda_k\}(1 \leq k \leq 2)$ は等しいと仮定して λ としている. λ を最適化するために GCV ((3.6) 式 (58 ページ)) を用いる. その様子が図 3.5 (左上) である. $\lambda = 25.11886$ が最適値になった. その λ を用いて, 推定した $\beta_1(t)$ が図 3.5 (右上), $\beta_2(t)$ が図 3.5 (左下) である. そのときの α_0 ((3.9) 式) は 2.776305 になった. 図 3.5 (右下) が, $\{y_i\}$ $(1 \leq i \leq 50)$ と $\{\hat{y}_i\}$ $(1 \leq i \leq 50)$ ((3.9) 式による推定値) との関係を表している.

図 3.5 を描くために用いる R プログラムの例が以下である.

```
function() {
# (1)
  library(fda)
# (2)
  nd <- 50
  nx <- 30
  set.seed(122)
```

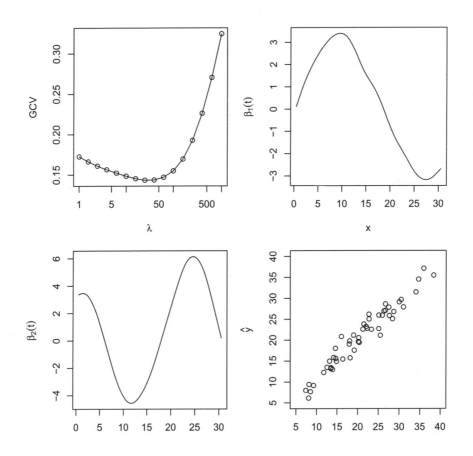

図 **3.5** λ と GCV の関係 (左上). $\beta_1(t)$ (右上). $\beta_2(t)$ (左下). $\{y_i\}$ と $\{\hat{y}_i\}$ の関係 (右下)

```
  xx1 <- matrix(rep(0, length = nd * nx), ncol = nd)
  xx2 <- matrix(rep(0, length = nd * nx), ncol = nd)
# (3)
  yy <-NULL
  for(ii in 1:nd){
    xx1[, ii] <- runif(nx, min = 0, max = 1)
    xx2[, ii] <- runif(nx, min = 0, max = 1)
    ss <- 0
    for(jj in 1:nx){
      ss <- ss + xx1[jj, ii] * 3 * sin(1.5 * pi * jj / nx) +
        xx2[jj, ii] * 5 * cos(2.5 * pi * jj / nx)
    }
    yy[ii] <-  ss + 5 + rnorm(1, mean = 0, sd = 2.0)
  }
# (4)
  xb1 <- create.bspline.basis(c(0.5, nx + 0.5), nbasis = 20)
  xb2 <- create.bspline.basis(c(0.5, nx + 0.5), nbasis = 20)
  tt <- seq(from = 1, to = nx, by = 1)
# (5)
  xs1 <- smooth.basis(tt, xx1, xb1)
  xs2 <- smooth.basis(tt, xx2, xb2)
# (6)
  xf1   <- xs1$fd
  xf2   <- xs2$fd
# (7)
  xl <- vector("list", length = 3)
  xl[[1]] <- rep(1,nd)
  xl[[2]] <- xf1
  xl[[3]] <- xf2
# (8)
  bb1 <- create.bspline.basis(c(0.5, nx + 0.5), nbasis = 20)
  bb2 <- create.bspline.basis(c(0.5, nx + 0.5), nbasis = 20)
# (9)
  bp1  <- fdPar(bb1, Lfdobj = 2)
  bp2  <- fdPar(bb2, Lfdobj = 2)
# (10)
  bla <- vector("list", length = 3)
  conbasis   <- create.constant.basis()
  bla[[1]] <- conbasis
  bla[[2]] <- bp1
```

```
  bla[[3]] <- bp2
# (11)
  lams <- 10^(seq(from = 0, to = 3, by = 0.2))
  gcvs <- rep(0, length(lams))
  for(kk in 1:length(lams)){
    blb <- bla
    par2 <- blb[[2]]
    par2$lambda <- lams[kk]
    blb[[2]] <- par2
    par3 <- blb[[3]]
    par3$lambda <- lams[kk]
    blb[[3]] <- par3
# (12)
    reg1 <- fRegress(yy, xl, blb)
    gcvs[kk] <- reg1$gcv
#   print(reg1$gcv)
  }
# (13)
  wh1 <- which(gcvs == min(gcvs))
  lbest <- lams[wh1]
# (14)
  par(mfrow = c(2,2), mai = c(1, 1, 0.1, 0.1), omi = c(1, 0.2, 1, 0.2))
  plot(lams,gcvs,type = 'n',log = 'x', xlab = expression(lambda), ylab = "GCV")
  lines(lams, gcvs)
  points(lams, gcvs)
# (15)
  blb <- bla
  par2 <- blb[[2]]
  par2$lambda <- lbest
  blb[[2]] <- par2
  par3 <- blb[[3]]
  par3$lambda <- lbest
  blb[[3]] <- par3
# (16)
  reg2 <- fRegress(yy, xl, blb)
  bl2   <- reg2$betaestlist
  bp1 <- bl2[[2]]
  bf1 <- bp1$fd
  bp2 <- bl2[[3]]
  bf2 <- bp2$fd
```

```
# (17)
  eyy <-   reg2$yhatfdobj
# (18)
  bp0 <- bl2[[1]]
  bf0 <- bp0$fd
  coef1 <- bf0$coef
  print("coef1")
  print(coef1)
# (19)
  et1 <- seq(from = 0.5, to = nx + 0.5, by = 0.5)
  eb1 <- eval.fd(et1, bf1)
# (20)
  plot(et1, eb1, xlab = "x", ylab = expression(beta[1](t)), type = "n")
  lines(et1, eb1)
# (21)
  et2 <- seq(from = 0.5, to = nx + 0.5, by = 0.5)
  eb2 <- eval.fd(et2, bf2)
# (22)
  plot(et2, eb2, xlab = "x", ylab = expression(beta[2](t)), type = "n")
  lines(et2, eb2)
# (23)
  plot(yy, eyy, type = "n", xlab = "y", ylab = expression(hat(y)),
   xlim = c(5, 40), ylim = c(5, 40))
  points(yy,eyy)
# (24)
  print("lbest")
  print(lbest)
}
```

(1) ライブラリ「fda」[104] を使う.

(2) データ数 (すなわち, $\{X_{ij1}\}$ と $\{X_{ij2}\}$ の i の最大値) (nd) と, 予測変数を構成するデータの数 (すなわち, $\{X_{ij1}\}$ と $\{X_{ij2}\}$ の j の最大値) (nx) を設定する. $\{X_{ij1}\}$ の j の最大値と $\{X_{ij2}\}$ の j の最大値を等しくしない設定もありうる. set.seed (122) が疑似乱数の初期値を設定する. $\{X_{ij1}\}$ の値を xx1 に入れる. $\{X_{ij2}\}$ の値を xx2 に入れる.

(3) (3.13) 式 (61 ページ) を使って $\{y_i\}$ ($1 \leq i \leq 50$) を算出して, yy に入れる.

(4) create.bspline.basis() が B-スプライン基底を作成する. すなわち, 左端の節点 (4 重節点) の位置を 0.5, 右端の節点 (4 重節点) の位置を nx+0.5, 節点の数 (両端を含む) を nbasis = 20 と設定したときの B-スプライン基底のすべてを作成して, xb1 に入れる. xb2 も xb1 と同一にする. すべての i と k に対して $t_{ijk} = j$ になるように tt を設定する.

(5) smooth.basis() が平滑化スプラインを実行する. その際, 予測変数の値として tt を用い,

目的変数の値として **xx1** を用いる．また，**xb1** に所収されている B-スプライン基底を利用する．その結果を **xs1** に入れる．平滑化スプラインにおける平滑化パラメータ (λ) を GCV を使って最適化する．**xs2** についても同様である．

(6) **xs1** に入っている **fd** 成分には，データを平滑化スプラインを用いて平滑化した結果が入っているので，その部分を取り出して **xf1** に入れる．**xf2** についても同様である．

(7) **xf1** ($\{x_{i1}(t)\}$) と **xf2** ($\{x_{i2}(t)\}$) を用いて，スカラーを目的変数とする関数線型モデルを作成するために，予測変数に関するデータを **xl** にまとめる．**vector ("list", length = 3)** は，3つの要素がリスト形式をもつベクトルを作成する．**xl[[1]]** は，スカラーを目的変数とする関数線型モデルに定数項 ((3.9) 式の α_0) があることを示す．**xl[[2]]** は，関数データ重回帰式の1番目の予測変数の項 ((3.9) 式の $\int_{t_1^{min}}^{t_1^{max}} x_{i1}(t)\beta_1(t)dt$) があることを示す．**xl[[3]]** は，スカラーを目的変数とする関数線型モデルの2番目の予測変数の項 ((3.9) 式の $\int_{t_2^{min}}^{t_2^{max}} x_{i2}(t)\beta_2(t)dt$) があることを示す．

(8) (4) で作成したものと同一の B-スプライン基底を作成して，**bb1** と **bb2** に入れる．

(9) **fdPar()** が，$\beta_1(t)$ ((3.9) 式) を作成するために，**bb1** に所収されている B-スプライン基底を用いることと推定値の滑らかさを推定値の2階微分値を用いて算出すること (**Lfdobj = 2**) を設定する．その結果を **bp1** に入れる．**bp2** についても同様である．

(10) **bp1** と **bp2** を用いて，スカラーを目的変数とする関数線型モデルを作成するために，予測変数に関するデータを **bla** にまとめる．**vector ("list", length = 3)** は，3つの要素がリスト形式をもつベクトルを作成する．**create.constant.basis()** が，値が常に 1 になる基底を作成する．その結果を **xl[[1]]** に入れる．スカラーを目的変数とする関数線型モデルの1番目の予測変数の項 ((3.9) 式 (60 ページ)) を作成するために **bp1** を用いることを **xl[[2]]** に設定する．すなわち，**bb1** に所収されている B-スプライン基底を用い，推定値の滑らかさを推定値の2階微分値を用いて算出する．**xl[[3]]** についても同様である．

(11) 平滑化パラメータ (λ) の値を $\{10^0, 10^{0.2}, 10^{0.4}, \ldots, 10^3\}$ (**lams**) のいずれかに設定して関数データ解析による回帰を実行し，GCV が最小になる λ を求める．まず，**bla** を **blb** に複写して，**blb[[2]]** を **par2** とする．**par2$lambda** は，$\lambda_1$ の値を所収するためのものなので，**par2$lambda** に λ (**lams[kk]**) を与える．同様に，**par3$lambda** にも λ (**lams[kk]**) を与える．

(12) **fRegress (yy, xl, blb)** が，設定された λ を用いて (3.10) 式 (61 ページ) による回帰を行う．その結果を **reg1** に入れる．**reg1$gcv** にそのときの GCV が収納されているので，**gcvs[kk]** に入れる．

(13) **gcvs** を用いて最適な λ を求めて，その結果を **lbest** に入れる．

(14) **lams** と **gcvs** の関係，すなわち，λ と GCV の関係を図示する．

(15) (11) と同様の手順で，最適な λ (**lbest**) を使った回帰を行うための **blb** を作成する．

(16) **fRegress()** が回帰を行う．その結果を **reg2** に入れる．得られた回帰式 ($\beta_1(t)$ と $\beta_2(t)$ と α_0) が **reg2$betaestlist** に所収されているので，それを **bl2** に入れる．そして，**bl2[[2]]** を **bp1** とすると，**bp1$fd** には $\beta_1(t)$ が入っている．それを **bf1** とする．同様の方法で，**bf2** ($\beta_2(t)$ が入っている) を得る．

(17) (3.9) 式 (60 ページ) が与える推定値 ($\{\hat{y}_i\}$) が **reg2$yhatfdobj** に収納されているので，**eyy** に入れる．

(18) bl2[[1]] には，(3.9) 式の定数項 (α_0) の内容が所収されているので bp0 に入れる．すると，bp0$fd には定数項 ($\alpha_0$) の内容が所収されているので bf0 に入れる．bf0$coef が α_0 なので，coef1 に入れて画面に表示する．以下が現れる．
[1] "coef1"
         [,1]
[1,] 2.776305

(19) $\beta_1(t)$ の t として代入する値を et1 とする．eval.fd (et1, bf1) が，bf1 を用いて t が et1 のときの $\beta_1(t)$ の値を算出する．
(20) $\beta_1(t)$ をグラフに描く．
(21) $\beta_2(t)$ の t として代入する値を et2 とする．eval.fd (et2, bf2) が，bf2 を用いて t が et2 のときの $\beta_1(t)$ の値を算出する．
(22) $\beta_2(t)$ をグラフに描く．
(23) 最適な λ (lbest) を画面に表示する．以下が現れる．
[1] "lbest"
[1] 25.11886

3.5 スカラーを目的変数とする関数線型モデルによる気象データの解析

　スカラーを目的変数とする関数線型モデルを用いて，気象データによる回帰式を作成する例を示す．予測変数のデータは，1951 年から 2010 年までの 7 月から 9 月の期間に函館で観測された日平均気温 [71] である．予測変数のデータを $\{X_i(t_{ij})\}$ $(=\{X_{ij}\})$ $(1 \le i \le 60, 1 \le j \le 92)$ とする．目的変数のデータは，同じ期間に稚内で観測された日平均気温 [71] である．目的変数のデータを $\{Y_i(t_{ij})\}$ $(=\{Y_{ij}\})$ $(1 \le i \le 60, 1 \le j \le 92)$ とする．

　予測変数のデータに対しては，$\{X_{ij}\}$ の i の値を固定して，$\{(j, X_{ij})\}$ $(1 \le j \le 92)$ をデータとして平滑化スプラインを実行することによって，$\{x_i(t)\}$ $(1 \le i \le 60)$ というスプライン関数を作成する．平滑化パラメータは GCV を使って最適化する．$x_1(t)$ と $x_2(t)$ を図 3.6（左上）に図示した．

　目的変数のデータに対しては，$\{Y_i(t_{ij})\}$ の j $(1 \le j \le 92)$ に対する平均値を求め，$\{y_i\}$ $(1 \le i \le 60)$ とする．すなわち，$\{x_i(t)\}$ $(1 \le i \le 60)$ がデータの予測変数の部分をなす関数データであり，$\{y_i\}$ $(1 \le i \le 60)$ がデータの目的変数の部分をなすスカラーデータである．

　$\{x_i(t)\}$ $(1 \le i \le 60)$ と $\{y_i\}$ $(1 \le i \le 60)$ のうち，$\{x_i(t)\}$ $(1 \le i \le 40)$ と $\{y_i\}$ $(1 \le i \le 40)$ をデータとして，(3.8) 式（60 ページ）を用いて (3.7) 式（60 ページ）の形の回帰式を作成する．その結果，図 3.6（右上）の $\beta(t)$ が導出された．そのときの α_0 は -2.173347 になった．得られた $\beta(t)$ を用いてデータの目的変数の部分に対応する推定値を求めた結果を $\{\hat{y}_i\}$ $(1 \le i \le 40)$ としたときの，$\{y_i\}$ と $\{\hat{y}_i\}$ の関係が図 3.6（左下）である．

　次に，回帰式の作成にも使わなかったデータである $\{x_i(t)\}$ $(41 \le i \le 60)$ を用い，得られた回帰式による推定値を求めた結果を $\{\hat{y}_i^{pre}\}$ $(41 \le i \le 60)$ とした．そのときの $\{y_i\}$ $(41 \le i \le 60)$ と $\{\hat{y}_i^{pre}\}$ $(41 \le i \le 60)$ の関係を図 3.6（右下）に描いた．

　図 3.6 を描くために用いる R プログラムの例が以下である．

68　第3章　関数データ解析

```
function() {
# (1)
  library(fda)
# (2)
  nd <- 40
  nd2 <- 60
  nx <- 92
  nb <- 10
# (3)
  r1a <- read.csv(file =
    "D:\\hakodate1951_2010(7-9).csv", header = F)
  r2a <- read.csv(file =
    "D:\\wakkanai1951-2010(7-9).csv", header = F)
# (4)
```

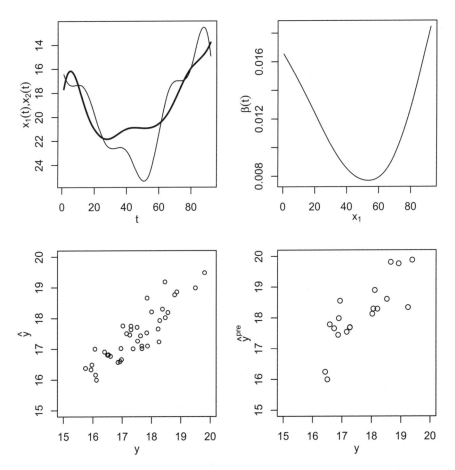

図 **3.6**　函館の日平均気温のデータから得られた $x_1(t)$（細線）と $x_2(t)$（太線）（左上）．(3.7) 式（60ページ）の $\beta(t)$（右上）．$\{y_i\}$ と $\{\hat{y}_i\}$ の関係（左下）．$\{y_i\}$ と $\{\hat{y}_i^{pre}\}$ の関係（右下）

```
  r1c <- matrix(rep(0, length = nd2 * nx), ncol = nx)
  yyc <- rep(0, length = nd2)
# (5)
  for(ii in 1:nd2){
    r1c[ii,] <- r1a[c((1 + (ii-1) * nx): (ii * nx)), 4]
    yyc[ii] <- mean(r2a[c((1 + (ii-1) * nx): (ii * nx)), 4])
  }
# (6)
  r1 <- r1c[1:nd, ]
  yy <- yyc[1:nd]
# (7)
  xx1 <- t(r1)
# (8)
  xxbas1  <- create.bspline.basis(c(0.5, nx + 0.5),
   nbasis = nb)
# (9)
  tt <- seq(from = 1, to = nx, by = 1)
  xxsmth1 <- smooth.basis(tt, xx1, xxbas1)
  xxfd1    <- xxsmth1$fd
# (10)
  par(mfrow = c(2,2), mai = c(1, 1, 0.1, 0.1), omi = c(1, 0.2, 1, 0.2))
# (11)
  et1 <- seq(from = 1, to = nx, by = 0.2)
  eb1 <- eval.fd(et1, xxfd1)
# (12)
  plot(et1, eb1[,1], xlab = "t", ylab =
   expression(paste(x[1](t),",", x[2](t)))  , type = "n",
   ylim =c(max(eb1[,1], eb1[,2]), min(eb1[,1], eb1[,2])),
   mgp = c(1.9, 1, 0))
  lines(et1, eb1[,1])
  lines(et1, eb1[,2], lwd = 2)
# (13)
  xxlist <- vector("list", 2)
  xxlist[[1]] <- rep(1,nd)
  xxlist[[2]] <- xxfd1
# (14)
  betabas1 <- create.bspline.basis(c(0.5, nx + 0.5),
   nbasis = nb)
# (15)
  betafdPar1  <- fdPar(betabas1, Lfdobj = 2)
```

```
# (16)
  betalist1 <- vector("list",2)
  betalist2 <- betalist1
  conbasis    <- create.constant.basis()
  betalist2[[1]] <- conbasis
  betalist2[[2]] <- betafdPar1
# (17)
  lams <- 10^(seq(from = 7, to = 10, by = 0.5))
  gcvs <- rep(0,length(lams))
  for(kk in 1:length(lams)){
    betalist2b <- betalist2
    par2 <- betalist2b[[2]]
    par2$lambda <- lams[kk]
    betalist2b[[2]] <- par2
# (18)
    reg1 <- fRegress(yy, xxlist, betalist2b)
    gcvs[kk] <- reg1$gcv
  }
# (19)
  wh1 <- which(gcvs == min(gcvs))
  lbest <- lams[wh1]
# (20)
  betafdPar1   <- fdPar(betabas1, Lfdobj = 2, lambda = lbest)
# (21)
  betalist1 <- vector("list",2)
  betalist2 <- betalist1
  conbasis    <- create.constant.basis()
  betalist2[[1]] <- conbasis
  betalist2[[2]] <- betafdPar1
# (22)
  reg1 <- fRegress(yy, xxlist, betalist2)
# (23)
  eyy <-   reg1$yhatfdobj
  betaestlist2 <- reg1$betaestlist
  betafdPar1 <- betaestlist2[[2]]
  betafd1 <- betafdPar1$fd
  bp0 <- betaestlist2[[1]]
  bf0 <- bp0$fd
  coef1 <- bf0$coef
  print("coef1")
```

3.5 スカラーを目的変数とする関数線型モデルによる気象データの解析 71

```
  print(coef1)
# (24)
  et1 <- seq(from = 0.5, to = nx + 0.5, by = 0.5)
  eb1 <- eval.fd(et1, betafd1)
# (25)
  plot(et1, eb1, xlab = expression(x[1]), ylab =
   expression(beta(t)), type = "n", mgp = c(1.9, 1, 0))
  lines(et1, eb1)
# (26)
  plot(yy, eyy,  xlab="y", ylab = expression(hat(y)),
   mgp = c(1.9, 1, 0), pch = 1, cex = 0.8, xlim = c(15, 20), ylim = c(15, 20))
# (27)
  r1 <- r1c[(nd+1):nd2, ]
  ya <- yyc[(nd+1):nd2]
  xa1 <- matrix(rep(0, length =  nx  * nd), ncol = nd)
  for(jj in 1:nx){
    xa1[jj, ] <- t(r1[, jj])
  }
  xasmth1 <- smooth.basis(tt, xa1, xxbas1)
# (28)
  xafd1 <- xasmth1$fd
# (29)
  na <- (nx + 1) * 5
  et1 <- seq(from = 0.5, to = nx + 0.5, length = na)
  ey1 <- eval.fd(et1, betafd1)
  ne1 <- length(et1)
# (30)
  xaq1 <- eval.fd(et1, xafd1)
# (31)
  ss <- rep(0, nd2 - nd)
  for(jj in 1:(nd2 - nd)){
    ss[jj] <- ey1[1] * xaq1[1,jj] + ey1[ne1] * xaq1[ne1,jj]
    for(ii in 1:((ne1 - 1) * 0.5 - 1) ){
      ss[jj] <- ss[jj] + ey1[ii*2+1] * xaq1[ii*2+1,jj] * 2
    }
    for(ii in 1:((ne1 - 1) * 0.5 ) ){
      ss[jj] <- ss[jj] + ey1[ii*2] * xaq1[ii*2,jj ] * 4
    }
    ss[jj] <- ss[jj]*nx/(length(et1)-1)/3
  }
```

```
    eyaa <- ss  + betaestlist2[[1]]$fd$coef
# (32)
  plot(ya, eyaa, xlab = "y", ylab = expression(hat(y)^{pre}),
    mgp = c(1.9, 1, 0), pch = 1, cex = 1, type = "n",
    xlim = c(15, 20), ylim = c(15, 20))
  points(ya, eyaa)
}
```

(1) ライブラリ「fda」[104] を使う.

(2) 回帰式を作成するためのデータの数 (nd),全データ数(回帰式を作成するためのデータの数と回帰式の予測誤差を調べるためのデータの数の和) (nd2),$\{X_{ij1}\}$ ((3.13) 式 (61 ページ) で使われている) の j の範囲 (1 から nx まで),B-スプライン基底の基底の数 (nb) を与える.

(3) hakodate1951_2010 (7-9).csv (函館の 1951 年から 2010 年までの日平均気温,[71]) を読み込んで r1a に入れる.wakkanai1951-2010 (7-9).csv (稚内の 1951 年から 2010 年までの日平均気温,[71]) を読み込んで r2a に入れる.

(4) 全データの予測変数の部分(函館のデータ)を入れるために,r1c を用意する.全データの目的変数の部分(稚内のデータの平均値)を入れるために,yyc を用意する.

(5) r1c と yyc にデータを収納する.

(6) r1c から回帰式の作成に使う部分を取り出して,r1 とする.yyc から回帰式の作成に使う部分を取り出して,yy とする.

(7) r1 を転置したものを,xx1 とする.

(8) create.bspline.basis() が B-スプライン基底を作成する.すなわち,左端の節点(4 重節点)の位置を 0.5,右端の節点(4 重節点)の位置を nx+0.5,節点の数(両端を含む)を nb に設定したときの B-スプライン基底のすべてを作成して,xxbas1 に入れる.

(9) $\{X_{ik}(t_{ijk})\}$ $(= \{X_{ijk}\})$ (3.13) 式 (61 ページ) の少し上の $\{t_{ijk}\}$ の値を tt とする.ここでは,$k = 1$ で tt は i に依存せず同一である.smooth.basis (tt, xx1, xxbas1) が平滑化スプラインを実行する.その際,予測変数 (tt) と目的変数 (xx1) を用い,xxbas1 に所収されている B-スプライン基底を利用する.xx1 には 40 組のデータが入っているので,それぞれに対する平滑化スプラインである.xxsmth1 の中の fd 成分 (xxsmth1$fd) には,40 組のデータのそれぞれを平滑化スプラインを用いて平滑化した結果が入っているので,それらを xxfd1 に入れる.

(10) 4 枚のグラフを描く.

(11) $x_{i1}(t)$ の値を求めるときの t の値を et1 とする.eval.fd (et1, xxfd1) が,xxfd1 を使って,et1 の値に対する 40 個のスプライン関数のそれぞれの推定値を算出する.結果を eb1 に入れる.

(12) et1 と eb1 を用いて,$x_{11}(t)$ と $x_{21}(t)$ をグラフに描く.

(13) xxfd1 を用いて,スカラーを目的変数とする関数線型モデルを作成するために,予測変数に関するデータを xxlist にまとめる.vector ("list", length = 2) は,2 つの要素がリスト形式をもつベクトルを作成する.

(14) create.bspline.basis() が B-スプライン基底を作成する.すなわち,左端の節点(4 重節点)の位置を 0.5,右端の節点(4 重節点)の位置を nx+0.5,節点の数(両端を含む)を nbasis = nb

と設定したときのB-スプライン基底のすべてを作成して，betabas1に入れる．

(15) fdPar()が，平滑化スプラインの条件を設定する．その結果をbetafdPar1に入れる．

(16) スカラーを目的変数とする関数線型モデルを作成するために，予測変数に関するデータをbetalist2にまとめる．create.constant.basis()が，値が常に1になる基底を作成する．その結果をbetalist2[[1]]に入れる．betafdPar1に所収されている条件で平滑化スプラインを実行することを，betalist2[[2]]に設定する．

(17) $\{7, 7.5, 8, \ldots, 10\}$ (lams) のいずれかをλとして用いて平滑化スプラインを実行し，GCV (gcvs) を算出する．betalist2b[[2]]をpar2とする．par2$lambdaに$\lambda$を設定する．

(18) fRegress (yy, xxlist, betalist2b) が設定されたλを用いて，(3.8) 式による回帰を行う．その結果をreg1に入れる．reg1$gcvにそのときのGCVが収納されているので，gcvs[kk]に入れる．

(19) gcvsを用いて最適なλを求めて，その結果をlbestに入れる．

(20) fdPar()が平滑化スプラインの条件を設定する．その結果をbetafdPar1に入れる．

(21) スカラーを目的変数とする関数線型モデルを作成するために，予測変数に関するデータをbetalist2にまとめる．

(22) fRegress (yy, xxlist, betalist2b) が，設定されたλを用いて (3.8) 式による回帰を行う．その結果をreg1に入れる．

(23) reg1$yhatfdobjに$\{\hat{y}_i\}$が入っているので，eyyに入れる．reg1$betaestlistをbetaestlist2として，betaestlist2[[2]]をbetafdPar1とすると，betafdPar1$fdには，データを平滑化スプラインを用いて平滑化した結果が入っているので，それらをbetafd1に入れる．α_0 ((3.7) 式（60ページ））の値がbp0$fdに入っているので，画面に表示する．以下が現れる．

[1] "coef1"
          [,1]
[1,] -2.173347

(24) $\beta(t)$のtとして代入する値をet1とする．eval.fd (et1, betafd1) が，betafd1を用いて，tがet1のときの$\beta(t)$の値を算出する．

(25) $\beta(t)$をグラフに描く．

(26) $\{y_i\}$ (yy) と $\{\hat{y}_i\}$ (eyy) の関係を描く．

(27) r1cのうち，回帰式の作成に用いなかった部分をr1とする．yycのうち，回帰式の作成に用いなかった部分をyaとする．smooth.basis (tt, xa1, xxbas1) が平滑化スプラインを実行する．その際，予測変数の値 (tt) と目的変数の値 (xa1) を用い，xxbas1に所収されているB-スプライン基底を利用する．

(28) xasmth1$fdには，データを平滑化スプラインを用いて平滑化した結果が入っているので，それらをxafd1に入れる．

(29) eval.fd (et1, betafd1) が，betafd1を使ってet1のそれぞれに対応する推定値を算出して，ey1に入れる．

(30) eval.fd (et1, xafd1) が，xafd1を使ってet1のそれぞれに対応する推定値を算出して，xaq1に入れる．

(31) 部分区間の幅を 0.5 とする合成シンプソン公式 (Composite Simpson's Rule) ([14] の 257 ページ) を用いて, (3.7) 式 (60 ページ) の右辺の第 2 項の数値積分を行う. `betaestlist2[[1]]$fd$coef` は, (3.7) 式の α_0 の推定値である.

(32) `ya` (データの目的変数の値のうち, 回帰に用いなかった部分) と, `ya` に対応する推定値 (`eyaa`) の関係を描く.

3.6 関数データを目的変数とする関数線型モデルによる気象データの解析

(3.7) 式において, 目的変数も関数データにすることも考えられる. そのときの回帰式は以下である.

$$y_i(t) = \beta_0(t) + \int_{t^{min}}^{t^{max}} \beta(t,s)x_i(s)ds + \epsilon_i(t) \tag{3.14}$$

ここで, $\{y_i(t)\}$ は i のそれぞれの値に対して, $\{Y_i(t_{ij})\}$ $(=\{Y_{ij}\})$ に平滑化スプラインを施すことによって得られる関数データである. $\beta(t,s)$ は 2 つの変数をもつ関数である. 回帰係数に相当する. $\{\epsilon_i(t)\}$ は 0 の周辺でランダムに変動する関数である. すると, (3.8) 式が以下に替わる ([103] の 165 ページ).

$$E = \sum_{i=1}^{n} \int_{t^{min}}^{t^{max}} \left(y_i(t) - \beta_0(t) - \int_{t^{min}}^{t^{max}} \beta(t,s)x_i(s)ds - \epsilon_i(t) \right)^2 dt$$
$$+ \lambda_1 \int_{t^{min}}^{t^{max}} \left(\frac{d^2\beta(t,s)}{ds^2} \right)^2 dsdt + \lambda_2 \int_{t^{min}}^{t^{max}} \left(\frac{d^2\beta(t,s)}{dt^2} \right)^2 dsdt \tag{3.15}$$

このとき, $\beta_0(t)$ の滑らかさを考慮することもある. また, $\beta(t,s)$ は以下のものである ([103] の 164 ページ).

$$\beta(t,s) = \sum_{k=1}^{K_1} \sum_{l=1}^{K_1} b_{kl}\phi_k(s)\psi_l(t) \tag{3.16}$$

$\{\phi_k(s)\}$ と $\{\psi_l(t)\}$ は基底関数である. 3 次の B-スプライン基底やフーリエ基底を用いる.

(3.15) 式において, λ_1 と λ_2 として正の定数を与え, E が最小になる $\beta_0(t)$ と $\beta(t,s)$ を求める. すると, 新たな $x(t)$ が得られたとき, (3.14) 式の右辺から $\epsilon_i(t)$ を除いた式の $x_i(s)$ に $x(s)$ を代入すれば, 関数データの形をした推定値 ($y(t)$) が得られる.

図 3.6 (68 ページ) を作成するために用いたデータと同じものを用いて, (3.14) 式の形の回帰式を作成した. 予測変数のデータが $\{X_i(t_{ij})\}$ $(=\{X_{ij}\})$ $(1 \leq i \leq 60, 1 \leq j \leq 92)$ である. 目的変数のデータが $\{Y_i(t_{ij})\}$ $(=\{Y_{ij}\})$ $(1 \leq i \leq 60, 1 \leq j \leq 92)$ である.

予測変数のデータに対しては, $\{X_{ij}\}$ の i の値を固定して $\{(j, X_{ij})\}$ $(1 \leq j \leq 92)$ をデータとして平滑化スプラインを実行することによって, $\{x_i(t)\}$ $(1 \leq i \leq 60)$ というスプライン関数を作成する. 平滑化パラメータは GCV を使って最適化する. それぞれの i $(1 \leq i \leq 60)$ に対してこの計算を行う. 図 3.6 (68 ページ) を作成する手順と同じである.

目的変数のデータに対しても, $\{Y_i(t_{ij})\}$ $(1 \leq j \leq 92)$ の i の値を固定して $\{(j, Y_{ij})\}$ $(1 \leq i \leq 60)$ をデータとして平滑化スプラインを実行することによって, $\{y_i(t)\}$ $(1 \leq i \leq 60)$ というスプライン関数を作成する. $\{x_i(t)\}$ $(1 \leq i \leq 60)$ と $\{y_i(t)\}$ $(1 \leq i \leq 60)$ のうち, $\{x_i(t)\}$ $(1 \leq i \leq 40)$ と $\{y_i(t)\}$ $(1 \leq i \leq 40)$ をデータとして, (3.15) 式 (74 ページ) を用いて (3.14) 式 (74 ページ) の形の回帰式を作成する. 得られた $\beta(t,s)$ が図 3.7 (左) である.

3.6 関数データを目的変数とする関数線型モデルによる気象データの解析   75

次に，回帰式の作成に使わなかったデータである $\{x_i(t)\}$ $(41 \leq i \leq 60)$ を用い，得られた回帰式による推定値を求めた結果を $\{\hat{y}_i^{pre}(t)\}$ $(41 \leq i \leq 60)$ とした．そのときの回帰式を用いて得られる，$\{\hat{y}_{44}^{pre}(t)\}$，$\{\hat{y}_{44}^{pre}(t)\}$ に対応するデータ ($\{(j, Y_{44,j})\}$ $(1 \leq j \leq 92)$)，そのデータに平滑化スプラインを施すことで得られるスプライン関数 ($\{y_{44}(t)\}$) が図 3.7（右）である．

図 3.7 を描くために用いる R プログラムの例が以下である．

```
function() {
# (1)
  library(fda)
# (2)
  nd <- 40
  nd2 <- 60
  nx <- 92
  nb <- 30
# (3)
  r1a <- read.csv(file =
    "D:\\hakodate1951_2010(7-9).csv", header = F)
  r2a <- read.csv(file =
    "D:\\wakkanai1951-2010(7-9).csv", header = F)
```

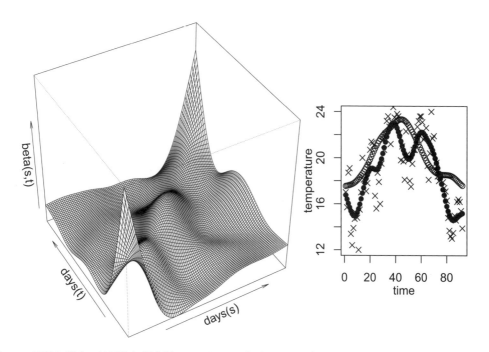

図 3.7 函館と稚内の日平均気温を用いて，(3.14) 式 (74 ページ) の形の回帰式の形の回帰式を作成した時に得られる $\beta(t, s)$ （左）．その回帰式を用いて得られる $\{\hat{y}_{44}^{pre}(t)\}$ が ●，$\{\hat{y}_{44}^{pre}(t)\}$ に対応するデータ ($\{Y_{44,j}\}$ $(1 \leq j \leq 92)$) が ×，そのデータに平滑化スプラインを施して得られるスプライン関数 ($\{y_{44}(t)\}$) が ○．（右）

```
# (4)
  r1c <- matrix(rep(0, length = nd2 * nx), ncol = nx)
  r2c <- matrix(rep(0, length = nd2 * nx), ncol = nx)
# (5)
  for(ii in 1:nd2){
    r1c[ii,] <- r1a[c((1 + (ii-1) * nx): (ii * nx) ),4]
    r2c[ii,] <- r2a[c((1 + (ii-1) * nx): (ii * nx) ),4]
  }
# (6)
  xxdat <- t(r1c[1:nd, ])
  yydat <- t(r2c[1:nd, ])
# (7)
  xxrange <-  c(1,nx)
  xxtime <- c(1:nx)
# (8)
  xbas1 <- create.bspline.basis(rangeval = xxrange,
   nbasis = nb, norder = 4)
# (9)
  D2fdPar <- fdPar(xbas1, lambda = 1e2)
# (10)
  xxfd <- smooth.basis(xxtime, xxdat, D2fdPar)$fd
  yyfd <- smooth.basis(xxtime, yydat, D2fdPar)$fd
# (11)
  betabasis <- create.bspline.basis(rangeval = xxrange,
   nbasis = nb)
# (12)
  beta0Par <- fdPar(betabasis, 2, 1e-5)
# (13)
   beta1fd <- bifd(coef = matrix(0, nb, nb), sbasisobj =
    betabasis, tbasisobj = betabasis)
# (14)
  beta1Par <- bifdPar(bifdobj = beta1fd, Lfdobjs = 2, Lfdobjt = 2,
   lambdas = 2e6, lambdat = 2e6)
# (15)
  betaList <- list(beta0Par, beta1Par)
# (16)
  linmod1 <- linmod(xxfd, yyfd, betaList)
# (17)
  pt <- seq(from = 1, to = nx, by = 1)
  beta1mat <- eval.bifd(pt, pt, linmod1$beta1estbifd)
```

3.6 関数データを目的変数とする関数線型モデルによる気象データの解析　77

```
  beta0 <- eval.fd(pt, linmod1$beta0estfd)
# (18)
  par(mfrow = c(1,1), omi = c(0, 0, 0, 0))
  figs1 <- matrix(c(0.1, 0.66, 0.1, 1.0, 0.6, 0.95, 0.1, 1.0) ,
   nrow = 2, byrow = T)
  split.screen(figs = figs1, erase = T)
# (19)
  screen(1)
  par(mai = c(0.1, 0.1, 0.1, 0.1))
  persp(pt, pt, beta1mat,
   xlab = "days(s)", ylab = "days(t)",zlab = "beta(s,t)",
   phi = 40, theta = -30, d = 5, lwd = 0.5)
# (20)
  xxdat2 <- t(r1c[(nd + 1):nd2, ])
  yydat2 <- t(r2c[(nd + 1):nd2, ])
# (21)
  yyfd2 <- smooth.basis(xxtime, yydat2, D2fdPar)$fd
# (22)
  dd1 <- 4
# (23)
  etemp <- rep(0, nx)
  for(ii in 1:nx){
    for(jj in 1:nx){
      etemp[ii] <- etemp[ii] + xxdat2[jj, dd1] * beta1mat[jj,ii]
    }
  }
# (24)
  etemp <- etemp + beta0
  ey <- eval.fd(c(1:nx), yyfd2)
  ey <- ey[,dd1]
# (25)
  screen(2)
  par(mai = c(2, 0.8, 2, 0.1))
# (26)
  plot(c(1:nx), ey, xlab = "time", ylab = "temperature",
   type = "n", ylim = c(12,24), mgp = c(1.9, 1, 0))
  points(c(1:nx), etemp, pch = 1)
  points(c(1:nx), yydat2[,dd1], pch = 4)
  points(c(1:nx), ey, pch = 16)
}
```

(1) ライブラリ「fda」[104] を使う．
(2) 回帰式を作成するためのデータの数 (nd)，全データ数（回帰式を作成するためのデータの数と回帰式の予測誤差を調べるためのデータの数の和）(nd2)，$\{X_{ijk}\}$（(3.13) 式（61 ページ）で使われている）の j の範囲（1 から nx まで），B-スプライン基底の基底の数 (nb) を与える．
(3) hakodate1951_2010 (7-9).csv（函館の 1951 年から 2010 年までの日平均気温，[71]) を読み込んで r1a に入れる．wakkanai1951-2010 (7-9).csv（稚内の 1951 年から 2010 年までの日平均気温，[71]) を読み込んで r2a に入れる．
(4) 函館の全データを入れるために r1c を用意する．稚内の全データを入れるために r2c を用意する．
(5) r1c に函館の全データを入れる．r2c に稚内の全データを入れる．
(6) 回帰式を作るためのデータの予測変数の部分を取り出して，転置し xxdat に入れる．回帰式を作るためのデータの目的変数の部分を取り出して，転置し yydat に入れる．
(7) B-スプライン基底を作成する範囲 (xxrange) と平滑化スプラインを実行するデータの予測変数の値 (xxtime) を設定する．
(8) create.bspline.basis() が B-スプライン基底を作成する．
(9) fdPar() が，平滑化スプラインの条件を設定する．すなわち，xbas1 が所収する B-スプライン基底を使い，平滑化パラメータを 10^2 とする．その結果を D2fdPar に入れる．
(10) smooth.basis() が平滑化スプラインを実行する．平滑化スプラインを実行するデータの予測変数の値が xxtime，目的変数の値が xxdat，平滑化スプラインの条件が D2fdPar である．その結果の fd 成分を xxfd に入れる．同様に，yydat を目的変数の値とする平滑化スプラインを実行して，その結果の fd 成分を yyfd に入れる．
(11) create.bspline.basis() が，$\beta(t,s)$ を作成するための B-スプライン基底を作成する．
(12) fdPar() が，$\beta_0(t)$（(3.14) 式（74 ページ））を作成するための平滑化スプラインの条件を設定する．その結果を beta0Par に入れる．
(13) bifd() が，2 変数のスプライン関数（(3.16) 式（74 ページ））を所収するための関数データ・オブジェクトを作成する．その結果を beta1fd に入れる．coef = が 2 変数のスプライン関数の回帰係数を入れる領域を指定する．sbasisobj = が 1 番目の変数のための B-スプライン基底を指定する．tbasisobj = が，2 番目の変数のための B-スプライン基底を指定する．
(14) bifdPar() が，(3.15) 式（74 ページ）を用いた 2 変数の回帰の条件を設定する．その結果を beta1Par に入れる．Lfdobjs = が，1 つ目の変数の推定値の滑らかさを推定値の 2 階微分値を用いて算出することを指定する．Lfdobjt = が，2 つ目の変数の推定値の滑らかさを推定値の 2 階微分値を用いて算出することを指定する．lambdas = が λ_1（(3.15) 式）を設定する．lambdat = が λ_2（(3.15) 式）を設定する．
(15) beta0Par（$\beta_0(t)$ を作成するための条件）と，beta1Par（(3.15) 式を使った回帰の条件）をまとめて，betaList に入れる．
(16) linmod() が (3.15) 式を使った回帰を実行する．結果を linmod1 に入れる．データの予測変数の部分を構成する関数データが xxfd である．データの目的変数の部分を構成する関数データが yyfd である．回帰の条件が betaList である．
(17) $\beta(t,s)$ の t と s の値を pt として与える．eval.bifd() が，linmod1$beta1estbifd を用いて $\beta(t,s)$ の値を算出する．結果を beta1mat に入れる．

(18) $\beta(t,s)$ の値と回帰式 ((3.14) 式) による推定値を図示する. ここでは, 2 枚のグラフの大きさが異なるので, `split.screen()` ([123] の 65 ページ) を用いる. `figs1` が 2 枚のグラフの大きさと位置を設定する.

(19) `screen (1)` が 1 枚目の画像を作成することを宣言する. `persp()` が鳥瞰図を描く.

(20) 函館のデータのうち, 回帰式の作成に使わなかったデータを `xxdat2` とする. 稚内のデータのうち, 回帰式の作成に使わなかったデータを `yydat2` とする.

(21) `smooth.basis()` が, `yydat2` を使って平滑化スプラインを実行し, $\{y_i(t)\}$ ($41 \leq i \leq 60$) を作成する. その結果を `yyfd2` に入れる.

(22) $\{x_{44}(t)\}$ を使って $\{\hat{y}_{44}^{pre}(t)\}$ を求める計算を行って, $\{y_{44}(t)\}$ との比較を行うことを, `dd1 <- 4` が指定する.

(23) $\{x_{44}(t)\}$ を使って $\{\hat{y}_{44}^{pre}(t)\}$ を算出するために, (3.14) 式の右辺の第 2 項の値を求めて, `etemp` に入れる.

(24) (3.14) 式の右辺の第 1 項と第 2 項を加えて `etemp` とする. `eval.fd()` が, `yyfd2` を使って $\{y_i(t_j)\}$ ($41 \leq i \leq 60$, $\{t_j\} = \{1, 2, \ldots, 92\}$) を求めて, `ey` に入れる. `ey` の中から, $\{y_{44}(t_j)\}$ ($\{t_j\} = \{1, 2, \ldots, 92\}$) を取り出して `ey` とする.

(25) `screen (2)` が 2 枚目の画像を作成することを宣言する.

(26) $\{\hat{y}_{44}^{pre}(t)\}$, $\{\hat{y}_{44}^{pre}(t)\}$ に対応するデータ ($\{Y_{44,j}\}$ ($1 \leq j \leq 92$)), そのデータに平滑化スプラインを施して得られるスプライン関数 ($\{y_{44}(t)\}$) を比較するグラフを描く.

3.7 主成分分析

関数主成分分析 (functional principal components analysis) の概念を説明するための準備として, [73] の第 9 章に従いつつ, 関数主成分分析との関連を意識しながら, 主成分分析 (principal components analysis, principal component analysis) の概略を示す.

まず, p 次元データが n 個あるとする. それらを以下のように表す.

$$\mathbf{x}_i = \begin{pmatrix} x_{i1} \\ x_{i2} \\ \vdots \\ x_{ip} \end{pmatrix} \quad (1 \leq i \leq n) \tag{3.17}$$

それぞれの要素の平均値を $\bar{x}_j$ ($1 \leq j \leq p$) とする. すなわち, 以下である.

$$\bar{x}_j = \frac{\sum_{i=1}^{n} x_{ij}}{n} \quad (1 \leq j \leq p) \tag{3.18}$$

次に, $\mathbf{w}_1 = (w_{11}, w_{12}, \ldots, w_{1p})^t$ というベクトルが以下の式を満たすとする.

$$\sum_{j=1}^{p} w_{1j}^2 = 1 \tag{3.19}$$

この $\mathbf{w}_1$ を用いて, 以下の式が与える $\{y_{i1}\}$ ($1 \leq i \leq n$) を得る.

$$y_{i1} = \sum_{j=1}^{p} w_{1j}(x_{ij} - \bar{x}_j) \tag{3.20}$$

$\bar{\mathbf{x}} = (\bar{x}_1, \bar{x}_2, \ldots, \bar{x}_p)^t$ とすると,以下になる.

$$y_{i1} = \mathbf{w}_1^t(\mathbf{x}_i - \bar{\mathbf{x}}) \tag{3.21}$$

これは,$\mathbf{w}_1$ と $(\mathbf{x}_i - \bar{\mathbf{x}})$ の内積 (inner product) である.

[73] の第 9 章など,主成分分析に関する通常の解説においては,(3.20) 式の右辺における $-\bar{x}_j$ の部分が存在しない.この部分の有無は以降の計算の本質には影響しないからである.しかし,主成分分析と関数主成分分析との関連を明確にするためにはこの部分が必要になる.

$\{y_{i1}\}$ の分散を s_{y1}^2 とすると,s_{y1}^2 は以下である.

$$s_{y1}^2 = \frac{1}{n}\sum_{i=1}^n (y_{i1} - \bar{y}_1)^2 \tag{3.22}$$

ここで,$\bar{y}_1$ は $\{y_{i1}\}$ の平均値,すなわち,以下である.

$$\bar{y}_1 = \frac{1}{n}\sum_{i=1}^n y_{i1} = \frac{1}{n}\sum_{i=1}^n\sum_{j=1}^p w_{1j}(x_{ij}-\bar{x}_j) = \frac{1}{n}\sum_{j=1}^p w_{1j}\sum_{i=1}^n(x_{ij}-\bar{x}_j) = \frac{1}{n}\sum_{j=1}^p w_{1j}\cdot 0 = 0 \tag{3.23}$$

したがって,(3.22) 式は,以下になる.

$$\begin{aligned}
s_{y1}^2 &= \frac{1}{n}\sum_{i=1}^n y_{i1}^2 \\
&= \frac{1}{n}\sum_{i=1}^n \left(\sum_{j=1}^p w_{1j}(x_{ij}-\bar{x}_j)\right)^2 \\
&= \frac{1}{n}\sum_{i=1}^n \left(\sum_{j=1}^p w_{1j}(x_{ij}-\bar{x}_j)\sum_{k=1}^p w_{1k}(x_{ik}-\bar{x}_k)\right) \\
&= \frac{1}{n}\sum_{i=1}^n\sum_{j=1}^p\sum_{k=1}^p w_{j1}(x_{ij}-\bar{x}_j)w_{1k}(x_{ik}-\bar{x}_k) \\
&= \sum_{j=1}^p\sum_{k=1}^p w_{1j}w_{1k}\left(\frac{1}{n}\sum_{i=1}^n(x_{ij}-\bar{x}_j)(x_{ik}-\bar{x}_k)\right)
\end{aligned} \tag{3.24}$$

よって,以下のように書ける.

$$s_{y1}^2 = \mathbf{w}_1^t \mathbf{S} \mathbf{w}_1 \tag{3.25}$$

ここで,$\mathbf{S}$ は $\{\mathbf{x}_i\}$ $(1 \le i \le n)$ の標本分散共分散 (sample variance-covariance matrix) である.その jk 要素 $([\mathbf{S}]_{jk})$ は以下になる.

$$[\mathbf{S}]_{jk} = \frac{1}{n}\sum_{i=1}^n (x_{ij}-\bar{x}_j)(x_{ik}-\bar{x}_k) \tag{3.26}$$

右辺の n に代えて $(n-1)$ を用いることもある.しかし,以下の議論には影響しない.

(3.24) 式が与える s_{y1}^2 が,(3.19) 式の制約の下で最大になることは,$\{\mathbf{x}_i - \bar{\mathbf{x}}\}$ と $\mathbf{w}_1$ の内積の分散が最大になることを意味する.そのとき,$\mathbf{w}_1$ の方向は,$\{\mathbf{x}_i - \bar{\mathbf{x}}\}$ の変動において最大の役割を果たす.そこで,s_{y1}^2 を (3.19) 式の制約の下で最大にするために,ラグランジェの未定乗数法により,以下の値を最大にする.

$$L(\mathbf{w}, \lambda) = \mathbf{w}_1^t \mathbf{S} \mathbf{w}_1 + \lambda(1 - \mathbf{w}_1^t \mathbf{w}_1) \tag{3.27}$$

3.7 主成分分析

ここで, λ がラグランジェの未定乗数である. $L(\mathbf{w},\lambda)$ を $\mathbf{w}$ のそれぞれの要素で微分した値が 0 になり, 右辺の第 2 項が 0 になるように $\mathbf{w}$ と λ を求める. そこで, $L(\mathbf{w},\lambda)$ を w_{1j} で微分して 0 とおくと, 以下が得られる.

$$\frac{\partial(\mathbf{w}_1^t \mathbf{S} \mathbf{w}_1 + \lambda(1 - \mathbf{w}_1^t \mathbf{w}_1))}{\partial w_{1j}} = 2\sum_{k=1}^{p}[\mathbf{S}]_{jk}w_{1k} - 2\lambda w_{1j} = 0 \qquad (1 \leq j \leq p) \qquad (3.28)$$

すなわち, 以下になる.

$$\mathbf{S}\mathbf{w}_1 = \lambda \mathbf{w}_1 \qquad (3.29)$$

この方程式の解において, λ が $\mathbf{S}$ の p 個の固有値のうちの 1 つになり, $\mathbf{w}_1$ がその固有値に対応する固有ベクトルになる. また, $\mathbf{S}$ が対称行列なので, $\mathbf{S}$ の p 個の固有値はすべて正である. したがって, p 個の固有値を $\{\lambda_j\}$ $(1 \leq j \leq p)$ $(\lambda_1 \geq \lambda_2 \geq \cdots \geq \lambda_p \geq 0)$ とする. そして, $\{\lambda_j\}$ のそれぞれに対応する固有ベクトルを $\{\boldsymbol{\eta}_j\}$ $(1 \leq j \leq p)$ とおく. $\boldsymbol{\eta}_j = (\eta_{j1}, \eta_{j2}, \ldots, \eta_{pp})^t$ とすると, 以下が成り立つとする.

$$\sum_{k=1}^{p} \eta_{jk}^2 = 1 \qquad (1 \leq j \leq p) \qquad (3.30)$$

そのとき, (3.29) 式を (3.25) 式に代入し, (3.19) 式を用いると, 以下になる.

$$s_{y1}^2 = \lambda \mathbf{w}_1^t \mathbf{w}_1 = \lambda \qquad (3.31)$$

したがって, (3.19) 式を条件としたとき, s_{y1}^2 の最大値は λ_1 である. そのときの $\mathbf{w}_1$ は, λ_1 に対応する固有ベクトル $(\boldsymbol{\eta}_1)$ である.

さらに, $\mathbf{w}_2 = (w_{21}, w_{22}, \ldots, w_{2p})^t$ というベクトルが以下の 2 つの式を満たすとする.

$$\sum_{j=1}^{p} w_{2j}^2 = 1, \qquad \sum_{j=1}^{p} \eta_{1j} w_{2j} = 0 \qquad (3.32)$$

右側の式は, $\mathbf{w}_2$ が $\boldsymbol{\eta}_1$ と直交することを意味する.

この $\mathbf{w}_2$ を用いて, 以下の式が与える $\{y_{i2}\}$ $(1 \leq i \leq n)$ を得る.

$$y_{i2} = \sum_{j=1}^{p} w_{2j}(x_{ij} - \bar{x}_j) \qquad (3.33)$$

$\{y_{i2}\}$ の分散を s_{y2}^2 とすると, s_{y2}^2 は以下である.

$$s_{y2}^2 = \frac{1}{n}\sum_{i=1}^{n}(y_{i2} - \bar{y}_2)^2 \qquad (3.34)$$

ここで, $\bar{y}_2$ は $\{y_{i2}\}$ の平均値, すなわち, 以下である.

$$\bar{y}_2 = \frac{1}{n}\sum_{i=1}^{n} y_{i2} = \frac{1}{n}\sum_{i=1}^{n}\sum_{j=1}^{p} w_{1j}(x_{ij}-\bar{x}_j) = \frac{1}{n}\sum_{j=1}^{p} w_{2j}\sum_{i=1}^{n}(x_{ij}-\bar{x}_j) = \frac{1}{n}\sum_{j=1}^{p} w_{2j} \cdot 0 = 0 \qquad (3.35)$$

したがって，(3.34) 式は以下になる．

$$
\begin{aligned}
s_{y2}^2 &= \frac{1}{n}\sum_{i=1}^n y_{i2}^2 \\
&= \frac{1}{n}\sum_{i=1}^n \left(\sum_{j=1}^p w_{2j}(x_{ij}-\bar{x}_j)\right)^2 \\
&= \frac{1}{n}\sum_{i=1}^n \left(\sum_{j=1}^p w_{2j}(x_{ij}-\bar{x}_j)\sum_{k=1}^p w_{1k}(x_{ik}-\bar{x}_k)\right) \\
&= \frac{1}{n}\sum_{i=1}^n\sum_{j=1}^p\sum_{k=1}^p w_{2j}(x_{ij}-\bar{x}_j)w_{2k}(x_{ik}-\bar{x}_k) \\
&= \sum_{j=1}^p\sum_{k=1}^p w_{2j}w_{2k}\left(\frac{1}{n}\sum_{i=1}^n (x_{ij}-\bar{x}_j)(x_{ik}-\bar{x}_k)\right)
\end{aligned}
\tag{3.36}
$$

よって，以下のように書ける．

$$s_{y2}^2 = \mathbf{w}_2^t \mathbf{S}\mathbf{w}_2 \tag{3.37}$$

(3.36) 式が与える s_{y2}^2 が (3.32) 式の制約の下で最大になることは，$\{\mathbf{x}_i-\bar{\mathbf{x}}\}$ と $\mathbf{w}_2$ の内積の分散が最大になることを意味する．そこで，s_{y2}^2 を (3.32) 式の制約の下で最大にするために，ラグランジェの未定乗数法により，以下の値を最大にする．

$$L(\mathbf{w},\lambda,\gamma) = \mathbf{w}_2^t\mathbf{S}\mathbf{w}_2 + \lambda(1-\mathbf{w}_2^t\mathbf{w}_2) + \gamma\boldsymbol{\eta}_1^t\mathbf{w}_2 \tag{3.38}$$

ここで，λ と γ がラグランジェの未定乗数である．$L(\mathbf{w},\lambda,\gamma)$ を $\mathbf{w}$ のそれぞれの要素で微分した値が 0 になり，右辺の第 2 項と第 3 項が 0 になるように，$\mathbf{w}$ と λ と γ を求める．そこで，$L(\mathbf{w},\lambda)$ を w_{1j} で微分して 0 とおくと，以下が得られる．

$$\frac{\partial(\mathbf{w}_2^t\mathbf{S}\mathbf{w}_2 + \lambda(1-\mathbf{w}_2^t\mathbf{w}_2) + \gamma\boldsymbol{\eta}_1^t\mathbf{w}_2)}{\partial w_{2j}} = 2\sum_{k=1}^p [\mathbf{S}]_{jk}w_{2k} - 2\lambda w_{2j} + \gamma\eta_{1j} = 0 \quad (1\le j\le p) \tag{3.39}$$

両辺に η_{1j} を掛けると以下になる．

$$2\eta_{1j}\sum_{k=1}^p [\mathbf{S}]_{jk}w_{2k} - 2\lambda\eta_{1j}w_{2j} + \gamma\eta_{1j}^2 = 0 \quad (1\le j\le p) \tag{3.40}$$

j について加えると以下の式が得られる．

$$2\sum_{k=1}^p\sum_{j=1}^p \eta_{1j}[\mathbf{S}]_{jk}w_{2k} - 2\lambda\sum_{j=1}^p \eta_{1j}w_{2j} + \gamma\sum_{j=1}^p \eta_{1j}^2 = 0 \tag{3.41}$$

ここで，(3.28) 式を用いると，以下になる．

$$2\sum_{k=1}^p\sum_{j=1}^p \lambda_1\eta_{1j}w_{2k} - 2\lambda\sum_{j=1}^p \eta_{1j}w_{2j} + \gamma\sum_{j=1}^p \eta_{1j}^2 = 0 \tag{3.42}$$

(3.30) 式と (3.32) 式（右）を用いると，以下が得られる．

$$\gamma = 0 \tag{3.43}$$

3.7 主成分分析

したがって，(3.39) 式は以下になる．

$$\mathbf{S}\mathbf{w}_2 = \lambda \mathbf{w}_2 \tag{3.44}$$

この方程式の解は，λ が $\mathbf{S}$ の p 個の固有値 ($\{\lambda_j\}$) のうちの 1 つのときであり，$\mathbf{w}_2$ が，$\mathbf{S}$ の p 個の固有ベクトル ($\{\boldsymbol{\eta}_j\}$) のうちの 1 つのときである．また，s_{y2}^2 は以下のように書ける．

$$s_{y2}^2 = \mathbf{w}_2^t \mathbf{S} \mathbf{w}_2 = \lambda \tag{3.45}$$

$\mathbf{S}$ の p 個の固有ベクトル ($\{\boldsymbol{\eta}_j\}$) のそれぞれは直交しているので，それらの中で (3.32) 式 (右) を満たし，s_{y2}^2 を最大にするものは，λ_2 に対応する固有ベクトル ($\boldsymbol{\eta}_2$) である．したがって，(3.32) 式を条件としたときの s_{y2}^2 の最大値は λ_2 である．そのときの $\mathbf{w}_2$ は $\boldsymbol{\eta}_2$ になる．

同様の手順で，$\{\mathbf{w}_j\}(1 \leq j \leq p)$ のそれぞれが $\{\boldsymbol{\eta}_j\}$ のそれぞれになることが証明できる．したがって，(3.45) 式が以下のようになる．

$$s_{yj}^2 = \boldsymbol{\eta}_j^t \mathbf{S} \boldsymbol{\eta}_j = \lambda_j \qquad (1 \leq j \leq p) \tag{3.46}$$

すると，$\{\boldsymbol{\eta}_j\}$ が正規直交基底を構成しているので，(3.21) 式を使うことによって以下が成り立つ．

$$\mathbf{x}_i - \bar{\mathbf{x}} = \sum_{j=1}^{p} \Bigl(\boldsymbol{\eta}_j \cdot (\mathbf{x}_i - \bar{\mathbf{x}}) \Bigr) \boldsymbol{\eta}_j \tag{3.47}$$

(3.46) 式から，j の値が大きくなるに従って s_{yj}^2 が小さくなることがわかるので，q ($1 \leq q \leq p$) が大きいとき，以下が得られる．

$$s_{yj}^2 \approx 0 \qquad (q \leq j) \tag{3.48}$$

すると，以下がいえる．

$$\boldsymbol{\eta}_j \cdot (\mathbf{x}_i - \bar{\mathbf{x}}) \approx 0 \qquad (q \leq j, 1 \leq i \leq n) \tag{3.49}$$

したがって，(3.47) 式が以下のように書ける．

$$\mathbf{x}_i - \bar{\mathbf{x}} \approx \sum_{j=1}^{q} \Bigl(\boldsymbol{\eta}_j \cdot (\mathbf{x}_i - \bar{\mathbf{x}}) \Bigr) \boldsymbol{\eta}_j \tag{3.50}$$

すなわち，(3.47) 式が $\{\boldsymbol{\eta}_j\}(1 \leq j \leq q)$ の線形結合で近似できる．言い換えると，(3.47) 式が $\{\boldsymbol{\eta}_j\}(1 \leq j \leq q < p)$ への正射影 (orthogonal projection) の和で近似できる．

(3.47) 式の右辺のノルム (norm) ($\| \cdot \|^2$) を以下のように定義する．

$$\| \mathbf{x}_i - \bar{\mathbf{x}} \|^2 = (\mathbf{x}_i - \bar{\mathbf{x}})^t (\mathbf{x}_i - \bar{\mathbf{x}}) \tag{3.51}$$

同一のベクトルに対する内積である．$\{\boldsymbol{\eta}_j\}$ が正規直交基底を構成しているので，以下が得られる．

$$\| \mathbf{x}_i - \bar{\mathbf{x}} \|^2 = \sum_{j=1}^{p} \Bigl(\boldsymbol{\eta}_j \cdot (\mathbf{x}_i - \bar{\mathbf{x}}) \Bigr)^2 \tag{3.52}$$

この性質を，直交系 (orthogonal system) が完全 (complete) である，という．(3.50) 式のノルムは以下になる．

$$\| \mathbf{x}_i - \bar{\mathbf{x}} \|^2 \approx \sum_{j=1}^{q} \Big(\boldsymbol{\eta}_j \cdot (\mathbf{x}_i - \bar{\mathbf{x}})\Big)^2 \tag{3.53}$$

(3.52) 式の右辺と (3.53) 式の右辺の比を r^2 として，以下のように定義する．

$$r^2 = \frac{\sum_{j=1}^{q}\Big(\boldsymbol{\eta}_j \cdot (\mathbf{x}_i - \bar{\mathbf{x}})\Big)^2}{\sum_{j=1}^{p}\Big(\boldsymbol{\eta}_j \cdot (\mathbf{x}_i - \bar{\mathbf{x}})\Big)^2} \tag{3.54}$$

r^2 は，$0 \leq r^2 \leq 1$ を満たし，r^2 の値が大きいほど (3.50) 式による近似の精度が高い．

3.8 関数主成分分析

[103] の第 7 章に従いながら，通常の主成分分析との関連にも触れつつ，関数主成分分析の概要を示す．関数主成分分析については，[101] において実例を交えて解説されている．

関数主成分分析におけるデータは関数で構成されているので，(3.17) 式（79 ページ）が以下に替わる．

$$\mathbf{x}_i(t) = \begin{pmatrix} x_{i1}(t) \\ x_{i2}(t) \\ \vdots \\ x_{ip}(t) \end{pmatrix} \quad (1 \leq i \leq n) \tag{3.55}$$

t の最大値を t_{max}，最小値を t_{min} とする．(3.18) 式が以下に替わる．

$$\bar{x}(t) = \frac{\sum_{i=1}^{n} x_i(t)}{n} \tag{3.56}$$

主成分分析の標本分散共分散 ((3.26) 式（80 ページ）) に相当するものが，共分散関数 (covariance function) である．以下の $v(s,t)$ で定義される．

$$v(s,t) = \frac{1}{n-1} \sum_{i=1}^{n} (x_i(s) - \bar{x}(s))(x_i(t) - \bar{x}(t)) \tag{3.57}$$

主成分分析における $\{\mathbf{w}_j\}(1 \leq j \leq p)$ に相当するものが $\{\xi_j(t)\}(1 \leq j \leq p)$ という p 個の関数である．$\{\xi_j(t)\}$ を重み関数 (weight function) とも呼ぶ．(3.32) 式に相当する条件が以下である．

$$\int_{t_{min}}^{t_{max}} \xi_j(t)\xi_k(t)dt = \begin{cases} 1 & (j=k) \\ 0 & (j \neq k) \end{cases} \quad (1 \leq j \leq p, 1 \leq k \leq p) \tag{3.58}$$

ベクトルとベクトルの内積に相当する概念は，探査スコア (probe score) である．$\xi(t)$ と $x_i(t)$ の探査スコア ($\rho_\xi(x_i)$) の定義は以下である．

$$\rho_\xi(x_i) = \int_{t_{min}}^{t_{max}} \xi(t)x_i(t)dt \tag{3.59}$$

すると，y_{i1}（(3.21) 式（80 ページ））に相当するものは以下である．

$$\rho_\xi(x_i - \bar{x}) = \int_{t_{min}}^{t_{max}} \xi(t)(x_i(t) - \bar{x}(t))dt \tag{3.60}$$

この式の左辺において，$x_i(t)$ を x_i，$\bar{x}(t)$ を $\bar{x}$ と表記しているのは，[103] の 100 ページの表記に従ったことによる．(3.60) 式の $\xi(t)$ が $\xi_j(t)$ のとき，以下になる．

$$\rho_{\xi j}(x_i - \bar{x}) = \int_{t_{min}}^{t_{max}} \xi_j(t)(x_i(t) - \bar{x}(t))dt \tag{3.61}$$

すると，s_{y1}^2（(3.22) 式）に相当するものは以下になる．

$$\begin{aligned} Var(\rho_\xi(x_i - \bar{x})) &= \frac{1}{n}\sum_{i=1}^n \Big(\int_{t_{min}}^{t_{max}} \xi(t)(x_i(t) - \bar{x}(t))dt - \frac{1}{n}\sum_{k=1}^n \int_{t_{min}}^{t_{max}} \xi(t)(x_k(t) - \bar{x}(t))dt\Big)^2 \\ &= \frac{1}{n}\sum_{i=1}^n \Big(\int_{t_{min}}^{t_{max}} \xi(t)x_i(t)dt - \int_{t_{min}}^{t_{max}} \xi(t)\bar{x}(t)dt - \\ &\quad \frac{1}{n}\sum_{k=1}^n \int_{t_{min}}^{t_{max}} \xi(t)x_k(t)dt + \int_{t_{min}}^{t_{max}} \xi(t)\bar{x}(t)dt\Big)^2 \\ &= \frac{1}{n}\sum_{i=1}^n \Big(\int_{t_{min}}^{t_{max}} \xi(t)x_i(t)dt - \frac{1}{n}\sum_{k=1}^n \int_{t_{min}}^{t_{max}} \xi(t)x_k(t)dt\Big)^2 \\ &= Var(\rho_\xi(x_i)) \\ &= \frac{1}{n}\sum_{i=1}^n \rho_\xi(x_i)^2 \end{aligned} \tag{3.62}$$

したがって，(3.19) 式を条件として s_{y1}^2（(3.22) 式）を最大にすることは，$\int_{t_{min}}^{t_{max}} \xi(t)^2 dt = 1$ を条件として以下の μ を最大にする $\xi(t)$ を求めることに相当する．

$$\mu = \sum_{j=1}^p \rho_\xi(x_i)^2 = \sum_{j=1}^p \Big(\int_{t_{min}}^{t_{max}} \xi(t)x_i(t)dt\Big)^2 \tag{3.63}$$

μ を，探査スコア分散 (probe score variance) と呼ぶ．(3.63) 式は主成分分析における (3.31) 式（81 ページ）である．$\int_{t_{min}}^{t_{max}} \xi(t)^2 dt = 1$ を条件として (3.63) 式を最大にする問題を解くことによって得られる $\xi(t)$ を $\xi_1(t)$ とし，そのときの μ を μ_1 とする．続いて，(3.58) 式という条件の下で μ が最大になる $\xi_2(t)$ を求め，そのときの μ を μ_2 とする．同様の作業を行うことによって，$\{\xi_j(t)\}$ $(1 \leq j \leq p)$ と $\{\mu_j\}$ $(1 \leq j \leq p)$ $(\mu_1 \geq \mu_2 \geq \cdots \geq \mu_p \geq 0)$ を得る．すると，(3.61) 式を使うと，(3.50) 式（83 ページ）に相当する式は以下になる．

$$\begin{aligned} x_i(t) - \bar{x}(t) &\approx \sum_{j=1}^q \Big(\int_{t_{min}}^{t_{max}} \xi_j(t)(x_i(t) - \bar{x}(t))dt\Big)\xi_j(t) \\ &= \sum_{j=1}^q \rho_{\xi j}(x_i - \bar{x})\xi_j(t) \end{aligned} \tag{3.64}$$

すなわち，$x_i(t) - \bar{x}(t)$ が $\{\xi_j\}$ $(1 \leq j \leq q)$ の線形結合で近似できる．言い換えると，$x_i(t) - \bar{x}(t)$ が $\{\xi_j\}$ $(1 \leq j \leq q)$ への正射影の和で近似できる．$\rho_{\xi j}(x_i - \bar{x})$ を直交展開係数 (orthogonal expansion coefficient) と呼ぶ．

(3.64) 式の左辺のノルムの定義は以下である．

$$\| x_i(t) - \bar{x}(t) \|^2 = \int_{t_{min}}^{t_{max}} \Big(x_i(t) - \bar{x}(t) \Big)^2 dt \tag{3.65}$$

(3.58) 式（84 ページ）を考慮すると，以下になる．

$$\| x_i(t) - \bar{x}(t) \|^2 \approx \sum_{j=1}^{p} \Big(\rho_{\xi j}(x_i - \bar{x}) \Big)^2 \tag{3.66}$$

$\{\xi_j(t)\}(1 \leq j \leq p)$ に代えて，$\{\xi_j(t)\}(1 \leq j \leq q)(q < p)$ を用いると，以下になる．

$$\| x_i(t) - \bar{x}(t) \|^2 \approx \sum_{j=1}^{q} \Big(\rho_{\xi j}(x_i - \bar{x}) \Big)^2 \tag{3.67}$$

(3.66) 式と (3.67) 式を用いると，(3.54) 式（84 ページ）と同様の意味をもつ r^2 は以下になる．

$$r^2 = \frac{\sum_{j=1}^{q} \Big(\rho_{\xi j}(x_i - \bar{x}) \Big)^2}{\sum_{j=1}^{p} \Big(\rho_{\xi j}(x_i - \bar{x}) \Big)^2} \tag{3.68}$$

r^2 は，$0 \leq r^2 \leq 1$ を満たし，r^2 の値が大きいとき (3.64) 式の近似の精度が高い．

3.9　関数主成分分析による気象データの解析

　図 3.6（68 ページ）を作成するために用いたデータと同じものを用いて，関数主成分分析と，その結果を用いた重回帰を行った．まず，$\{X_i(t_{ij})\} (= \{X_{ij}\}) (1 \leq i \leq 40, 1 \leq j \leq 92)$ を用いて平滑化スプラインを実行することによって $\{x_i(t)\}(1 \leq i \leq 40)$ を算出した．そして，それらの関数データを利用した関数主成分分析を行うことによって，$\bar{x}(t)$ と $\{\xi_j(t)\}(1 \leq j \leq 4)$ を求めた．$\{\xi_j(t)\}(1 \leq j \leq 4)$ が (3.58) 式（84 ページ）をほぼ満たしていることを確認した．$\bar{x}(t)$ が図 3.8（左上），$\xi_1(t)$ が図 3.8（右上），$\xi_2(t)$ が図 3.8（左中）である．得られた $\bar{x}(t)$ と $\{\xi_j(t)\}(1 \leq j \leq 4)$ を使い，(3.64) 式を利用して $(x_{18}(t) - \bar{x}(t))$ を近似した結果が図 3.8（右中）である．図 3.8（右中）には，$\{X_{18j} - \bar{x}(j)\} (1 \leq j \leq 92)$ と，$(x_{18}(t) - \bar{x}(t))$ も描かれている．また，(3.68) 式（86 ページ）において，$p = 4, q = 1$ としたとき $r^2 = 0.33$ になった．

　次に，$\bar{x}(t)$ と $\{\xi_j(t)\}(1 \leq j \leq 4)$ を用い，(3.61) 式（85 ページ）を使って，$\{\rho_{\xi j}(x_i - \bar{x})\}(1 \leq i \leq 40, 1 \leq j \leq 4)$ を算出した．重回帰を行う際に，$\rho_{\xi j}(x_i - \bar{x})$ を i 番目のデータの j 番目の予測変数の値とした．目的変数の値は，図 3.6（68 ページ）を作成する際の目的変数の値と同一である．4 つの予測変数のうち，始めの 2 つの予測変数を用いて重回帰を実行したところ，データの目的変数の部分の値とそれらに相当する推定値の関係が図 3.8（左下）になった．得られた回帰式を用い，回帰式の作成に利用しなかった 20 組（20 年分）のデータから得られた $\{x_i(t)\}(41 \leq i \leq 60)$ を使って得られた $\{\rho_{\xi j}(x_i - \bar{x})\}(41 \leq i \leq 60, 1 \leq j \leq 2)$ を予測変数とする推定を行った．得られた推定値と実際の値の関係が，図 3.8（右下）である．

　図 3.8 を描くために用いる R プログラムの例が以下である．

```
function() {
```

```
# (1)
  library(fda)
# (2)
```

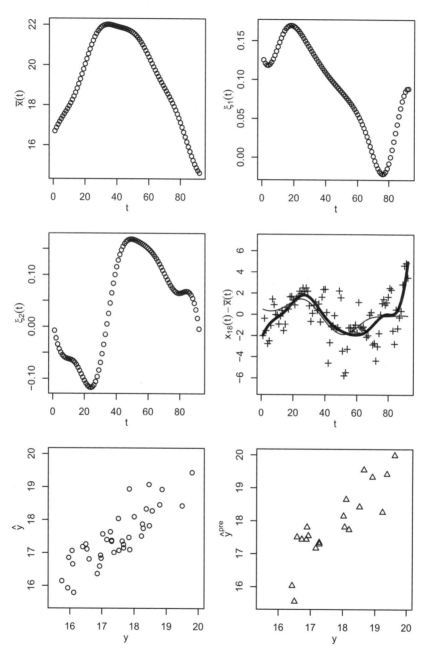

図 3.8　40年間の函館のデータによる $\bar{x}(t)$（左上），$\xi_1(t)$（右上），$\xi_2(t)$（左中），(3.64) 式による $(x_{18}(t) - \bar{x}(t))$ の近似値（細線），$\{X_{18j} - \bar{x}(j)\}$ $(1 \leq j \leq 92)$ (+), $(x_{18}(t) - \bar{x}(t))$（太線）（右中）．重回帰による推定値 $(\{y_i\}$ $(1 \leq i \leq 40))$ と実測値 $(\{\hat{y}_i\}$ $(1 \leq i \leq 40))$ の関係（左下）．重回帰による推定値 $(\{\hat{y}_i^{pre}\}$ $(41 \leq i \leq 60))$ と実測値 $(\{y_i\}$ $(41 \leq i \leq 60))$ の関係（右下）

```
  nd <- 40
  nd2 <- 60
  nx <- 92
  nb <- 10
# (3)
  r1a <- read.csv(file =
    "D:\\hakodate1951_2010(7-9).csv", header = F)
  r2a <- read.csv(file =
    "D:\\wakkanai1951-2010(7-9).csv", header = F)
# (4)
  r1c <- matrix(rep(0, length = nd2 * nx), ncol = nx)
  yyc <- rep(0, length = nd2)
# (5)
  for(ii in 1:nd2){
    r1c[ii,] <- r1a[c((1 + (ii-1) * nx): (ii * nx) ), 4]
    yyc[ii] <- mean(r2a[c((1 + (ii-1) * nx): (ii * nx) ), 4])
  }
# (6)
  r1 <- r1c[1:nd, ]
  ya <- yyc[1:nd]
# (7)
  xdata <- t(r1)
# (8)
  xxrange  <- c(1,nx)
  xxtime <- c(1:nx)
# (9)
  xbasis <- create.bspline.basis(xxrange, nb)
# (10)
  D2fdPar <- fdPar(xbasis, Lfdobj = 2)
# (11)
  x.fit <- smooth.basis(xxtime, xdata, D2fdPar)
# (12)
  x.fd  <- x.fit$fd
# (13)
  nharm1 <- 4
  pca1 <- pca.fd(x.fd, nharm = nharm1)
# (14)
  pc0 <- eval.fd(c(1:nx), pca1$meanfd)
# (15)
  pc1 <- eval.fd(c(1:nx), pca1$harmonics)
```

3.9 関数主成分分析による気象データの解析   89

```r
  par(mfrow = c(3,2), mai = c(0.6, 0.6, 0.1, 0.1),
   omi = c(0.1, 0.1, 0.1, 0.1))
# (16)
  plot(c(1:nx), pc0, xlab = "t", ylab = expression(bar(x)(t)),
   type = "n", mgp = c(1.9, 1, 0))
  points(c(1:nx), pc0, pch = 1)
  plot(c(1:nx), pc1[,1], xlab = "t", ylab = expression(xi[1](t)),
   type = "n", mgp = c(1.9, 1, 0))
  points(c(1:nx), pc1[,1], pch = 1)
  plot(c(1:nx), pc1[,2], xlab = "t", ylab = expression(xi[2](t)),
   type = "n",  mgp = c(1.9, 1, 0))
  points(c(1:nx), pc1[,2], pch = 1)
# (17)
  pc0m <- matrix(rep(pc0, times = nd), ncol = nd)
  fda <- smooth.basis(xxtime, xdata -  pc0m, D2fdPar)$fd
# (18)
  print("inprod(pca1$harmonics, pca1$harmonics)")
  print(inprod(pca1$harmonics, pca1$harmonics))
# (19)
  dd1 <- 18
  fun1 <- pc0
  for (kk in 1:nharm1){
    sc2 <- inprod(pca1$harmonics , fda)[kk,dd1]
    fun1 <- fun1 + pc1[,kk] * sc2
  }
# (20)
  plot(c(1:nx), xdata[,dd1], xlab = "t",
   ylab = expression(x[18](t) - bar(x)(t)),
   type = "n", ylim = c(-7, 7), mgp = c(1.9, 1, 0))
  lines(c(1:nx), fun1 - pc0)
  points(c(1:nx), xdata[,dd1] - pc0, pch = 3)
  lines(c(1:nx), eval.fd(c(1:nx), fda[dd1]), lwd = 3)
# (21)
  ss1 <- 0
  ss2 <- 0
  pp1 <- 1
  for (ii in 1:nd){
   fun2 <- pca1$harmonics[pp1] * inprod(pca1$harmonics[pp1], fda[ii])
   ss1 <- ss1 + inprod(fun2, fun2)
   ss2 <- ss2 + inprod(fda, fda)[ii,ii]
```

```
    }
    print("ss1/ss2")
    print(ss1/ss2)
    print("pca1$varprop")
    print(pca1$varprop)
# (22)
    xa <- t(inprod(pca1$harmonics, fda))
# (23)
    data1 <- data.frame(x1 = xa[,1], x2 = xa[,2], x3 = xa[,3],
     x4 = xa[,4], y1 = ya)
    lm1 <- lm(y1 ~ x1 + x2, data = data1)
    print(summary(lm1))
    ey <- lm1$fitted
# (24)
    plot(ya, ey, xlab = "y", ylab = expression(hat(y)),
      type = "n", mgp = c(1.9, 1, 0), xlim = c(15.5, 20), ylim = c(15.5, 20))
    points(ya, ey, pch = 1)
# (25)
    xdata2 <- t(r1c[(nd+1):nd2, ])
    ya2 <- yyc[(nd+1):nd2]
# (26)
    x.fit2 <- smooth.basis(xxtime, xdata2, D2fdPar)
    x.fd2  <- x.fit2$fd
# (27)
    pc0m2 <- matrix(rep(pc0, times = nd2 - nd), ncol = nd2 - nd)
    fda2 <- smooth.basis(xxtime, xdata2 -  pc0m2, D2fdPar)$fd
# (28)
    xa2 <- t(inprod(pca1$harmonics, fda2))
    data2 <- data.frame(x1 = xa2[,1], x2 = xa2[,2],
     x3 = xa2[,3], x4 = xa2[,4])
    py <- predict(lm1, newdata = data2)
# (29)
    plot(ya2, py, xlab = "y", ylab = expression(hat(y)^{pre}),
      type = "n", mgp = c(1.9, 1, 0), xlim = c(15.5, 20), ylim = c(15.5, 20))
    points(ya2, py, pch = 2)
}
```

(1) ライブラリ「fda」[104] を使う．
(2) 回帰式を作成するためのデータの数 (**nd**)，全データ数（回帰式を作成するためのデータの数と回帰式の予測誤差を調べるためのデータの数の和）(**nd2**)，$\{X_{ij1}\}$ ((3.13) 式（61 ページ）で

3.9 関数主成分分析による気象データの解析

使われている) の j の範囲 (1 から nx まで), B-スプライン基底の基底の数 (nb) を与える.

(3) hakodate1951_2010 (7-9).csv (函館の 1951 年から 2010 年までの日平均気温, [71]) を読み込んで r1a に入れる. wakkanai1951-2010 (7-9).csv (稚内の 1951 年から 2010 年までの日平均気温, [71]) を読み込んで r2a に入れる.

(4) 全データの予測変数の部分 (函館のデータ) を入れるために r1c を用意する. 全データの目的変数の部分 (稚内のデータの平均値) を入れるために yyc を用意する.

(5) r1c と yyc にデータを収納する.

(6) r1c から回帰式の作成に使う部分を取り出して r1 とする. yyc から回帰式の作成に使う部分を取り出して ya とする.

(7) r1 を転置したものを xdata とする.

(8) B-スプライン基底を作成する範囲 (xxrange) と平滑化スプラインを実行するデータの予測変数の値 (xxtime) を設定する.

(9) create.bspline.basis() が B-スプライン基底を作成する. その結果を xbasis に入れる.

(10) fdPar() が平滑化スプラインの条件を設定する. ここでは, xbasis に所収されている B-スプライン基底を用いることと, 推定値の滑らかさを推定値の 2 階微分値を用いて算出すること (Lfdobj = 2) を設定している. その結果を D2fdPar に入れる.

(11) smooth.basis() が, xxtime をデータの予測変数の値, xdata をデータの目的変数の値, D2fdPar をその他の条件とする平滑化スプラインを実行する. 結果を x.fit に入れる.

(12) x.fit の中の fd 成分には, データを平滑化スプラインを用いて平滑化した結果が入っているので, それらを x.fd に入れる.

(13) pca.fd() が関数主成分分析を実行する. nharm の値として 4 を設定しているので, (3.63) 式 (85 ページ) が与える $\{\mu_j\}$ のうち, $\{\mu_j\}(1 \leq j \leq 4)$ を算出し, それらに対応する $\{\xi_j(t)\}(1 \leq j \leq 4)$ を求める.

(14) pca1$meanfd に $\bar{x}(t)$ ((3.56) 式 (84 ページ)) が入っているので, eval.fd() が pca1$meanfd を使って, c (1:nx) における $\bar{x}(t)$ の値を算出する. 結果を pc0 に入れる.

(15) pca1$harmonics に $\{\xi_j(t)\}$ $(1 \leq j \leq 4)$ ((3.58) 式 (84 ページ)) がすべて入っているので, eval.fd() が pca1$harmonics を使って, c (1:nx) における $\{\xi_j(t)\}$ $(1 \leq j \leq 4)$ の値を算出する. 結果を pc1 に入れる.

(16) $\bar{x}(t)$, $\{\xi_1(t)\}$, $\{\xi_2(t)\}$ のグラフを描く.

(17) $t = 1, 2, 3, \ldots, 92$ (nx が 92) における $\bar{x}(t)$ の値を列のそれぞれの値とする行列 (列の数は nd, つまり, 40) を pc0m とする. smooth.basis() が, $t = 1, 2, 3, \ldots, 92$ を予測変数, i $(1 \leq i \leq 40)$ を固定したときの, $t = 1, 2, 3, \ldots, 92$ における $\{X_{it1} - \bar{x}(t)\}$ の値を目的変数とするデータを使った平滑化スプラインを実行する. 40 個のスプライン関数が fda に入る.

(18) inprod() が 2 つの関数の内積を与える. 以下が画面に表示される.

```
[1] "inprod (pca1$harmonics, pca1$harmonics) "
            [,1]          [,2]          [,3]          [,4]
[1,]  1.000002e+00  6.725205e-06  7.080930e-06 -3.899982e-06
[2,]  6.725205e-06  9.999861e-01  5.919926e-06 -2.024925e-05
[3,]  7.080930e-06  5.919926e-06  9.999721e-01  3.457270e-05
```

[4,] -3.899982e-06 -2.024925e-05 3.457270e-05 9.999982e-01

(3.58) 式 (84 ページ) がほぼ成り立っている.

(19) $x_{18}(t)$ を $\{\xi_j(t)\}$ $(1 \leq j \leq 4)$ を使って (3.64) 式 (85 ページ) の形で表現する. すなわち, (3.64) 式において $q = 4$ とする. inprod() が, pca1$harmonics ($\{\xi_j(t)\}$ $(1 \leq j \leq 4)$) と fda ($\{X_{it1} - \bar{x}(t)\}$) の内積 ((3.61) 式 (85 ページ)) を算出する. 結果を sc2 に入れる. (3.64) 式 (85 ページ) を用いて, $\{X_{it1} - \bar{x}(t)\}$ (つまり, (3.64) 式の $x_i(t) - \bar{x}(t)$) の近似値 ((3.64) 式 (85 ページ)) を算出する. 結果を fun1 に入れる.

(20) $(x_{18}(t) - \bar{x}(t))$ の近似値 (fun1) を描く. $\{X_{18j1}\}$ $(1 \leq j \leq 92)$ (xdata[,dd1]) から $\bar{x}(t)$ を引いたものを描く. $(x_{18}(t) - \bar{x}(t))$ を描く.

(21) i として特定の値を与え, (3.64) 式において $q = 1$ としたときに得られる関数を求めて, fun2 とする. fun2 は $\xi_1(t)$ だけを用いて $x_i(t)$ を近似した結果 ((3.64) 式) である. すると, ss1 は, fun2 の変動の大きさ ((3.67) 式 (86 ページ)) を表す. ss2 は, $x_i(t)$ の変動の大きさ ((3.66) 式 (86 ページ)) を表す. したがって, ss1/ss2 の値は, fun2 が $x_i(t)$ をどのくらい近似できているかを表す. その値は pca1$varprop にも所収されている. ここで, 以下が画面に表示される.

[1] "ss1/ss2"
            [,1]
[1,] 0.3302124
[1] "pca1$varprop"
[1] 0.33086290 0.18918654 0.11849356 0.09774005

ss1/ss2 の値と pca1$varprop の最初の値がほぼ一致している.

(22) $\xi_j(t)$ $(1 \leq j \leq 4)$ と $(x_i(t) - \bar{x}(t))$ $(1 \leq j \leq 40)$ の内積, つまり, (3.61) 式 (85 ページ) の値を求めて, 転置し xa とする.

(23) xa を予測変数の値, ya を目的変数の値とする重回帰を行うために, これらを data1 にまとめる. lm() が data1 を用いた重回帰を行う. ここでは, y1 ~ x1 + x2 と指定しているので, 予測変数として最初の 2 つを用いる. print (summary (lm1)) が重回帰の結果を画面に表示する. ここでは, 以下である.

Call:
lm(formula = y1 ~ x1 + x2, data = data1)
Residuals:
     Min   1Q   Median   3Q   Max
-1.08879 -0.43125 0.03829 0.37158 1.06364
Coefficients:
             Estimate Std. Error t value Pr(>|t|)
(Intercept) 17.45519   0.08655   201.680   < 2e-16 ***
x1   0.09587   0.01022   9.384 2.52e-11 ***
x2   0.02449   0.01351   1.813   0.078 .
Signif. codes: 0 '***' 0.001 '**' 0.01 '*' 0.05 '.' 0.1 ' ' 1
Residual standard error: 0.5474 on 37 degrees of freedom

```
Multiple R-squared: 0.7117,    Adjusted R-squared: 0.6961
F-statistic: 45.68 on 2 and 37 DF,    p-value: 1.015e-10
```

重回帰式による推定値を ey とする．

(24) 重回帰を作成するために用いたデータの目的変数の値と，それらに対応する推定値の関係をグラフに描く．

(25) 重回帰式を作成するために用いなかったデータの予測変数の値を xdata2 に入れる．目的変数の値を ya2 に入れる．

(26) smooth.basis() が，xxtime を予測変数，xdata2 を目的変数，D2fdPar をその他の条件とする平滑化スプラインを実行する．結果を x.fit2 に入れる．x.fit2 から，得られたスプライン関数を取り出して x.fd2 に入れる．

(27) $t = 1, 2, 3, \ldots, 92$（nx が 92）における $\bar{x}(t)$ の値を列のそれぞれの値とする行列（列の数は nd2 - nd，つまり，20）を pc0m2 とする．smooth.basis() が，$t = 1, 2, 3, \ldots, 92$ を予測変数，i $(41 \leq i \leq 60)$ を固定したときの，$t = 1, 2, 3, \ldots, 92$ における $\{X_{it1} - \bar{x}(t)\}$ の値を目的変数とするデータを使った平滑化スプラインを実行する．20 個のスプライン関数が fda2 に入る．

(28) $\xi_j(t)$ $(1 \leq j \leq 4)$ と $(x_i(t) - \bar{x}(t))$ $(41 \leq j \leq 60)$ の内積，つまり，(3.61) 式（85 ページ）の値を求めて，転置し xa2 とする．xa2 を予測変数の値，ya2 を目的変数の値とする重回帰を行うために，これらを data2 にまとめる．predict() が data2 を使い，(23) で作成した lm1 が与える重回帰式による推定を行う．結果を py に入れる．data2 には 4 つの予測変数のデータが入っているけれども，lm1 は 2 つの予測変数を用いる重回帰式なので，4 つの予測変数のデータのうち，最初の 2 つだけを用いる．

(29) 重回帰式の作成に用いなかったデータの目的変数の部分 (ya2) と，それらに対応する推定値 (py) の関係をグラフに描く．

第4章

Fisherの判別分析

4.1 2群判別

2つの群 G_1, G_2 について，いくつかの予測変数に関する観測値が与えられているとする．1つの新しい観測値が得られたとき，このデータが G_1, G_2 のどちらの群に属するかを判別（予測）したい．第2章の回帰分析で，目的変量が分類型になっているとみなせばよい [93, 131]．

たとえば，表4.1のような人工データを考える．胃潰瘍の患者グループ（第1群）と胃癌の患者グループ（第2群）に関する検査Aの結果である．ここで，胃潰瘍か胃癌の疑いのある新しい患者について，検査Aに対する観測値が0.6とする．この患者が，胃潰瘍か胃癌かを判別したい．

表 4.1　検査 A のデータ

	胃潰瘍（第1群：○印）	胃癌（第2群：●印）
	0.1	0.8
	0.9	0.8
	0.2	0.7
	0.2	0.6
	0.6	0.7
	0.7	0.5
	0.3	0.8
	0.3	0.9
	0.3	0.9
	0.1	0.9
平均	0.37	0.76
分散	0.073	0.018

4.1.1 マハラノビスの汎距離

(1) 1 変量の場合

新たに検査を受けた患者が胃潰瘍か胃癌かを，検査 A から判別してみよう．検査 A の第 1 群（胃潰瘍）と第 2 群（胃癌）の観測値を 1 次元プロットすると図 4.1 のようになる．

1 つの方法として，"第 1 群と第 2 群の平均値に近いほうの群に属する"と判定する．第 1 群および第 2 群の検査 A の平均を区別するため，それぞれ右肩に (1), (2) をつけ

$$\bar{x}_A^{(1)} = 0.37, \quad \bar{x}_A^{(2)} = 0.76 \tag{4.1}$$

と書く．これらの平均と新しい患者の検査値 $x_A = 0.6$ との距離は，それぞれ

$$第1群：|0.6 - 0.37| = 0.23, \quad 第2群：|0.6 - 0.76| = 0.16 \tag{4.2}$$

より，第 2 群（胃癌）に属すると判定できる．すなわち，2 点 A, B の距離を図 4.2 のように定義している．これは，われわれが日常使っているユークリッドの距離である．

しかし，表 4.1 をみると第 1 群のデータは，第 2 群に比べてバラツキが大きい．不偏分散は

$$\widehat{Var}\left(x_A^{(1)}\right) = 0.073, \quad \widehat{Var}\left(x_A^{(2)}\right) = 0.018 \tag{4.3}$$

と推定される．明らかに，第 1 群のバラツキは第 2 群のそれの約 4 倍である．

第 1 群と第 2 群が正規分布に従うと仮定すると

$$x_A^{(1)} \sim N\left(0.42, 0.27^2\right), \quad x_A^{(2)} \sim N\left(0.76, 0.13^2\right) \tag{4.4}$$

と推定できる．そこで，バラツキを考慮するため，基準化

$$|観測値 - 平均|/\sqrt{分散} \tag{4.5}$$

を行うと，

$$\begin{cases} 第1群：d_{(1)} = |観測値 - 第1群の平均|/\sqrt{第1群の分散} = |x - 0.37|/\sqrt{0.073} \\ 第2群：d_{(2)} = |観測値 - 第2群の平均|/\sqrt{第2群の分散} = |x - 0.76|/\sqrt{0.018} \end{cases} \tag{4.6}$$

より，新しい患者について $d_{(1)} = 0.851 < 1.193 = d_{(2)}$ となる．よって，第 1 群（胃潰瘍）に属すると判定する（ユークリッドの距離で測ると第 2 群に属した）．分散も考慮したこの距離をマハ

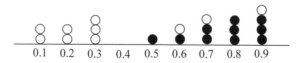

図 4.1 検査 A の 1 次元プロット

図 4.2 線分 AB の距離

ラノビスの汎距離 (Mahalanobis's generalized distance) という.

(2) 2 変数の場合

距離の考え方を 2 変数の場合へ拡張しよう．表 4.1 において，検査 A の他に検査 B の結果も得られたとする．それを表 4.2 に示す．図 4.3 は，検査 A, B の値をそれぞれ横軸，および縦軸にとったグラフである．先ほどの新患者の検査 B の観測値は，$x_B = 0.5$ であった（図 4.3 の△印）．検査 B についてもマハラノビスの汎距離を求めると

$$\begin{cases} 第1群：d_{(1)} = |\,観測値 - 第1群の平均\,|/\sqrt{第1群の分散} = |x - 0.68|/\sqrt{0.028} \\ 第2群：d_{(2)} = |\,観測値 - 第2群の平均\,|/\sqrt{第2群の分散} = |x - 0.46|/\sqrt{0.034} \end{cases} \quad (4.7)$$

を得る．$d_{(1)} = 1.076 > 0.217 = d_{(2)}$ より，第 2 群に属する（胃癌）と判定する．よって，検査

表 4.2 検査 A, B のデータ

	胃潰瘍（第 1 群：○印）		胃癌（第 2 群：●印）	
	検査 A	検査 B	検査 A	検査 B
	0.1	0.4	0.8	0.3
	0.9	0.8	0.8	0.4
	0.2	0.8	0.7	0.6
	0.2	0.5	0.6	0.2
	0.6	0.8	0.7	0.4
	0.7	0.9	0.5	0.8
	0.3	0.8	0.8	0.6
	0.3	0.7	0.9	0.3
	0.3	0.5	0.9	0.4
	0.1	0.6	0.9	0.6
平均	0.37	0.68	0.76	0.46
分散	0.073	0.028	0.018	0.034

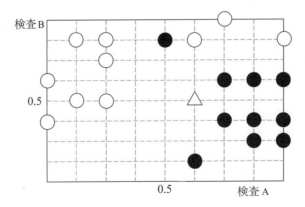

図 4.3 検査 A, B のプロット

表 4.3 検査 A，B それぞれのマハラノビスの汎距離

	第 1 群からの距離	第 2 群からの距離	判定
検査 A	$\dfrac{\|0.6 - 0.37\|}{\sqrt{0.037}} = 0.851$	$\dfrac{\|0.6 - 0.76\|}{\sqrt{0.018}} = 1.193$	第 1 群
検査 B	$\dfrac{\|0.5 - 0.68\|}{\sqrt{0.028}} = 1.076$	$\dfrac{\|0.5 - 0.46\|}{\sqrt{0.034}} = 0.217$	第 2 群

A，B それぞれについて，マハラノビスの汎距離を計算すると表 4.3 が得られる．この結果，検査 A では第 1 群（胃潰瘍），検査 B では第 2 群（胃癌）と判定され，結果が異なってくる．

4.1.2 線形判別関数

前項では，検査項目 A，B について個別に判別を行うと，新しい患者が属する群が異なった．そこで，検査項目 A，B を同時に考慮して判別する方式について考える．第 1 群の検査 A と B との相関係数は $\hat{\rho}^{(1)} = 0.666$，第 2 群のそれは $\hat{\rho}^{(2)} = -0.296$ と推定される．相関係数は

$$\rho = \frac{Cov[x_A, x_B]}{\sqrt{Var[x_A]}\sqrt{Var[x_B]}} \tag{4.8}$$

で与えられる．(4.8) 式の分子を検査 A，B の共分散と呼ぶ．この共分散を含めた分散共分散行列 **S** を

$$\mathbf{S} = \begin{bmatrix} 検査 A の分散 & 検査 A，B の共分散 \\ 検査 A，B の共分散 & 検査 B の分散 \end{bmatrix} \tag{4.9}$$

と定義する．

表 4.2 から，第 1 群における検査 A について

$$\hat{\mu}_A^{(1)} \equiv \bar{x}_A^{(1)} = 0.37, \quad \hat{\sigma}_A^{(1)^2} \equiv \widehat{Var}[x_A] = 0.073 \tag{4.10}$$

となり，密度関数は

$$f\left(x_A^{(1)}\right) = \frac{1}{\sqrt{2\pi}\hat{\sigma}_A^{(1)}} \exp\left\{-\frac{\left(x_A^{(1)} - \hat{\mu}_A^{(1)}\right)^2}{2\hat{\sigma}_A^{(1)^2}}\right\} \tag{4.11}$$

と推定される．検査 B についても

$$\hat{\mu}_B^{(1)} \equiv \bar{x}_B^{(1)} = 0.68, \quad \hat{\sigma}_B^{(1)^2} \equiv \widehat{Var}[x_B] = 0.028 \tag{4.12}$$

より，密度関数

$$f\left(x_B^{(1)}\right) = \frac{1}{\sqrt{2\pi}\hat{\sigma}_B^{(1)}} \exp\left\{-\frac{\left(x_B^{(1)} - \hat{\mu}_B^{(1)}\right)^2}{2\hat{\sigma}_B^{(1)^2}}\right\} \tag{4.13}$$

を得る．第 1 群の相関係数 $\hat{\rho}^{(1)} = 0.666$ から，$\left(x_A^{(1)}, x_B^{(1)}\right)$ を同時に考慮した 2 変量正規分布は

$$f\left(x_A^{(1)}, x_B^{(1)}\right) = \frac{1}{2\pi\hat{\sigma}_A^{(1)}\hat{\sigma}_B^{(1)}} \times$$
$$\exp\left[-\frac{1}{2(1-\hat{\rho}^{(1)2})}\left\{\frac{\left(x_A^{(1)}-\hat{\mu}_A^{(1)}\right)^2}{\hat{\sigma}_A^{(1)2}} + \frac{\left(x_B^{(1)}-\hat{\mu}_B^{(1)}\right)^2}{\hat{\sigma}_B^{(1)2}} - \frac{2\hat{\rho}^{(1)}\left(x_A^{(1)}-\hat{\mu}_A^{(1)}\right)\left(x_B^{(1)}-\hat{\mu}_B^{(1)}\right)}{\hat{\sigma}_A^{(1)}\hat{\sigma}_B^{(1)}}\right\}\right]$$
$$\equiv C_1 \exp\left[-d_{(1)}^2\right] \tag{4.14}$$

と推定される.ここに,
$$C_1 \equiv \frac{1}{2\pi\hat{\sigma}_A^{(1)}\hat{\sigma}_B^{(1)}} \tag{4.15}$$

$$d_{(1)}^2 = -\frac{1}{2(1-\hat{\rho}^{(1)2})}\left\{\frac{\left(x_A^{(1)}-\hat{\mu}_A^{(1)}\right)^2}{\hat{\sigma}_A^{(1)2}} + \frac{\left(x_B^{(1)}-\hat{\mu}_B^{(1)}\right)^2}{\hat{\sigma}_B^{(1)2}} - \frac{2\hat{\rho}^{(1)}\left(x_A^{(1)}-\hat{\mu}_A^{(1)}\right)\left(x_B^{(1)}-\hat{\mu}_B^{(1)}\right)}{\hat{\sigma}_A^{(1)}\hat{\sigma}_B^{(1)}}\right\} \tag{4.16}$$

とする.それを図示すると図 4.4 が得られる.

検査 A,B を同時に考慮するためには,この 2 変量正規分布が必要になる.(4.14) 式の $d_{(1)}^2$ が一定(すなわち,等確率)となる軌跡は楕円(等確率楕円)で表される.この楕円は,重心 $R = \left(\bar{x}_A^{(1)}, \bar{x}_B^{(1)}\right) = (0.37, 0.68)$ に近いほど確率密度が高い等高線である.図 4.4 において,点 P,Q から重心 R までの直線距離(ユークリッドの距離)は等しい.しかし,重心 R を山の頂上とみなし,楕円を段々畑とすれば,P は平面を歩けばよい.Q は,段々畑の斜面を登るため,時間がかかり距離は遠くなる.すなわち,P はかなり高い確率楕円上にあるが,Q は低い確率楕円上にあり,それだけ重心 R から離れている.この勾配を考慮した距離が,マハラノビスの汎距離である.

新しい観測値 $\mathbf{x} = (x_A, x_B)^t$ に対する第 1 群の 2 変量の平均(重心)$\bar{\mathbf{x}}^{(1)} = \left(\bar{x}_A^{(1)}, \bar{x}_B^{(1)}\right)^t = (0.37, 0.68)^t$ までのマハラノビスの汎距離を計算する.第 1 群 G_1 の標本平均ベクトル $\bar{\mathbf{x}}^{(1)}$ は

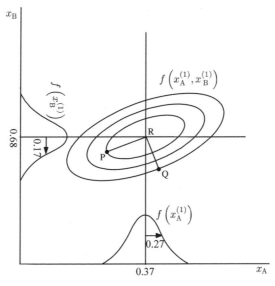

図 **4.4** 2 変量正規分布

$$\bar{\mathbf{x}}^{(1)} = \begin{bmatrix} 検査\,A\,の平均 \\ 検査\,B\,の平均 \end{bmatrix} = \begin{bmatrix} \bar{x}_A^{(1)} \\ \bar{x}_B^{(1)} \end{bmatrix} = \begin{bmatrix} 0.37 \\ 0.68 \end{bmatrix} \quad (4.17)$$

となる．次に，標本分散共分散行列 $\mathbf{S}^{(1)}$ を求め，その逆行列を算出すれば，

$$\mathbf{x} = \begin{bmatrix} x_A \\ x_B \end{bmatrix}, \quad \bar{\mathbf{x}}^{(1)} = \begin{bmatrix} \bar{x}_A^{(1)} \\ \bar{x}_B^{(1)} \end{bmatrix} = \begin{bmatrix} 0.37 \\ 0.68 \end{bmatrix}, \quad \mathbf{S}^{(1)-1} = \begin{bmatrix} 24.476 & -26.224 \\ -26.224 & 63.811 \end{bmatrix} \quad (4.18)$$

より，点 $\mathbf{x}$ と第 1 群の平均 $\bar{\mathbf{x}}^{(1)}$ とのマハラノビスの汎距離の 2 乗（マハラノビスの平方距離と呼ぶ）

$$\begin{aligned} d_{(1)}^2 &= \left(\mathbf{x} - \bar{\mathbf{x}}^{(1)}\right)^t \mathbf{S}^{(1)-1} \left(\mathbf{x} - \bar{\mathbf{x}}^{(1)}\right) \\ &= [x_A - 0.37,\ x_B - 0.68] \begin{bmatrix} 24.476 & -26.224 \\ -26.224 & 63.811 \end{bmatrix} \begin{bmatrix} x_A - 0.37 \\ x_B - 0.68 \end{bmatrix} \end{aligned} \quad (4.19)$$

が得られる．$\mathbf{x} = (x_A, x_B)^t = (0.6, 0.5)^t$ を代入すると

$$d_{(1)}^2 = [0.23\ -0.18] \begin{bmatrix} 24.476 & -26.224 \\ -26.224 & 63.811 \end{bmatrix} \begin{bmatrix} 0.23 \\ -0.18 \end{bmatrix} = 5.534 \quad (4.20)$$

となる．

(4.19) 式において

$$f\left(x_A^{(1)}, x_B^{(1)}\right) = C_1 \exp\left[-d_{(1)}^2\right] \quad (4.21)$$

という関係がある．同様に，点 $\mathbf{x} = (0.6, 0.5)^t$ と第 2 群の重心 $\bar{\mathbf{x}}^{(2)}$ とのマハラノビスの汎距離の平方 $d_{(2)}^2$ を計算すると

$$d_{(2)}^2 = [-0.16, 0.04] \begin{bmatrix} 60.391 & 12.433 \\ 12.433 & 31.972 \end{bmatrix} \begin{bmatrix} -0.16 \\ 0.04 \end{bmatrix} = 1.438 \quad (4.22)$$

となる．よって，$d_{(1)}^2 > d_{(2)}^2$ より，新たな観測値は，第 2 群に入ると判定する．

さて，マハラノビスの汎距離による判別では，どの予測変数が判別に寄与しているかがわからない．そこで，2 つの群の母集団の分散共分散行列 $\mathbf{\Sigma}^{(1)}, \mathbf{\Sigma}^{(2)}$ が等しい（すなわち，$\mathbf{\Sigma}^{(1)} = \mathbf{\Sigma}^{(2)}$）と仮定すると，線形式

$$z = a_0 + a_1 x_A + a_2 x_B \quad (4.23)$$

が導かれ，

$$z \begin{cases} \geq 0 : 第\,1\,群に属する \\ < 0 : 第\,2\,群に属する \end{cases} \quad (4.24)$$

と判定する．(4.23) 式は，x_A, x_B の線形関数であることから，線形判別関数 (linear discriminant function) と呼ばれ，データから係数 a_0, a_1, a_2 を推定する．

$$第\,1\,群: \bar{\mathbf{x}}^{(1)} = \begin{bmatrix} \bar{x}_A^{(1)} \\ \bar{x}_B^{(1)} \end{bmatrix} = \begin{bmatrix} 0.37 \\ 0.68 \end{bmatrix}, \ \mathbf{S}^{(1)-1} = \begin{bmatrix} 24.476 & -26.224 \\ -26.224 & 63.811 \end{bmatrix} \quad (4.25)$$

$$第\,2\,群: \bar{\mathbf{x}}^{(2)} = \begin{bmatrix} \bar{x}_A^{(2)} \\ \bar{x}_B^{(2)} \end{bmatrix} = \begin{bmatrix} 0.76 \\ 0.46 \end{bmatrix}, \ \mathbf{S}^{(2)-1} = \begin{bmatrix} 60.391 & 12.433 \\ 12.433 & 31.972 \end{bmatrix} \quad (4.26)$$

であった．ここで，2つの群の母集団の分散・共分散行列 $\mathbf{\Sigma}^{(1)}$, $\mathbf{\Sigma}^{(1)}$ が等しいと仮定して，$\mathbf{S}^{(1)}$, $\mathbf{S}^{(2)}$ から2つの群の分散・共分散をプールした共通の標本分散・共分散行列

$$\mathbf{S} = \frac{1}{(n_1-1)+(n_2-1)}\left\{(n_1-1)\mathbf{S}^{(1)} + (n_2-1)\mathbf{S}^{(2)}\right\} = \begin{bmatrix} 0.04583 & 0.01156 \\ 0.01156 & 0.03111 \end{bmatrix} \quad (4.27)$$

を求める．$\mathbf{S}^{(1)}$, $\mathbf{S}^{(2)}$ の代わりにこの $\mathbf{S}$ を用いたマハラノビスの平方距離

$$\begin{aligned}
d_{(1)}^2 &= \left(x - \bar{x}^{(1)}\right)^t \mathbf{S}^{-1} \left(x - \bar{x}^{(1)}\right) \\
&= \begin{bmatrix} 0.23 & -0.18 \end{bmatrix} \begin{bmatrix} 24.0764 & -8.9464 \\ -8.9464 & 35.4684 \end{bmatrix} \begin{bmatrix} 0.23 \\ -0.18 \end{bmatrix} = 3.1636 \quad (4.28)
\end{aligned}$$

$$\begin{aligned}
d_{(2)}^2 &= \left(x - \bar{x}^{(2)}\right)^t \mathbf{S}^{-1} \left(x - \bar{x}^{(2)}\right) \\
&= \begin{bmatrix} -0.16 & 0.04 \end{bmatrix} \begin{bmatrix} 24.0764 & -8.9464 \\ -8.9464 & 35.4684 \end{bmatrix} \begin{bmatrix} -0.16 \\ 0.04 \end{bmatrix} = 0.7804 \quad (4.29)
\end{aligned}$$

を計算すると $d_{(1)}^2 > d_{(2)}^2$ であるから，第2群に属すると判定する．なお，$\mathbf{S}$ の逆行列 $\mathbf{S}^{-1}$ が存在するためには，$(n_1 + n_2 - 2) > I$ でなければならない．

新たな患者の検査値 $\mathbf{x} = (x_A, x_B)^t$ が得られたとき，これが G_1 に属すると判定されるのは，$d_{(1)}^2 < d_{(2)}^2$（すなわち，$d_{(2)}^2 - d_{(1)}^2 > 0$）の場合である．ここで，

$$\begin{aligned}
d_{(2)}^2 - d_{(1)}^2 &= \left(\mathbf{x} - \bar{\mathbf{x}}^{(2)}\right)^t \mathbf{S}^{-1} \left(\mathbf{x} - \bar{\mathbf{x}}^{(2)}\right) - \left(\mathbf{x} - \bar{\mathbf{x}}^{(1)}\right)^t \mathbf{S}^{-1} \left(\mathbf{x} - \bar{\mathbf{x}}^{(1)}\right) \\
&= 2\left\{\left(\bar{\mathbf{x}}^{(1)} - \bar{\mathbf{x}}^{(2)}\right)^t \mathbf{S}^{-1} \mathbf{x} - \frac{1}{2}\left(\bar{\mathbf{x}}^{(1)t} \mathbf{S}^{-1} \bar{\mathbf{x}}^{(1)} - \bar{\mathbf{x}}^{(2)t} \mathbf{S}^{-1} \bar{\mathbf{x}}^{(2)}\right)\right\} \quad (4.30)
\end{aligned}$$

より，係数の2は，正負の判定に無関係であるから

$$\begin{aligned}
z = f(x_A, x_B) &\equiv \frac{d_{(2)}^2 - d_1^{(2)}}{2} = \left(\mathbf{x} - \frac{\bar{\mathbf{x}}^{(1)} + \bar{\mathbf{x}}^{(2)}}{2}\right)^t \mathbf{S}^{-1} \left(\bar{\mathbf{x}}^{(1)} - \bar{\mathbf{x}}^{(2)}\right) \\
&= -0.019 - 11.355 x_A + 11.289 x_B \quad (4.31)
\end{aligned}$$

となる．すなわち

$$f(x_A, x_B) \begin{cases} \geq 0 : \text{第1群に属する} \\ < 0 : \text{第2群に属する} \end{cases} \quad (4.32)$$

と判定する．新たな観測値 $(x_A, x_B) = (0.6, 0.5)$ を代入すると $f(0.6, 0.5) = -1.19$ より，第2群に属する．

一般に，表4.4のように I 個の変量 $x_1, x_2, \ldots, x_I$ をもつ2つの群の標本が観測されているとする．平均（重心）を

$$\bar{\mathbf{x}}^{(1)} = \left(\bar{x}_1^{(1)}, \bar{x}_2^{(1)}, \ldots, \bar{x}_I^{(1)}\right)^t, \quad \bar{\mathbf{x}}^{(2)} = \left(\bar{x}_1^{(2)}, \bar{x}_2^{(2)}, \ldots, \bar{x}_I^{(2)}\right)^t \quad (4.33)$$

とし，2つの群を併合した標本分散・共分散行列を

表 4.4　2 群判別の一般型

	x_1	x_2	$\cdot$	x_I		x_1	x_2	$\cdot$	x_I
1	$x_{11}^{(1)}$	$x_{12}^{(1)}$	$\cdot$	$x_{1I}^{(1)}$	1	$x_{11}^{(2)}$	$x_{12}^{(2)}$	$\cdot$	$x_{1I}^{(2)}$
2	$x_{21}^{(1)}$	$x_{22}^{(1)}$	$\cdot$	$x_{2I}^{(1)}$	2	$x_{21}^{(2)}$	$x_{22}^{(2)}$	$\cdot$	$x_{2I}^{(2)}$
$\cdot$	$\cdot$	$\cdot$	$\cdot$	$\cdot$	$\cdot$	$\cdot$	$\cdot$	$\cdot$	$\cdot$
n_1	$x_{n_1 1}^{(1)}$	$x_{n_1 2}^{(1)}$	$\cdot$	$x_{n_1 I}^{(1)}$	n_2	$x_{n_2 1}^{(2)}$	$x_{n_2 2}^{(2)}$	$\cdot$	$x_{n_2 I}^{(2)}$
平均	$\bar{x}_1^{(1)}$	$\bar{x}_2^{(1)}$	$\cdot$	$\bar{x}_I^{(1)}$	平均	$\bar{x}_1^{(2)}$	$\bar{x}_2^{(2)}$	$\cdot$	$\bar{x}_I^{(2)}$

$$\mathbf{S} = (s_{jj'}), \quad s_{jj'} = \frac{1}{n_1 + n_2 - 2} \sum_{k=1}^{2} \sum_{i=1}^{n_k} \left(x_{ij}^{(k)} - \bar{x}_j^{(k)} \right) \left(x_{ij'}^{(k)} - \bar{x}_{j'}^{(k)} \right); \; j, \, j' = 1, \ldots, I \quad (4.34)$$

とする.

このとき，マハラノビスの平方距離

$$d_{(k)}^2 = \left(\mathbf{x} - \bar{\mathbf{x}}^{(k)} \right)^t \mathbf{S}^{-1} \left(\mathbf{x} - \bar{\mathbf{x}}^{(k)} \right), \; k = 1, 2 \quad (4.35)$$

を計算し,

$$d_{(2)}^2 - d_{(1)}^2 \begin{cases} \geq 0 : \text{第 1 群} \\ < 0 : \text{第 2 群} \end{cases} \quad (4.36)$$

と判定する．あるいは，線形判別関数

$$\begin{aligned} z &= \left\{ \mathbf{x} - \left(\bar{\mathbf{x}}^{(1)} + \bar{\mathbf{x}}^{(2)} \right) / 2 \right\}^t \mathbf{S}^{-1} \left(\bar{\mathbf{x}}^{(1)} - \bar{\mathbf{x}}^{(2)} \right) \\ &= a_0 + a_1 x_1 + a_2 x_2 + \cdots + a_I x_I \end{aligned} \quad (4.37)$$

を計算し,

$$z = \begin{cases} \geq 0 : \text{第 1 群に属する} \\ < 0 : \text{第 2 群に属する} \end{cases} \quad (4.38)$$

としてもよい．ゆえに，

$$0 = a_0 + a_1 x_1 + a_2 x_2 + \cdots + a_I x_I \quad (4.39)$$

が境界線になる．この $a_0, a_1, a_2, \ldots, a_I$ が定まると 2 つの群の観測値から，判別スコア (discriminant score)

$$z = a_0 + a_1 x_{i1}^{(k)} + a_2 x_{i2}^{(k)} + \cdots + a_I x_{iI}^{(k)}, \quad k = 1, 2; \; i = 1, 2, \ldots, n_k \quad (4.40)$$

を計算する.

ちなみに，(4.37) 式で $\mathbf{S}^{-1} \left(\bar{\mathbf{x}}^{(1)} - \bar{\mathbf{x}}^{(2)} \right) = \mathbf{a} \equiv (a_1, a_2, \ldots, a_I)^t$ とおくと

$$z = \left(\mathbf{x} - \frac{\bar{\mathbf{x}}^{(1)} + \bar{\mathbf{x}}^{(2)}}{2} \right)^t \mathbf{a} \quad (4.41)$$

と書ける．よって,

$$z = a_1 \left(x_1 - \frac{\bar{x}_1^{(1)} + \bar{x}_1^{(2)}}{2} \right) + a_2 \left(x_2 - \frac{\bar{x}_2^{(1)} + \bar{x}_2^{(2)}}{2} \right) + \cdots + a_I \left(x_I - \frac{\bar{x}_I^{(1)} + \bar{x}_I^{(2)}}{2} \right) \quad (4.42)$$

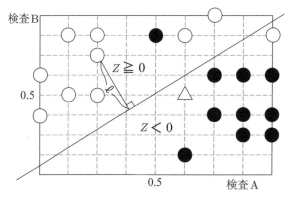

図 4.5 線形判別関数

表 4.5 線形判別スコア

	胃潰瘍（第1群：○印）			胃癌（第2群：●印）		
i	x_1	x_2	$z_i^{(1)}$	x_1	x_2	$z_i^{(2)}$
1	0.1	0.4	3.361	0.8	0.3	-5.717
2	0.9	0.8	-1.208※	0.8	0.4	-4.588
3	0.2	0.8	6.741	0.7	0.6	-1.194
4	0.2	0.5	3.354	0.6	0.2	-4.574
5	0.6	0.8	2.199	0.7	0.4	-3.452
6	0.7	0.9	2.192	0.5	0.8	3.335※
7	0.3	0.8	5.606	0.8	0.6	-2.330
8	0.3	0.7	4.477	0.9	0.3	-6.852
9	0.3	0.5	2.219	0.9	0.4	-5.723
10	0.1	0.6	5.619	0.9	0.6	-3.465

を得る．(4.40) 式と (4.41) 式を比べると，a_0 は $(a_1, a_2, \ldots, a_I)$ を用い，

$$
\begin{aligned}
a_0 &= -a_1 \frac{\bar{x}_1^{(1)} + \bar{x}_1^{(2)}}{2} - a_2 \frac{\bar{x}_2^{(1)} + \bar{x}_2^{(2)}}{2} - \cdots - a_I \frac{\bar{x}_I^{(1)} + \bar{x}_I^{(2)}}{2} \\
&= -\frac{\left(a_1 \bar{x}_1^{(1)} + a_2 \bar{x}_2^{(1)} + \cdots + a_I \bar{x}_I^{(1)}\right) + \left(a_1 \bar{x}_1^{(2)} + a_2 \bar{x}_2^{(2)} + \cdots + a_I \bar{x}_I^{(2)}\right)}{2}
\end{aligned}
\tag{4.43}
$$

から計算される．

表 4.2 のデータについて，線形判別関数

$$z = -0.019 - 11.355 x_A + 11.289 x_B \tag{4.44}$$

が求まる．図 4.3 にこの線形判別関数の境界線

$$0 = -0.019 - 11.355 x_A + 11.289 x_B \tag{4.45}$$

を記入すると図 4.5 のようになる．表 4.2 のデータについて，判別スコアを算出すると表 4.5 が得られる．なお，R プログラムは「mylda2」[121] を用いた．

各スコアに関して

$$z_i^{(k)} \begin{cases} \geq 0 : 第1群に属する \\ < 0 : 第2群に属する \end{cases} \tag{4.46}$$

と判定すると，白丸 1 個，黒丸 1 個が誤判別（表 4.5 の※印）される．この判別スコア $z_i^{(k)}$ と境界線 (4.45) 式との関係を調べてみよう．任意の点 (x_A, x_B) と境界線 (4.45) 式との距離は，ヘッセの公式より

$$\ell = \frac{|-0.019 - 11.355 x_A + 11.289 x_B|}{\sqrt{(-11.355)^2 + 11.289^2}} \tag{4.47}$$

で与えられる．よって，判別スコアの絶対値は，この距離の $\sqrt{(-11.355)^2 + 11.289^2}$ 倍になっている．たとえば，第 1 群の 8 番目の観測値 $(0.3, 0.7)$ と境界線 (4.45) 式との距離（図 4.5 の ℓ）は

$$\frac{|-0.019 - 11.355 \times 0.3 + 11.289 \times 0.7|}{\sqrt{(-11.355)^2 + 11.289^2}} = 5.309 \tag{4.48}$$

となる．この判別スコアの変動に基づいて線形判別関数を導出することもできる（詳細は，付録 4.A を参照せよ）．

いま，新しい観測値 $\mathbf{x} = (0.6, 0.5)^t$ の 2 つの群に属する事前確率が等しいとき，それが第 k 群に属するベイズの事後確率は

$$Pr(k|\mathbf{x}) = \frac{\exp\left(-d_{(k)}^2/2\right)}{\exp\left(-d_{(1)}^2/2\right) + \exp\left(-d_{(2)}^2/2\right)} \tag{4.49}$$

で与えられる．よって，$d_{(k)}^2$ が最小になる k はベイズの事後確率が最大になる k と同一である．

たとえば，第 1 群の観測値 $(0.1, 0.4)$ について，判別スコアは (4.40) 式から

$$z = -0.019 - 11.355 \times 0.1 + 11.289 \times 0.4 = 3.361 \tag{4.50}$$

となる．また，マハラノビスの平方距離

$$d_{(1)}^2 = \left(\mathbf{x} - \bar{\mathbf{x}}^{(1)}\right)^t \mathbf{S}^{-1} \left(\mathbf{x} - \bar{\mathbf{x}}^{(1)}\right) \tag{4.51}$$

について

$$\mathbf{x} = \begin{bmatrix} 0.1 \\ 0.4 \end{bmatrix}, \quad \bar{\mathbf{x}}^{(1)} = \begin{bmatrix} 0.37 \\ 0.68 \end{bmatrix}, \quad \mathbf{S} = \begin{bmatrix} 0.046 & 0.012 \\ 0.012 & 0.031 \end{bmatrix} \tag{4.52}$$

とおけば

$$d_{(1)}^2 = 3.183, \ \exp\left(-d_{(1)}^2/2\right) = 0.204 \tag{4.53}$$

となる．同様に

$$d_{(2)}^2 = 9.905, \ \exp\left(-d_{(2)}^2/2\right) = 0.007 \tag{4.54}$$

を得る．よって，ベイズの事後確率は，(4.49) 式から

$$\begin{cases} Pr(1|\mathbf{x}) = \dfrac{0.204}{0.204 + 0.007} = 0.967 \\ Pr(2|\mathbf{x}) = \dfrac{0.007}{0.204 + 0.007} = 0.033 \end{cases} \tag{4.55}$$

と求まり，$P(1|\mathbf{x}) > P(2|\mathbf{x})$ より第 1 群に属する．

線形判別分析では，間違って判別されることもある．すなわち，G_1 に属しているのに G_2 と誤って判別したり，逆に G_2 に属しているのに G_1 と誤って判別することがある．この誤判別は

$$\begin{cases} i) & \text{見かけ上の誤判別率} \\ ii) & 1 \text{例消去 (leaving-one-out) クロスバリデーション (CV: Cross-Validation) 法} \end{cases}$$

などにより推定される．

i) 見かけ上の誤判別

誤判別個数および誤判別率を次のように定義する．

	第 1 群 (G_1)	第 2 群 (G_2)
群のサンプル数	n_1	n_2
誤判別個数	m_1	m_2
誤判別率	$\hat{P}_1 = m_1/n_1$	$\hat{P}_2 = m_2/n_2$

表 4.2 のデータについて判定を行うと，表 4.6 のようになる．よって $\hat{P}_1 = 1/10 = 0.1$, $\hat{P}_2 = 1/10 = 0.1$ を得る．$\hat{P}_i$ は見かけ上の誤判別率 (apparent error rate) と呼ばれている．これは，同一のデータから判別式と誤判別率の両方を算出しているため，誤判別率を過小評価する傾向がある．判別分析の本来の目的は，手元にあるデータから，新たに得られた観測値を正しく判別（予測）することにある．予測の意味での誤差が誤判別率である．それにもかかわらず，判別関数を求めたデータを再利用して判別を行い，誤判別率を推定する点に問題がある．

ii) 1 例消去 CV 法

見かけ上の誤判別の欠点を回避するため，計算量は膨大になるが，有効な方法として 1 例消去 CV 法がある．具体的には，第 1 群の n_1 個から 1 個の観測値を除去した残りの $n_1 - 1$ 個，および第 2 群の n_2 個の計 $n_1 - 1 + n_2$ 個に基づいて判別関数を推定し，除去した観測値の判別を行う．これを n_1 個のすべてのデータについて判別を行い，誤判別個数 m_1^* を数える．同様に，第 2 群からの n_2 個のデータについても誤判別個数 m_2^* を計算する．そして，誤判別率を

$$\hat{P}_1^* = m_1^*/n_1, \ \hat{P}_2^* = m_2^*/n_1 \tag{4.56}$$

から推定する．この推定値の偏りはほとんどないことが検証されている．表 4.2 のデータについて，

$$\hat{P}_1^* = 1/10 = 0.1, \ \hat{P}_2^* = 1/10 = 0.1 \tag{4.57}$$

を得る．

表 4.6 誤判別個数表（線形判別）

もとの群＼予測群	第 1 群	第 2 群
第 1 群	9	1
第 2 群	1	9

4.1.3 2 次判別関数

線形判別では，2 つの群の分散・共分散が等しい（すなわち，$\boldsymbol{\Sigma}^{(1)}=\boldsymbol{\Sigma}^{(2)}$）と仮定し，$\mathbf{S}^{(1)}$ と $\mathbf{S}^{(2)}$ を合併した (4.27) 式の $\mathbf{S}$ を用い，線形判別関数 (4.37) 式を導いた．$\boldsymbol{\Sigma}^{(1)} \neq \boldsymbol{\Sigma}^{(2)}$ の場合，2 次判別関数 (quadratic discriminant function)

$$2Q(x_A, x_B) \equiv d_{(2)}^2 - d_{(1)}^2$$
$$= \mathbf{x}^t \left(\mathbf{S}^{(2)^{-1}} - \mathbf{S}^{(1)^{-1}} \right) \mathbf{x} - 2\mathbf{x}^t \left(\mathbf{S}^{(2)^{-1}} \bar{\mathbf{x}}^{(2)} - \mathbf{S}^{(1)^{-1}} \bar{\mathbf{x}}^{(1)} \right) + \left(\bar{\mathbf{x}}^{(2)^t} \mathbf{S}^{(2)^{-1}} \bar{\mathbf{x}}^{(2)} - \bar{\mathbf{x}}^{(1)^t} \mathbf{S}^{(1)^{-1}} \bar{\mathbf{x}}^{(1)} \right) \tag{4.58}$$

となり，2 次の項が残る．これは，両群のデータのバラツキ具合が異なることを考慮し，1 次式ではなく 2 次式で判別することになる．

たとえば，表 4.2 のデータについて，線形判別式を求めたが，2 次判別では

$$d_{(2)}^2 - d_{(1)}^2 = a_0 + a_1 x_A + a_2 x_B + a_3 x_A^2 + a_4 x_B^2 + a_5 x_A x_B \tag{4.59}$$

の係数 $a_0, \ldots, a_5$ を求めることになる．2 つの群の分散・共分散行列が等しくない場合，(4.19)，(4.22) 式のマハラノビスの平方距離を用い

$$d_{(2)}^2 - d_{(1)}^2 \begin{cases} \geq 0 : \text{第 1 群に属する} \\ < 0 : \text{第 2 群に属する} \end{cases} \tag{4.60}$$

とする．表 4.2 のデータについて，2 次判別関数を推定すると

$$d_{(2)}^2 - d_{(1)}^2 = 15.667 - 60.463 x_A + 8.435 x_B + 17.829 x_A^2 - 15.377 x_B^2 + 39.250 x_A x_B \tag{4.61}$$

を得る．判別スコアは表 4.7 となる．

見かけ上の誤判別個数は，表 4.8 のとおりである．線形判別に比べて，誤判別個数は 1 個減っている．表 4.6 の線形判別では，第 1 群の 2 番目の観測値が誤判別されたが，表 4.8 の 2 次判別では正しく判別されている．

R プログラムは

表 4.7 2 次判別スコア

	胃潰瘍（第 1 群：〇印）			胃癌（第 2 群：●印）		
i	x_1	x_2	$z_i^{(1)}$	x_1	x_2	$z_i^{(2)}$
1	0.1	0.4	12.283	0.8	0.3	-10.726
2	0.9	0.8	0.859	0.8	0.4	-7.819
3	0.2	0.8	7.475	0.7	0.6	-1.910
4	0.2	0.5	8.586	0.6	0.2	-8.410
5	0.6	0.8	1.555	0.7	0.4	-6.017
6	0.7	0.9	1.944	0.5	0.8	2.500※
7	0.3	0.8	5.460	0.8	0.6	-2.927
8	0.3	0.7	5.746	0.9	0.3	-12.564
9	0.3	0.5	5.394	0.9	0.4	-9.264
10	0.1	0.6	11.680	0.9	0.6	-3.587

表 4.8 誤判別個数表（2 次判別）

もとの群＼予測群	第 1 群	第 2 群
第 1 群	9	1
第 2 群	0	9

```
function()
{
#(1)
  library(MASS)
  train<-read.csv("F:\\train.csv",header=FALSE)
  kfit<-qda(V3~V1+V2,data=train)
  print(kfit)
}
```

と書ける．結果は

```
Call:
qda(V3 ~ V1 + V2, data = train)
Prior probabilities of groups:
  0   1
0.5 0.5
Group means:
    V1   V2
0 0.37 0.68
1 0.76 0.46
```

となる．さらに，R プログラムの #(1) に

```
#(2)
  print(predict(kfit,train)$class)
```

と続ければ，判別結果

```
 [1] 0 0 0 0 0 0 0 0 0 0 1 1 1 1 1 0 1 1 1 1
Levels: 0 1
```

が得られる．誤判別は 1 個である．1 例消去 CV 法による誤判別の判定は，R プログラムの #(2) に

```
#(3)
  kfit<-qda(V3~V1+V2,CV=TRUE,data=train)
```

```
print(kfit)
```

と続ければ，

```
$class
 [1] 0 1 0 0 0 0 0 0 0 0 1 1 1 1 1 0 1 1 1 1
Levels: 0 1
$posterior
              0            1
1   9.999846e-01 1.540106e-05
2   8.145633e-02 9.185437e-01
3   9.982267e-01 1.773349e-03
4   9.996716e-01 3.284051e-04
5   7.394366e-01 2.605634e-01
6   7.643471e-01 2.356529e-01
7   9.920655e-01 7.934487e-03
8   9.948524e-01 5.147612e-03
9   9.914498e-01 8.550235e-03
10  9.999853e-01 1.466623e-05
11  1.772458e-05 9.999823e-01
12  3.143264e-04 9.996857e-01
13  1.056397e-01 8.943603e-01
14  6.755439e-03 9.932446e-01
15  1.916051e-03 9.980839e-01
16  9.997683e-01 2.317331e-04
17  4.194245e-02 9.580576e-01
18  3.144315e-06 9.999969e-01
19  7.962835e-05 9.999204e-01
20  3.309448e-02 9.669055e-01
```

となり，事後確率も表示される．誤判別個数は1個増える．なお，Fisher の線形判別とともに広範に活用されているロジスティック判別については，付録 4.B を参照せよ．

4.2 多群判別

4.2.1 線形判別

線形判別では，新しく得られた観測値と各群の平均とのマハラノビスの汎距離を計算し，小さいほうの群に属すると判定した．それを，$K\ (\geq 3)$ 個の群からなる多群判別へ拡張しよう．(4.28), (4.29) 式のマハラノビスの汎距離を考える．各群の分散・共分散行列が等しい K 個の群から，大きさ $n_1, n_2, \ldots, n_K$ の標本が表 4.9 のように与えられたとする．

新しく観測値 $\mathbf{x}$ が得られたとき，第 k 群 $(k = 1, \ldots, K)$ の重心（平均）ベクトル $\bar{\mathbf{x}}^{(k)}$ とのマ

表 4.9　K 群判別の一般型

	x_1	x_2	·	x_I	·		x_1	x_2	·	x_I
1	$x_{11}^{(1)}$	$x_{12}^{(1)}$	·	$x_{1I}^{(1)}$	·	1	$x_{11}^{(K)}$	$x_{12}^{(K)}$	·	$x_{1I}^{(K)}$
2	$x_{21}^{(1)}$	$x_{22}^{(1)}$	·	$x_{2I}^{(1)}$	·	2	$x_{21}^{(K)}$	$x_{22}^{(K)}$	·	$x_{2I}^{(K)}$
·	·	·	·	·	·	·	·	·	·	·
n_1	$x_{n_1 1}^{(1)}$	$x_{n_1 2}^{(1)}$	·	$x_{n_1 I}^{(1)}$	·	n_2	$x_{n_K 1}^{(K)}$	$x_{n_K 2}^{(K)}$	·	$x_{n_K I}^{(K)}$
平均	$\bar{x}_1^{(1)}$	$\bar{x}_2^{(1)}$	·	$\bar{x}_I^{(1)}$		平均	$\bar{x}_1^{(K)}$	$\bar{x}_2^{(K)}$	·	$\bar{x}_I^{(K)}$

ハラノビスの平方距離

$$d_{(k)}^2 = \left(\mathbf{x} - \bar{\mathbf{x}}^{(k)}\right)^t \mathbf{S}^{-1} \left(\mathbf{x} - \bar{\mathbf{x}}^{(k)}\right) \tag{4.62}$$

が最小になる群に属すると判定する．ここに，第 k 群の i 番目の観測ベクトルを $\mathbf{x}_i^{(k)}$ とするとき，

$$\bar{\mathbf{x}}^{(k)} = \frac{1}{n_k} \sum_{i=1}^{n_k} \mathbf{x}_i^{(k)} \tag{4.63}$$

$$\mathbf{S} = \frac{1}{n-K} \sum_{k=1}^{K} (n_k - 1) \mathbf{S}_{(k)} \tag{4.64}$$

とする．(4.62) 式の 2 次の項は k に依存しないから，(4.62) 式が最小になる k を求めるには，線形判別関数

$$f_k(\mathbf{x}) = \mathbf{x}^t \mathbf{S}^{-1} \bar{\mathbf{x}}^{(k)} - \frac{1}{2} \bar{\mathbf{x}}^{(k)t} \mathbf{S}^{-1} \bar{\mathbf{x}}^{(k)} \tag{4.65}$$

が最大になる k を見つければよい．

4.2.2　適用例

実際例として，糖尿病データ [12] について，3 群判別を取り上げる．145 名の対象者に施した 5 種類の検査

$\begin{cases} x_1：相対体重 \\ x_2：空腹時血糖値 \\ x_3：ブドウ糖を空腹時に負荷し，30 分間隔で 3 時間，血漿ブドウ糖値を記録したとき，検査値曲線の下方面積の値 \\ x_4：ブドウ糖を空腹時に負荷し，30 分間隔で 3 時間，血漿インスリン値を記録したとき，検査値曲線の下方面積の値 \\ x_5：一定量のインスリンとブドウ糖を静脈内に注入後，平衡状態に達したときの血漿ブドウ糖値 \end{cases}$

に基づいて，3 つの群〈正常，化学的糖尿病，臨床的糖尿病〉に判別する．(4.65) 式の線形判別関数は

$$\begin{cases} f_1(\mathbf{x}) = -80.344 + 96.655 x_1 - 0.173 x_2 + 0.113 x_3 + 0.033 x_4 - 0.065 x_5 \\ f_2(\mathbf{x}) = -66.258 + 99.538 x_1 - 0.133 x_2 + 0.085 x_3 + 0.045 x_4 - 0.082 x_5 \\ f_3(\mathbf{x}) = -48.877 + 89.967 x_1 + 0.002 x_2 + 0.046 x_3 + 0.034 x_4 - 0.088 x_5 \end{cases} \tag{4.66}$$

表 4.10 見かけ上の誤判別個数

もとの群＼予測群	第 1 群	第 2 群	第 3 群
第 1 群	27	5	1
第 2 群	0	31	5
第 3 群	0	3	73

表 4.11 1 例消去 CV 法による誤判別個数

もとの群＼予測群	第 1 群	第 2 群	第 3 群
第 1 群	26	6	1
第 2 群	0	30	6
第 3 群	0	3	73

表 4.12 2 次判別関数による見かけ上の誤判別個数

もとの群＼予測群	第 1 群	第 2 群	第 3 群
第 1 群	30	3	0
第 2 群	0	25	1
第 3 群	0	3	73

となる．

よって，新たに得られた観測値 $\mathbf{x} = (x_1, x_2, x_3, x_4, x_5)^t$ について，$f_k(\mathbf{x})$ を計算し，最大値を与える群に判別する．(4.49) 式では事前確率が一様であるとしている．本章では，事前確率として proportion を採用する（詳細は付録 4.C を参照）．すなわち，各群のデータの割合は，第 1 群，第 2 群，第 3 群のデータ数が (76,36,33) であるから (76/145, 36/145, 33/145) = (0.2276, 0.2483, 0.5241) となり，出力結果の Prior probabilities of group に表示されている．見かけ上の誤判別個数は 14 となる（表 4.10）．また，1 例消去 CV 法による誤判別個数は 16 となり（表 4.11），誤判別個数は 2 個増える．ちなみに，2 次判別関数による見かけ上の誤判別個数は 7 で（表 4.12），かなり少なくなる．

4.3 正準判別解析

予測変数の個数 I が 2 あるいは 3 なら，それらの値を 2 次元平面あるいは 3 次元空間にプロットし，データの特徴を視覚的に捉えることができる．しかし，I が 4 以上になるとグラフ表現はできない．本節では多群判別について，相関比に基づく正準判別解析を取り上げる．それは，予測変数の 1 次結合からなる新しい変量（正準変量）を構成し，群間の相違を 2 次元あるいは 3 次元に縮約する方法である．

4.3.1 定式化

線形結合 z により K 個の群をうまく判別したい．そのため，相関比

$$\eta^2 = S_{\rm B}/S_{\rm T} \tag{4.67}$$

が最大になる正準判別係数 $a_1, \ldots, a_I$ を求める．$S_{\rm B}, S_{\rm T}$ は群間の平方和および総平方和である．これは，群間平方和 $S_{\rm B}$ と群内平方和 $S_{\rm W}$ との比

$$\lambda = S_{\rm B}/S_{\rm W} = {\bf a}^t {\bf B a}/{\bf a}^t {\bf W a}, \ {\bf a} = (a_1, a_2, \ldots, a_I)^t \tag{4.68}$$

を最大化することと同等である（付録 4.A を参照せよ）．ただし，${\bf B}$ は群間平方和積和行列，${\bf W}$ は群内平方和積和行列と呼ばれ，

$$\mathbf{B} = (b_{jj'}), \quad b_{jj'} = \sum_{k=1}^{K} n_k \left(\bar{x}_j^{(k)} - \bar{x}_j \right) \left(\bar{x}_{j'}^{(k)} - \bar{x}_{j'} \right) \tag{4.69}$$

$$\mathbf{W} = (w_{jj'}), \quad w_{jj'} = \sum_{k=1}^{K} \sum_{i=1}^{n_k} \left(x_{ij}^{(k)} - \bar{x}_j^{(k)} \right) \left(x_{ij'}^{(k)} - \bar{x}_{j'}^{(k)} \right) \tag{4.70}$$

とする．ただし，$\bar{x}_j = \frac{1}{K} \sum_{k=1}^{K} \bar{x}_j^{(k)}$ である．

λ を ${\bf a}$ の各要素で偏微分してゼロとおくと，一般固有値問題

$$(\mathbf{B} - \lambda \mathbf{W}) \mathbf{a} = 0 \tag{4.71}$$

が得られる．(4.71) 式の解は $\mathbf{W}^{-1} \mathbf{B}$ の固有値であり，$r = \min(K-1, I)$ 個の非負の固有値 $\lambda_1, \lambda_2, \ldots, \lambda_r$ をもつ．ゆえに，最大の固有値 λ_1 に対応する固有ベクトル $\mathbf{a}_1 = (a_{11}, \ldots, a_{1I})^t$ が求める正準判別係数になる．この固有ベクトルを用い，線形結合

$$z_1 = a_{11} x_1 + \cdots + a_{1I} x_I - (a_{11} \bar{x}_1 + \cdots + a_{1I} \bar{x}_I) \tag{4.72}$$

を第 1 正準変量と呼ぶ．なお，正準変量の平均は 0 になるようにした．

1 つの正準変量のみで K 個の群を十分に判別できなければ，2 番目の正準変量を求めればよい．2 番目に大きい固有値 λ_2 に対応する固有ベクトル $\mathbf{a}_2 = (a_{21}, \ldots, a_{2I})^t$ を用いて線形結合

$$z_2 = a_{21} x_1 + \cdots + a_{2I} x_I - (a_{21} \bar{x}_1 + \cdots + a_{2I} \bar{x}_I) \tag{4.73}$$

を決める．この z_2 を第 2 正準変量と呼ぶ．以下，同様にして r 個の正準変量を導くことができる．このとき，$\lambda_1 \big/ \sum_{i=1}^{r} \lambda_i, \ (\lambda_1 + \lambda_2) \big/ \sum_{i=1}^{r} \lambda_i, \ldots$ をそれぞれ，第 1 正準変量，第 2 正準変量，…の累積寄与率という．

4.3.2 適用例

糖尿病データについて，正準判別解析を適用しよう．群間および群内平方和積和行列 ${\bf B}, {\bf W}$ は，それぞれ

$$\mathbf{B} = \begin{bmatrix} 0.345 & & & & \\ 50.627 & 392732.0 & & & \\ 558.752 & 2073040.0 & 11193300.0 & & \\ 311.510 & -304616.0 & -1306220.0 & 599298.0 & \\ 313.289 & 569350.0 & 3211650.0 & -193336.0 & 995189.0 \end{bmatrix} \tag{4.74}$$

$$\mathbf{W} = \begin{bmatrix} 2.060 & & & & \\ -61.112 & 195810.0 & & & \\ -417.283 & 741594.0 & 3272640.0 & & \\ 188.655 & -136523.0 & -553995.0 & 1506750.0 & \\ 445.052 & 129036.0 & 519170.0 & 207949.0 & 623706.0 \end{bmatrix} \quad (4.75)$$

となる．(4.71) 式へ $\mathbf{B},\mathbf{W}$ を代入して一般固有値問題を解けばよい．

R プログラムは，

```
function()
{
#(1)
  library(MASS)
  train<-read.csv("F:\\train.csv",header=FALSE)
    # 事前確率が一様なら，
    # prior=c(1,1)/2    :2群の場合
    # prior=c(1,1,1)/3  :3群の場合
    # 指定しなければ，proportion
  kfit<-lda(V6~V1+V2+V3+V4+V5,data=train)
  # kfit<-lda(V6~V1+V2+V3+V4+V5,data=train,prior=c(1,1,1)/3) ;3群で事前確率が
    一様の場合
  print(kfit)
  print("Constant term"); print(apply(kfit$means%*%kfit$scaling,2,mean))
}
```

となる．その結果，

```
Call:
lda(V6 ~ V1 + V2 + V3 + V4 + V5, data = train)

Prior probabilities of groups:
        1         2         3
0.2275862 0.2482759 0.5241379

Group means:
         V1         V2        V3         V4       V5
1 0.9839394 217.66667 1043.7576 106.0000 318.8788
2 1.0558333  99.30556  493.9444 288.0000 208.9722
3 0.9372368  91.18421  349.9737 172.6447 114.0000

Coefficients of linear discriminants:
```

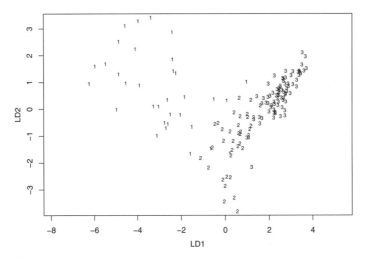

図 4.6 正準変量の 2 次元プロット

```
            LD1           LD2
V1 -1.3624356881 -3.784142444
V2  0.0336487883  0.036633317
V3 -0.0125763942 -0.007092017
V4  0.0001022245 -0.006173424
V5 -0.0042431866  0.001134070


Proportion of trace:
   LD1    LD2
0.8812 0.1188
"Constant term"
      LD1       LD2
-5.575912 -4.156989
```

を得る．R プログラムの#(1) に

#(2)
```
 plot(kfit,dimen=2)
```

と続ければ，正準変量の 2 次元プロットが得られる．2 つの正準変量

$$\begin{cases} 第1正準変量: z_1 = -5.576 - 1.362x_1 + 0.0336x_2 - 0.0126x_3 + 0.00010x_4 - 0.00424x_5 \\ 第2正準変量: z_2 = -4.157 - 3.784x_1 + 0.0366x_2 - 0.0071x_3 - 0.0061x_4 + 0.0011x_5 \end{cases}$$
(4.76)

を用い，5 変数で構成された糖尿病データに対する 2 次元プロットが得られる（図 4.6）．(4.76) 式の係数は，出力結果の Coefficient of linear discriminants および "Constant term" の値である．

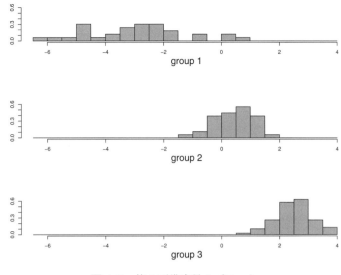

図 4.7 第 1 正準変量のプロット

図 4.7 は，正準判別スコアの第 1 正準変量のプロットで，R プログラムの #(2) に

#(3)
```
plot(kfit,dimen=1)
```

と続ければ得られる．同図から，第 1 群と第 2 群の重なり部分が多く，お互いの誤判別が多いことが視覚的にも明白である．さらに，R では正準判別スコア (z_1, z_2) を用いて，多群判別を行っている．(z_1, z_2) を予測変数とみなし，マハラノビスの平方距離による線形判別関数 (4.37) 式を求めている．R プログラムの #(3) に

#(4)
```
print(table(train$V6,predict(kfit)$class))
```

と続ければ，誤判別表

```
   1  2  3
1 27  5  1
2  0 31  5
3  0  3 73
```

が得られる．1 例消去 CV 法による誤判別表は，R プログラムの #(4) に

#(5)
```
kfit<-lda(V6~V1+V2+V3+V4+V5,data=train,CV=TRUE)
print(table(train$V6,predict(kfit)$class))
```

と続ければよい．その結果，

	1	2	3
1	26	6	1
2	0	30	6
3	0	3	73

となり，誤判別個数は同じだが，その群は異なる．

4.A 相関比に基づく線形判別式の導出

線形判別関数では，I 個の予測変数について，1次式

$$z = a_0 + a_1 x_1 + a_2 x_2 + \cdots + a_I x_I \tag{4.A.1}$$

の係数 $a_0, a_1, a_2, \ldots, a_I$ を観測されたデータから求める．この $a_0, a_1, a_2, \ldots, a_I$ が定まると2つの群の観測値から，判別スコア

$$z_i^{(k)} = a_0 + a_1 x_{i1}^{(k)} + a_2 x_{i2}^{(k)} + \cdots + a_I x_{iI}^{(k)}, \ k=1,2;\ i=1,2,\ldots,n_k \tag{4.A.2}$$

を計算する．

表 4.2 のデータ ($n_1=10$, $n_2=10$, $I=2$) について，白丸と黒丸を最もうまく判別する線形判別関数

$$z = a_0 + a_1 x_A + a_2 x_2 \tag{4.A.3}$$

を求めよう．(4.A.2) 式の判別スコア $z_i^{(1)}, z_i^{(2)}$ の変動を調べる．そのため，分散分析でよく用いられる平方和の分解

$$\underbrace{\sum_{k=1}^{2}\sum_{i=1}^{n_k}\left(z_i^{(k)}-\bar{z}\right)^2}_{\text{総平方和 } S_\text{T}} = \underbrace{\sum_{k=1}^{2} n_k \left(\bar{z}^{(k)}-\bar{z}\right)^2}_{\text{群間平方和 } S_\text{B}} + \underbrace{\sum_{k=1}^{2}\sum_{i=1}^{n_k}\left(z_i^{(k)}-\bar{z}^{(k)}\right)^2}_{\text{群内平方和 } S_\text{W}} \tag{4.A.4}$$

を行う．ここで，$\bar{z}$ は $z_1^{(1)}, z_2^{(1)}, \ldots, z_I^{(1)}, z_1^{(2)}, z_2^{(2)}, \ldots, z_I^{(2)}$ の平均，$\bar{z}^{(k)}$ は第 k 群の平均である．

(4.A.4) 式の左辺の S_T は，各個体の判別スコア $z_i^{(k)}$ と判別スコアの総平均 $\bar{z}$ との差の平方和（総平方和）で，全変動を表す．(4.A.4) 式の右辺第1項の S_B は，第 k 群の判別スコアの $\bar{z}^{(k)}$ と全スコアの総平均 $\bar{z}$ との差の平方和（群間平方和）で，群間の変動を表す．S_W は各個体の判別スコア $z_i^{(k)}$ と第 k 群の判別スコアの $\bar{z}^{(k)}$ との差の平方和（群内平方和）で，群内の変動を表す．よって，全変動を

$$\text{全変動}\,(S_\text{T}) = \text{群間変動}\,(S_\text{B}) + \text{群内変動}\,(S_\text{W}) \tag{4.A.5}$$

に分解している．

表 4.2 のデータの判別スコアは，表 4.A.1 のようにまとめられ，

$$z = a_0 + 0.565 a_1 + 0.57 a_2 \tag{4.A.6}$$

を得る．

表 4.A.1 判別スコア

第 1 群の判別スコア	第 2 群の判別スコア
$z_1^{(1)} = a_0 + 0.1a_1 + 0.4a_2$	$z_1^{(2)} = a_0 + 0.8a_1 + 0.3a_2$
$z_2^{(1)} = a_0 + 0.9a_1 + 0.8a_2$	$z_2^{(2)} = a_0 + 0.8a_1 + 0.4a_2$
$z_3^{(1)} = a_0 + 0.2a_1 + 0.8a_2$	$z_3^{(2)} = a_0 + 0.7a_1 + 0.6a_2$
$z_4^{(1)} = a_0 + 0.2a_1 + 0.5a_2$	$z_4^{(2)} = a_0 + 0.6a_1 + 0.2a_2$
$z_5^{(1)} = a_0 + 0.6a_1 + 0.8a_2$	$z_5^{(2)} = a_0 + 0.7a_1 + 0.4a_2$
$z_6^{(1)} = a_0 + 0.7a_1 + 0.9a_2$	$z_6^{(2)} = a_0 + 0.5a_1 + 0.8a_2$
$z_7^{(1)} = a_0 + 0.3a_1 + 0.8a_2$	$z_7^{(2)} = a_0 + 0.8a_1 + 0.6a_2$
$z_8^{(1)} = a_0 + 0.3a_1 + 0.7a_2$	$z_8^{(2)} = a_0 + 0.9a_1 + 0.3a_2$
$z_9^{(1)} = a_0 + 0.3a_1 + 0.5a_2$	$z_9^{(2)} = a_0 + 0.9a_1 + 0.4a_2$
$z_{10}^{(1)} = a_0 + 0.1a_1 + 0.6a_2$	$z_{10}^{(2)} = a_0 + 0.9a_1 + 0.6a_2$
$\bar{z}^{(1)} = a_0 + 0.37a_1 + 0.68a_2$	$\bar{z}^{(2)} = a_0 + 0.76a_1 + 0.46a_2$

(4.A.4) 式を書き下ろすと

$$S_\mathrm{T} = \left(z_1^{(1)} - \bar{z}\right)^2 + \cdots + \left(z_I^{(1)} - \bar{z}\right)^2 + \left(z_1^{(2)} - \bar{z}\right)^2 + \cdots + \left(z_I^{(2)} - \bar{z}\right)^2 \tag{4.A.7}$$

$$S_\mathrm{B} = 10 \times \left(\bar{z}^{(1)} - \bar{z}\right)^2 + 10 \times \left(\bar{z}^{(2)} - \bar{z}\right)^2 \tag{4.A.8}$$

$$\begin{aligned}S_\mathrm{W} &= \left(z_1^{(1)} - \bar{z}^{(1)}\right)^2 + \left(z_2^{(1)} - \bar{z}^{(1)}\right)^2 + \cdots + \left(z_{10}^{(1)} - \bar{z}^{(1)}\right)^2 \\ &+ \left(z_1^{(2)} - \bar{z}^{(2)}\right)^2 + \left(z_2^{(2)} - \bar{z}^{(2)}\right)^2 + \cdots + \left(z_{10}^{(2)} - \bar{z}^{(2)}\right)^2\end{aligned} \tag{4.A.9}$$

となる．総平均からの差をとっているから定数項 a_0 は消える．2 つの群をうまく分離させるためには，全体での変動の中で，群間の変動をできるだけ大きくすればよい．ゆえに，群間平方和 S_B の総平方和 S_T に対する比（相関比）

$$\eta^2 = S_\mathrm{B}/S_\mathrm{T} \tag{4.A.10}$$

が最大になる a_1, a_2 を求める．そこで，η^2 を a_1, a_2 について偏微分して 0 とおいた連立方程式

$$\begin{cases} s_{11}a_1 + s_{12}a_2 = \bar{x}_1^{(1)} - \bar{x}_1^{(2)} \\ s_{21}a_1 + s_{22}a_2 = \bar{x}_2^{(1)} - \bar{x}_2^{(2)} \end{cases} \tag{4.A.11}$$

を解けばよい．ただし，

$$s_{ij} = \frac{1}{n_1 + n_2 - 2} \left\{ \sum_{k=1}^{n_1} \left(x_{ki}^{(1)} - \bar{x}_i^{(1)}\right)\left(x_{kj}^{(1)} - \bar{x}_j^{(1)}\right) + \sum_{k=1}^{n_2} \left(x_{ki}^{(2)} - \bar{x}_i^{(2)}\right)\left(x_{kj}^{(2)} - \bar{x}_j^{(2)}\right) \right\} \tag{4.A.12}$$

とし，定数項 a_0 は

$$a_0 = -\frac{\left(a_1\bar{x}_1^{(1)} + a_2\bar{x}_2^{(1)} + \cdots + a_I\bar{x}_I^{(1)}\right) + \left(a_1\bar{x}_1^{(2)} + a_2\bar{x}_2^{(2)} + \cdots + a_I\bar{x}_I^{(2)}\right)}{2} \tag{4.A.13}$$

から求める．この a_0 は，両群の平均 $\left(\bar{x}_1^{(1)}, \bar{x}_2^{(1)}\right)$, $\left(\bar{x}_1^{(2)}, \bar{x}_2^{(2)}\right)$ に対する判別スコアの中点にマイナスをつけた量である．これは，

$$a_0 + a_1 x_1 + a_2 x_2 \begin{cases} \geq 0 : 第1群に属する \\ < 0 : 第2群に属する \end{cases} \quad (4.\text{A}.14)$$

とすれば，(4.24) 式に一致する．相関比に基づく判別関数の導出は [93] に詳しい．

4.B ロジスティック判別

ロジスティック判別は，Fisher の線形判別とともに広範に活用されてきた．線形判別と異なり，i) 予測変数に多変量正規分布を仮定する必要がない，ii) 予測変数に離散型データが含まれていてもよい，などの利点を有する．

Fisher の線形判別では，i) 予測変数に多変量正規分布を仮定する，ii) 2つの群間の分散共分散行列が同等である，iii) 平均と分散共分散行列を標本から推定しなければならない，などの条件を満たさなければならない．この意味からも，ロジスティック判別は，Fisher の線形判別よりロバストといえる．

一般に，I 個の予測変数 $x_1, x_2, \ldots, x_I$ が観測されているとする．第1群と第2群に対応するクラス（母集団）C_1, C_2 から，観測ベクトル $\mathbf{x} = (x_1, x_2, \ldots, x_I)^t$ が抽出される事前確率を π_1, π_2 とする．クラス C_i において，観測ベクトル $\mathbf{x}$ が確率密度 $f_i(\mathbf{x})$ の分布に従うなら，$i = 1, 2$ について

$$\begin{cases} Pr(C_i) = \pi_i \\ Pr(\mathbf{x}|C_i) = f_i(\mathbf{x}) \end{cases} \quad (4.\text{B}.1)$$

と書ける．よって，$\mathbf{x}$ がクラス C_i から得られる事後確率 $Pr(C_i|\mathbf{x})$ は，ベイズの定理を用いると

$$Pr(C_i|\mathbf{x}) = \frac{Pr(\mathbf{x}|C_i) Pr(C_i)}{Pr(\mathbf{x}|C_1) Pr(C_1) + Pr(\mathbf{x}|C_2) Pr(C_2)} \quad (4.\text{B}.2)$$

で与えられる．(4.B.2) 式へ (4.B.1) 式を代入すると

$$\begin{aligned} Pr(C_i|\mathbf{x}) &= \frac{\pi_i f_i(\mathbf{x})}{\pi_1 f_1(\mathbf{x}) + \pi_2 f_2(\mathbf{x})} \\ &= \frac{\left(\dfrac{\pi_i}{\pi_1}\right) \left\{\dfrac{f_i(\mathbf{x})}{f_1(\mathbf{x})}\right\}}{1 + \left(\dfrac{\pi_2}{\pi_1}\right) \left\{\dfrac{f_2(\mathbf{x})}{f_1(\mathbf{x})}\right\}} \end{aligned} \quad (4.\text{B}.3)$$

を得る．

分布 $f_1(\mathbf{x}), f_2(\mathbf{x})$ の比 $f_1(\mathbf{x})/f_2(\mathbf{x})$ の対数が，観測ベクトル $\mathbf{x} = (x, x_2, \ldots, x_I)^t$ の線形式

$$\ln\left\{\frac{f_1(\mathbf{x})}{f_2(\mathbf{x})}\right\} = \mathbf{x}^t \boldsymbol{\beta} \quad (4.\text{B}.4)$$

で表されると仮定する．ここに，$\boldsymbol{\beta} = (\beta_1, \beta_2, \ldots, \beta_I)^t$ は未知パラメータの係数ベクトルである．$\beta_0 \equiv \ln(\pi_1/\pi_2)$ とおいて，(4.B.3) 式へ (4.B.4) 式を代入すると

$$Pr(C_1|\mathbf{x}) = \frac{\exp(\beta_0 + \mathbf{x}^t \boldsymbol{\beta})}{1 + \exp(\beta_0 + \mathbf{x}^t \boldsymbol{\beta})} \quad (4.\text{B}.5)$$

すなわち

$$\ln\left\{\frac{Pr(C_1|\mathbf{x})}{1-Pr(C_1|\mathbf{x})}\right\} = \beta_0 + \mathbf{x}^t\boldsymbol{\beta} \tag{4.B.6}$$

となる．Fisher の線形判別と同様に，判別ルール「観測値ベクトル $\mathbf{x}$ が得られたとき，事後確率 $Pr(C_i|\mathbf{x})$ が最大になる群に，その個体が属する」を採用する．ゆえに

$$Pr(C_1|\mathbf{x}) > Pr(C_2|\mathbf{x}) \tag{4.B.7}$$

なら，$\mathbf{x}$ は第 1 群に属する．そうでなければ，第 2 群に属する．$Pr(C_1|\mathbf{x}) + Pr(C_2|\mathbf{x}) = 1.0$ であるから，$\pi_1 = \pi_2$ なら，(4.B.7) 式は

$$Pr(C_1|\mathbf{x}) > 0.5 \tag{4.B.8}$$

となる．

特に，$f_1(\mathbf{x}), f_2(\mathbf{x})$ が多変量正規分布

$$f_i(\mathbf{x}) = \frac{1}{(2\pi)^{n/2}|\boldsymbol{\Sigma}|^{1/2}}\exp\left\{-\frac{1}{2}\left(\mathbf{x}-\boldsymbol{\mu}^{(i)}\right)^t\boldsymbol{\Sigma}^{-1}\left(\mathbf{x}-\boldsymbol{\mu}^{(i)}\right)\right\}, \quad i=1,2 \tag{4.B.9}$$

に従うなら，(4.B.6) 式は

$$\ln\left\{\frac{Pr(C_1|\mathbf{x})}{1-Pr(C_1|\mathbf{x})}\right\} = \ln\left(\frac{\pi_1}{\pi_2}\right) - \frac{1}{2}\left(\boldsymbol{\mu}^{(1)t}\boldsymbol{\Sigma}^{-1}\boldsymbol{\mu}^{(1)} - \boldsymbol{\mu}^{(2)t}\boldsymbol{\Sigma}^{-1}\boldsymbol{\mu}^{(2)}\right) + \mathbf{x}^t\boldsymbol{\Sigma}^{-1}\left(\boldsymbol{\mu}^{(1)} - \boldsymbol{\mu}^{(2)}\right) \tag{4.B.10}$$

となる．

さて，(4.B.6) 式の未知パラメータ $\beta_0, \boldsymbol{\beta}$ を推定しよう．n 組の観測ベクトル $\mathbf{x}_i = (x_{i1}, x_{i2}, \ldots, x_{iI})^t, i = 1, 2, \ldots, n$ が与えられたとき，それが第 1 群に属する確率を

$$Pr\{t_i = 0|\mathbf{x}_i\} = Pr(C_1|\mathbf{x}_i) = \pi_i \tag{4.B.11}$$

で示すと

$$Pr\{t_i = 1|\mathbf{x}_i\} = Pr(C_2|\mathbf{x}_i) = 1 - \pi_i \tag{4.B.12}$$

となる．よって，ベルヌーイ分布

$$f(t_i|\mathbf{x}_i) = \pi_i^{t_i}(1-\pi_i)^{1-t_i} \tag{4.B.13}$$

を得，n 組の尤度関数は

$$L(\boldsymbol{\beta};\mathbf{x},\mathbf{t}) = \prod_{i=1}^{n}\pi_i^{t_i}(1-\pi_i)^{1-t_i} \tag{4.B.14}$$

と書ける．(4.B.14) 式へ (4.B.5) 式を代入すると

$$\begin{aligned}\ln L(\boldsymbol{\beta};\mathbf{x},\mathbf{t}) &= \sum_{i=1}^{n}\{t_i\ln\pi_i + (1-t_i)\ln(1-\pi_i)\} \\ &= \sum_{i=1}^{n}\left[t_i\ln\left\{\frac{\exp(\beta_0+\mathbf{x}^t\boldsymbol{\beta})}{1+\exp(\beta_0+\mathbf{x}^t\boldsymbol{\beta})}\right\} + (1-t_i)\ln\left\{\frac{1}{1+\exp(\beta_0+\mathbf{x}^t\boldsymbol{\beta})}\right\}\right]\end{aligned} \tag{4.B.15}$$

となる．この (4.B.15) 式を最大にする $\beta_0, \boldsymbol{\beta}$ が最尤推定量である．

表 4.2 のデータについて，(4.B.6) 式の $\beta_0, \beta_1, \beta_2$ を求めると

$$\ln\left\{\frac{Pr(C_1|\mathbf{x})}{1-Pr(C_1|\mathbf{x})}\right\} = 1.097 + 7.931x_A - 9.420x_B \tag{4.B.16}$$

を得，判別結果は表 4.8 と同じになった．

4.C　2 つの群の大きさが異なる場合の線形判別

2 つの群の大きさが異なる場合の線形判別について述べる（たとえば，胃潰瘍患者群は胃癌患者群より母集団の人数は多い）．I 個の説明変数 $x_1, x_2, \ldots, x_I$ が観測されているとする．第 1 群と第 2 群に対応するクラス（母集団）C_1, C_2 から，観測ベクトル $\boldsymbol{x}^t = (x_1, x_2, \ldots, x_p)$ が抽出される事前確率 $\Pr(C_i)$ を π_1, π_2 とする．クラス C_i において，観測ベクトル $\boldsymbol{x}^t$ が確率密度 $f_i(\boldsymbol{x})$ の分布に従うなら，$i = 1, 2$ について (4.B.1) 式となる．x がクラス C_i から得られる事後確率 $\Pr(C_i|\boldsymbol{x})$ は，ベイズの定理を用いると

$$\Pr(C_i|\boldsymbol{x}) = \frac{\pi_i f_i(\boldsymbol{x})}{\pi_1 f_1(\boldsymbol{x}) + \pi_2 f_2(\boldsymbol{x})} \tag{4.C.1}$$

となる．

よって，$\pi_i f_i(\boldsymbol{x})$，すなわち (4.35) 式より

$$\ln \pi_i - \frac{1}{2}d^2_{(k)} = \ln \pi_i - \frac{1}{2}\left(\boldsymbol{x} - \bar{\boldsymbol{x}}^{(k)}\right)^t \boldsymbol{S}^{-1} \left(\boldsymbol{x} - \bar{\boldsymbol{x}}^{(k)}\right)^t \tag{4.C.2}$$

が最大となる群に属すると判定する．π_i が未知なら，各群のデータ数の割合 (proportion)，2 群の場合

$$\begin{cases} \hat{\pi}_1 = \dfrac{n_1}{n_1 + n_2} \\ \hat{\pi}_2 = \dfrac{n_2}{n_1 + n_2} \end{cases} \tag{4.C.3}$$

とする．

第5章

一般化加法モデル(GAM)による判別

5.1 ロジスティック判別

5.1.1 平滑化スプライン

　GLM (Generalized Linear Models) を拡張した GAM (Generalized Additive Models) による判別モデルについて解説する [39, 54, 120, 119, 134, 150]．平滑化スプラインを用いた GAM によるアプローチの利点は，$i)$ 予測変数の非線形性を摘出し，$ii)$ グラフ化により非線形構造を視覚的に把握でき，$iii)$ モデルの未知パラメータの最尤解が一意で，計算に要する時間が短く，$iv)$ 指数分布族（1.2.6 項）のデータに適用できる，ことである．

　結果が 0（成功），1（失敗）のいずれかである試行を独立に n 回繰り返す．1 の生ずる確率を π，0 の生ずる確率を $1-\pi$ とする．独立な試行で特定の事象の生じる確率が常に π である試行を，ベルヌーイ試行という．このとき，n 回中 1 の生ずる回数 Y（確率変数）が y 回である確率は

$$Pr\{Y = y\} = \binom{n}{y} \pi^y (1-\pi)^{n-y}, \quad y = 0, 1, \ldots, n \tag{5.1}$$

となる．この離散型確率分布は，第 1 章の二項分布（2 ページ）で，$B(n, \pi)$ と書く．確率変数 Y が二項分布 $B(n, \pi)$ に従うとき，

$$E[Y] = n\pi, \quad Var[Y] = n\pi(1-\pi) \tag{5.2}$$

となる．二項分布で $n=1$ の場合（すなわち，y が 0 か 1 の 2 値応答）をベルヌーイ分布 $B(1, \pi)$ と呼び，

$$E[Y] = \pi, \quad Var[Y] = \pi(1-\pi) \tag{5.3}$$

となる．

(1) 局所評点化法

　I 個の予測変数 $\mathbf{x}_i = (x_{i1}, x_{i2}, \ldots, x_{iI})^t$ と 2 値応答 y_i からなる n 組のデータを $(\mathbf{x}_1^t, y_1), \ldots, (\mathbf{x}_n^t, y_n)$ とする．ベルヌーイ分布を仮定し，リンク関数としてロジット変換を用いた GAM [152]

第5章 一般化加法モデル (GAM) による判別

$$\eta_i \equiv \ln\left(\frac{\pi_i}{1-\pi_i}\right) = \beta_0 + s_1(x_{i1}) + s_2(x_{i2}) + \cdots + s_I(x_{iI}), \quad i = 1, 2, \ldots, n \tag{5.4}$$

を考える．ここに，$s(\ )$ は第3章で取り上げた平滑化スプライン関数である．R では，(3.3) 式 (52ページ) の B-スプラインが採用されている．未知パラメータを推定するための局所評点化法は，次のとおりである ([54] の 2.3 節，[57] の 6.3 節)．

[ステップ1（初期化）]　まず，

$$\hat{s}_j(x_{ij}) \equiv 0, \quad i = 1, 2, \ldots, n, \quad j = 1, 2, \ldots, I \tag{5.5}$$

と設定し，

$$\begin{cases} \bar{y} \equiv \sum_{i=1}^{n} y_i/n \\ \hat{\beta}_0 \equiv \ln(\bar{y}/(1-\bar{y})) \end{cases} \tag{5.6}$$

とおく．

[ステップ2]　(5.6) 式を用い，

$$\hat{\eta}_i = \hat{\beta}_0, \quad \hat{\pi}_i = \frac{1}{1 + \exp(-\hat{\eta}_i)} \tag{5.7}$$

とする．

[ステップ3（反復）]　調整従属変数および重みを

$$\begin{cases} z_i = \hat{\eta}_i + \dfrac{y_i - \hat{\pi}_i}{\hat{\pi}_i(1-\hat{\pi}_i)} & \text{：調整従属変数} \\ w_i = \hat{\pi}_i(1-\hat{\pi}_i) & \text{：重み} \end{cases} \tag{5.8}$$

とする．$(\mathbf{x}_1^t, z_1), (\mathbf{x}_2^t, z_2), \ldots, (\mathbf{x}_n^t, z_n)$ に後退当てはめ法を適用し，$j = 1, 2, \ldots, I$ について $\hat{s}_j$ を算出する．そして，$\hat{\pi}_i$ を推定する．

[ステップ4（収束判定）]　逸脱度

$$Dev(\mathbf{y}, \hat{\boldsymbol{\pi}}) = -2 \sum_{i=1}^{n} \{y_i \ln \hat{\pi}_i + (1-y_i) \ln(1-\hat{\pi}_i)\} \tag{5.9}$$

が収束するまで [ステップ3] を繰り返す．

　[ステップ3] で用いられている後退当てはめ法は，$I = 2$ の場合，以下のとおりである ([113] の pp.319-321)．

[ステップ1]　まず，$z_i = \beta_0 + s_1(x_{i1}) + s_2(x_{i2})$ について，$\hat{s}_2(x_{i2}) \equiv 0$ とする．

[ステップ2]　x_{i1} に対して，$z_i - \hat{s}_2(x_{i2}) - \hat{\beta}_0$ を平滑化する．すなわち，$\left(x_{11}, z_1 - \hat{s}_2(x_{12}) - \hat{\beta}_0\right)$, $\left(x_{21}, z_2 - \hat{s}_2(x_{22}) - \hat{\beta}_0\right), \ldots, \left(x_{n1}, z_n - \hat{s}_2(x_{n2}) - \hat{\beta}_0\right)$ について，未知の平滑化パラメータをもつ平滑化行列 ([49] の (2.10) 式，[95] の (7.2) 式) を用い，$\hat{s}_1$ を算出する．

[ステップ3]　x_{i2} に対して，$z_i - \hat{s}_1(x_{i1}) - \hat{\beta}_0$ を平滑化し，$\hat{s}_2$ を算出する．

[ステップ4]　x_{i1} に対して，$z_i - \hat{s}_2(x_{i2}) - \hat{\beta}_0$ を平滑化し，$\hat{s}_1$ を算出する．

[ステップ5]　$\hat{s}_1(x_{i1}), \hat{s}_2(x_{i2})$ が収束するまで [ステップ3] 〜 [ステップ4] を繰り返す．

　なお，3次の平滑化スプラインによる GAM を用いると局所評点化法は，ペナルティ付き対数尤度

$$\sum_{i=1}^{n} \{y_i \ln \pi_i + (1-y_i) \ln(1-\pi_i)\} - \frac{n}{2} \sum_{j=1}^{I} \lambda_j \int_{-\infty}^{+\infty} \{s_j''(t)\}^2 dt \tag{5.10}$$

の最大化と等価である ([48] の 9.1 節, [95] の 7.4 節). ここに, λ_j は平滑化パラメータである.

(2) Wood 法

Wood [148, 149, 150, 151] は, 最適な平滑化パラメータを選択するアルゴリズムを提案している. 本節では, Wood [151] のアルゴリズムについて紹介する. 基本的なモデル構造は

$$g(\pi_i) = \ln\left(\frac{\pi_i}{1-\pi_i}\right) = \mathbf{x}_i^*\boldsymbol{\theta} + \sum_{j=1}^{I} s_j(x_{ij}), \quad i = 1, 2, \ldots, n \tag{5.11}$$

と書ける. ここに, $\mathbf{x}_i^*$ はパラメトリックモデルに対する $n \times I$ デザイン行列の第 i 行目, $\boldsymbol{\theta}$ は対応する未知パラメータ・ベクトルである. 予測変数 x_{ij} に関する平滑化スプライン関数 $s_j(x_{ij})$ は, すべての j について解を一意にするため, 制約 $\sum_i s_j(x_{ij}) = 0$ をもつ. (5.11) 式の平滑項を

$$s_j(x_{ij}) = \sum_{k=1}^{q_j} \beta_{kj} b_{kj}(x_{ij}) \tag{5.12}$$

とする. Wood [151] のアルゴリズムでは, $b_{kj}(x_{ij})$ として B-スプライン関数を採用する. β_{kj} は未知パラメータで, q_j は j 番目の予測変数に対する基底の個数である. (5.11) 式は,

$$\ln\left(\frac{\pi_i}{1-\pi_i}\right) = \tilde{\mathbf{x}}_i\boldsymbol{\beta}, \quad i = 1, 2, \ldots, n \tag{5.13}$$

と書ける. $\tilde{\mathbf{x}}_i$ は, $\mathbf{x}_i^*$ と各予測変数に対する B-スプライン関数からなる. $\boldsymbol{\beta}$ は $\boldsymbol{\theta}$ と B-スプラインの係数ベクトル $\boldsymbol{\beta}_j$ を含んでいる.

当てはめたモデルの評価には, 逸脱度

$$Dev(\boldsymbol{\beta}) = 2\{l_{\max} - l(\mathbf{y}, \tilde{\mathbf{x}}, \boldsymbol{\beta})\} \tag{5.14}$$

を用いる. ここに, $\tilde{\mathbf{x}}$ は $\tilde{\mathbf{x}}_i$ を第 i 行にもつデザイン行列である. 対数尤度 $l(\mathbf{y}, \tilde{\mathbf{x}}, \boldsymbol{\beta})$ は

$$l(\mathbf{y}, \tilde{\mathbf{x}}, \boldsymbol{\beta}) = \sum_{i=1}^{n}\{y_i \ln \pi_i + (1-y_i)\ln(1-\pi_i)\} \tag{5.15}$$

で与えられる. $0 \ln 0 = 0$ と定義すると, 最大 (フル) 対数尤度 $l_{\max}$ は, $l_{\max} = \sum_{i=1}^{n}\{y_i \ln y_i + (1-y_i)\ln(1-y_i)\} = 0$ となる. よって, (5.14) 式は,

$$Dev(\boldsymbol{\beta}) = -2l(\mathbf{y}, \tilde{\mathbf{x}}, \boldsymbol{\beta}) \tag{5.16}$$

と書ける.

対数尤度最大化基準で未知パラメータ $\boldsymbol{\beta}$ を推定すると過剰当てはめ (overfitting) になるため, ペナルティ付き対数尤度

$$l_p = l(\mathbf{y}, \tilde{\mathbf{x}}, \boldsymbol{\beta}) - \frac{1}{2}\sum_{j=1}^{I}\lambda_j \boldsymbol{\beta}^T \mathbf{S}_j \boldsymbol{\beta} \tag{5.17}$$

を採用する ([150] の 4.2 節). ただし, λ_j は平滑化パラメータである. ここに, $\mathbf{S}_j$ は $s_j''(t) = \sum_{k=1}^{q_j} \beta_{kj} b_{kj}''(t)$ から導かれる既知の (非負定) ペナルティ行列で,

$$\int_{-\infty}^{+\infty}\{s_j''(t)\}^2 dt = \boldsymbol{\beta}^t \mathbf{S}_j \boldsymbol{\beta} \tag{5.18}$$

から得られる（[152] の 2.3 節）．$-2l_p = -2l(\mathbf{y}, \tilde{\mathbf{x}}, \boldsymbol{\beta}) + \sum_{j=1}^{I} \lambda_j \boldsymbol{\beta}^t \mathbf{S}_j \boldsymbol{\beta}$ より，$-2l_p = Dev(\boldsymbol{\beta}) + \sum_{j=1}^{I} \lambda_j \boldsymbol{\beta}^t \mathbf{S}_j \boldsymbol{\beta}$ となる．よって，(5.17) 式は

$$Dev(\boldsymbol{\beta}) + \sum_{j=1}^{I} \lambda_j \boldsymbol{\beta}^t \mathbf{S}_j \boldsymbol{\beta} \tag{5.19}$$

の最小化問題と同等になる．

ペナルティ付き反復再重み付き最小 2 乗 PIRLS (Penalized Iteratively Reweighted Least Squares) 法により (5.19) 式を最小化して，未知パラメータ $\boldsymbol{\beta}$ を推定する．そして，GACV (Generalized Approximate Cross-Validation) を採用して，平滑化パラメータ $\boldsymbol{\lambda} = (\lambda_1, \lambda_2, \ldots, \lambda_I)$ を選択する．$\lambda_j > 0$ より，$\rho_j \equiv \ln \lambda_j$ とおく．データの重要度を事前に取り込むために，i に重み ω_i（通常は，$\omega_i = 1$）をつけたとき，次の手順を踏めばよい（[151] の 2, 3 章）．なお，初期値は $\hat{\pi}_i \equiv y_i$, $\hat{\rho}_i \equiv \ln \hat{\lambda}_i \equiv 0$ とおく．

[ステップ 1]　現時点で推定されている $\hat{\pi}_i$ を用い，重み w_i および $z_i = g'(\hat{\pi}_i)(y_i - \hat{\pi}_i) + \hat{\eta}_i = (y_i - \hat{\pi}_i)/\{\hat{\pi}_i(1 - \hat{\pi}_i)\} + \ln\{\hat{\pi}_i/(1 - \hat{\pi}_i)\}$ を算出する．ここに，(5.4), (5.11) 式より $g(\hat{\pi}_i) = \ln\left(\frac{\hat{\pi}_c}{1-\hat{\pi}_c}\right) = \hat{\eta}_i$, $g'(\hat{\pi}_i) = d\hat{\eta}_i/d\hat{\pi}_i = 1/\{\hat{\pi}_i(1 - \hat{\pi}_i)\}$ となる．

[ステップ 2]　[ステップ 1] での $\boldsymbol{z}$ を用い，ペナルティ付き 2 乗和

$$\|\mathbf{W}(\boldsymbol{z} - \tilde{\mathbf{x}}\boldsymbol{\beta})\|^2 + \sum_j \lambda_j \boldsymbol{\beta}^t \mathbf{S}_j \boldsymbol{\beta} \tag{5.20}$$

を $\boldsymbol{\beta}$ について最小化し，$\hat{\boldsymbol{\eta}} = \tilde{\mathbf{x}}\hat{\boldsymbol{\beta}}$, $\hat{\pi}_i = g^{-1}(\hat{\eta}_i)$ を求める．以下，$\hat{\boldsymbol{\beta}}$ が収束しなければ [ステップ 1] に戻り，収束するまで繰り返す．[ステップ 1] 〜 [ステップ 2] の PIRLS 法で収束したら，推定された $\hat{\boldsymbol{\beta}}$（よって，$\hat{\pi}_i$）を用い，平滑化パラメータを選択するため [ステップ 3] へ進む．

[ステップ 3]　GACV

$$\nu_g^*(\boldsymbol{\lambda}) = \frac{Dev(\hat{\boldsymbol{\beta}})}{n} + \frac{2}{n}\left\{\frac{tr(\mathbf{H}_\lambda)}{n - tr(\mathbf{H}_\lambda)}\right\} P(\hat{\boldsymbol{\beta}}) \tag{5.21}$$

が最小になる平滑化パラメータ $\boldsymbol{\lambda}$ を選択する [51, 153]．ここに，重み $w_i = \omega_i^{1/2} V(\hat{\pi}_i)^{-1/2}\big/g'(\hat{\pi}_i) = \sqrt{\omega_i \hat{\pi}_i(1 - \hat{\pi}_i)}$ を対角要素にもつ対角行列を $\mathbf{W}$ としたとき，ハット行列は

$$\mathbf{H}_\lambda = \mathbf{W}\mathbf{x}\left(\tilde{\mathbf{x}}^t \mathbf{W}^2 \mathbf{x} + \sum_{j=1}^{I} \lambda_j \mathbf{S}_j\right)^{-1} \tilde{\mathbf{x}}^t \mathbf{W} \tag{5.22}$$

となる．(5.3) 式より，

$$Var[Y_i] = \pi_i(1 - \pi_i) \tag{5.23}$$

であるから，$V(\pi_i) \equiv \pi_i(1 - \pi_i)$ とおく．$P(\hat{\boldsymbol{\beta}}) = \sum_{i=1}^{n}\{\omega_i(y_i - \hat{\pi}_i)^2/V(\hat{\pi}_i)\}$ は，ピアソン統計量である．(5.21) 式の導出は付録 5.A に詳しい．(5.21) 式は，$tr(\mathbf{H}_\lambda)$ を媒介にして，平滑化パラメータ λ_j に依存する．$\boldsymbol{\lambda}$ が収束した（変化量が微小になった）時点で，このアルゴリズムを終了とする．収束しなければ，[ステップ 1] へ戻る．

なお，［ステップ2］の (5.20) 式は

$$\left\| \begin{bmatrix} \mathbf{W} & \mathbf{0} \\ \mathbf{0} & \mathbf{I} \end{bmatrix} \left(\begin{bmatrix} \mathbf{z} \\ \mathbf{0} \end{bmatrix} - \begin{bmatrix} \tilde{\mathbf{x}} \\ \mathbf{B} \end{bmatrix} \boldsymbol{\beta} \right) \right\|^2 \tag{5.24}$$

として，付録 5.B のペナルティがつかない IRLS 法に変換し，(5.B.6) 式のような反復式を用い $\hat{\boldsymbol{\beta}}$ を更新する．ここに，$\boldsymbol{B}^t \boldsymbol{B} = \sum_j \lambda_j \mathbf{S}_j$ である（詳細は [150] の 3.4 節を参照）．このアルゴリズムは，［ステップ2］で平滑化パラメータ $\boldsymbol{\lambda}$ を選択したら［ステップ3］へ進む（外部へ出る）ため，"外部 (outer)" 反復 [151] と名づけられている．外部反復は，"性能指向型 (performance-oriented)" 反復 [149] に比べて，収束は遅いが，発散の可能性は少ない．

次に，B-スプライン関数の有意性検定について述べる．たとえば，予測変数が 2 個の場合，$\boldsymbol{\beta} = (\boldsymbol{\beta}_1; \boldsymbol{\beta}_2) = (\beta_1, \beta_2, \ldots, \beta_{q_1}; \beta_{q_1+1}, \ldots, \beta_{q_1+q_2})$ について，最初の予測変数に関する

$$\text{帰無仮説} \quad H_0 : \boldsymbol{\beta}_1 = \mathbf{0} \ (i.e.\ \beta_1 = \beta_2 = \cdots = \beta_{q_1} = 0) \tag{5.25}$$

を検定しよう．ベルヌーイ分布の場合，overdispersion は発生しないから，逸脱度に基づく尤度比検定を推奨する（overdispersion については，付録 5.C を参照せよ）．(5.17) 式の逸脱度を $Dev(0)$，モデルの残差自由度を ν_0，帰無仮説のもとでのそれらを $Dev(1)$ および ν_1 とすると

$$Dev(0) - Dev(1) \sim \chi^2_{\nu_0 - \nu_1} \tag{5.26}$$

となる（[39] の p.30）．なお R は，F 検定を採用している．

5.1.2　薄板平滑化スプライン

I 個の予測変数をもつ n 組のデータ $(\mathbf{x}_i^t,\ y_i),\ i = 1, \ldots, n$ について，予測変数間に交互作用がある場合

$$\ln \left(\frac{\pi_i}{1 - \pi_i} \right) = \sum_{\alpha < \beta} s_{\alpha\beta}(x_{i\alpha}, x_{i\beta}), \quad i = 1, 2, \ldots, n \tag{5.27}$$

を考える [50, 146, 145]．$s_{\alpha\beta}(x_{i\alpha}, x_{i\beta})$ は薄い弾性体の板を曲げた形に似ていることに由来し，薄板スプライン (thin plate spline) と呼ばれている．

2 値応答ベクトル $\mathbf{y} = (y_1, y_2, \ldots, y_n)^t$ について，(5.17) 式と同様のペナルティ付き対数尤度

$$\sum_{i=1}^{n} \left\{ y_i s(\mathbf{x}_i) - \ln(1 + e^{s(\mathbf{x}_i)}) \right\} - \frac{n}{2} \lambda J_{mI} \tag{5.28}$$

が最大になる s を推定する．ここに，$\sum_{i=1}^{n} \{y_i s(\mathbf{x}_i) - \ln(1 + e^{s(\mathbf{x}_i)})\}$ は対数尤度である [1]．J_{mI} は揺動 (wiggliness) を測るペナルティ関数，λ は平滑化パラメータである．揺動のペナルティは

$$J_{mI} = \int \cdots \int_{\Re^I} \sum_{\nu_1 + \cdots + \nu_I = m} \frac{m!}{\nu_1! \cdots \nu_I!} \left(\frac{\partial^m s}{\partial x_1^{\nu_1} \cdots \partial x_I^{\nu_I}} \right)^2 dx_1 \cdots dx_I \tag{5.29}$$

---

[1] 対数尤度は $\sum_{i=1}^{n} \{y_i \ln \pi_i + (1 - y_i) \ln(1 - \pi_i)\} = \sum_{i=1}^{n} \{y_i \ln \left(\frac{\pi_i}{1-\pi_i} \right) + \ln(1 - \pi_i)\} = \sum_{i=1}^{n} \{y_i s(\mathbf{x}_i) - \ln(1 + \frac{\pi_i}{1-\pi_i})\}$ と書ける．

と定義する．揺動のペナルティに関する偏微分の階数 m は $2m > I$ を満たす整数値である．このとき，(5.28) 式が最大になる関数は

$$s(\mathbf{x}) = \sum_{i=1}^{n} c_i \hat{\eta}_{mI}(\|\mathbf{x} - \mathbf{x}_i\|) + \sum_{j=1}^{M} d_j \phi_j(\mathbf{x}) \tag{5.30}$$

と表せる．ここに，$\boldsymbol{c}$ と $\boldsymbol{d}$ は $\boldsymbol{T}^t \boldsymbol{c} = 0$, $T_{ij} = \phi_j(\mathbf{x}_i)$ を満たす未知パラメータで，$M = {}_{m+I-1}C_I$ 個の関数 $\phi_i(\mathbf{x})$ は線形独立な多項式である．さらに

$$\hat{\eta}_{mI}(r) = \begin{cases} \dfrac{(-1)^{m+1+I/2}}{2^{2m-1}\pi^{I/2}(m-1)!(m-I/2)!} r^{2m-I} \log(r) & I : 偶数 \\ \dfrac{\Gamma(I/2-m)}{2^{2m}\pi^{I/2}(m-1)!} r^{2m-I} & I : 奇数 \end{cases} \tag{5.31}$$

となる（[50] の 4.4 節，[150] の 4.1.5 項）．

たとえば，$m = I = 2$ の場合，(5.29) 式の J_{mI} は，

$$J_{22} = \int_{-\infty}^{+\infty} \int_{-\infty}^{+\infty} \left\{ \left(\frac{\partial^2 s(x_1, x_2)}{\partial x_1^2} \right)^2 + 2 \left(\frac{\partial^2 s(x_1, x_2)}{\partial x_1 \partial x_2} \right)^2 + \left(\frac{\partial^2 s(x_1, x_2)}{\partial x_2^2} \right)^2 \right\} dx_1 dx_2 \tag{5.32}$$

となり，(5.30) 式において，$\boldsymbol{T}^t \boldsymbol{c} = 0$ より，$\phi_1(x) = 1$, $\phi_2(x) = x_1$, $\phi_3(x) = x_2$ を得，(5.28) 式を最大にする解は

$$s(x_1, x_2) = d_0 + d_1 x_1 + d_2 x_2 + \sum_{i=1}^{n} c_i \cdot G_i(x_1 - x_{i1}, x_2 - x_{i2}) \tag{5.33}$$

と表せる．(5.31) 式より

$$G_i(x_1 - x_{i1}, x_2 - x_{i2}) = \begin{cases} \dfrac{t_i^2}{8\pi} \cdot \log(t_i) & : t_i > 0 \\ 0 & : t_i = 0 \end{cases} \tag{5.34}$$

である．ただし，

$$t_i = \sqrt{(x_1 - x_{i1})^2 + (x_2 - x_{i2})^2} \tag{5.35}$$

とする．データ数が n のとき，(5.33) 式には，$n + 3$ 個の未知パラメータが含まれている．3 個の不足するデータは，3 つの条件

$$\sum_{i=1}^{n} c_i = 0, \quad \sum_{i=1}^{n} c_i x_{i1} = 0, \quad \sum_{i=1}^{n} c_i x_{i2} = 0 \tag{5.36}$$

に対応する（[119] の 4.3 節）．

ちなみに，$m = 2$, $I = 1$ の場合，(5.29) 式の J_{mI} は

$$J_{21} = \int_{-\infty}^{+\infty} \left(\frac{\partial^2 s(x)}{\partial x^2} \right)^2 dx \tag{5.37}$$

となる．(5.30) 式において，$\boldsymbol{T}^t \boldsymbol{c} = 0$ より $\phi_1(x) = 1$, $\phi_2(x) = x$ を得，(5.28) 式を最大にする解は

$$s(x) = d_0 + d_1 x + \sum_{i=1}^{n} c_i |x - x_i|^3 \tag{5.38}$$

とする．データ数が n のとき，(5.38) 式には，$n+2$ 個の未知パラメータが含まれている．2 個の不足するデータは，2 つの条件

$$\sum_{i=1}^{n} c_i = 0, \quad \sum_{i=1}^{n} c_i x_i = 0 \tag{5.39}$$

に対応する（[109] の 4.6 節）．

5.1.3 リサンプリング法

グループ化されていない 2 値データ（すなわち，ベルヌーイ分布）の場合，(5.16) 式の逸脱度に対する漸近カイ 2 乗性は成り立たない（[34] の 3.8.3 項，[76]，[130]）．そこで，ブートストラップ法 [66, 72] を援用し，(5.16) 式の棄却点を算出する．ここでは，リサンプリング法として残差ブートストラッピング (bootstrap residuals) を採用する [38, 128]．

[ステップ 1] 予測変数 $\mathbf{x}_i$ と 2 値応答 y_i からなる初期標本 $\mathbf{X}$ について，対数尤度が最大になる $\boldsymbol{\beta}$ を推定し，各個体ごとの推定値 $\hat{\pi}_i$ を算出する．

[ステップ 2] $[0,1]$ 区間の一様乱数 u を発生させ，$u < \hat{\pi}_i$ なら個体 i は第 1 群に，そうでなければ第 2 群に属するとし，ブートストラッピングで生成された 2 値応答を y_i^* とする．そして，第 i 行に $(\mathbf{x}_i^t, y_i^*)$ をもつブートストラップ標本 $\mathbf{X}^*$ を B 個生成する．

[ステップ 3] $b (=1, \ldots, B)$ 番目のブートストラップ標本を $\mathbf{X}_b^*$ とし，逸脱度

$$Dev(b) = -2 \ln L \left(\mathbf{X}_b^*; \hat{\boldsymbol{\beta}}(\mathbf{X}_b^*) \right) \tag{5.40}$$

を計算する．ここに，$\hat{\boldsymbol{\beta}}(\mathbf{X}_b^*)$ は b 番目のブートストラップ標本 $\mathbf{X}_b^*$ から推定される回帰係数で，その推定値から算出される $\mathbf{X}_b^*$ の対数尤度が $\ln L \left(\mathbf{X}_b^*; \hat{\boldsymbol{\beta}}(\mathbf{X}_b^*) \right)$ である．

[ステップ 4] $Dev \geq Dev^*$ なら，有意水準 α でモデルは妥当でないとみなす．ここに，Dev は初期標本に対する (5.16) 式の逸脱度で，

$$Dev^* = Dev(b) \text{ を小さい順に並べたときの第 } j \text{ 番目の値,} \quad \alpha = 1 - j/(B+1)$$

とする．

5.1.4 適用例

2 群判別問題の実際例として，表 5.1 の脊柱後湾症データ（[72] の 4.3.4 項）を取り上げる[2]．最も単純な R プログラム[3] は，GCV スコアを採用した

```
function()
{
  #(1)
  library(mgcv)
  train<-read.csv("F:\\train.csv",header=FALSE)
```

---

[2] このデータは，library(gam) の data(kyphosis) から入手できる．
[3] 本章では，R のライブラリ mgcv 1.5-2 を用いており，それに関するマニュアルはウェブサイト http://cran.r-project.org/web/packages/mgcv/mgcv.pdf から得られる．

表 5.1 脊柱後湾症データ

患者番号	年齢 (V1)	何番目の脊椎 (V2)	脊椎の個数 (V3)	群 (V4)
1	71	5	3	0
2	158	14	3	0
3	128	5	4	1
⋮	⋮	⋮	⋮	⋮
82	42	6	7	1
83	36	13	4	0

```
  #(2)
  kfit<-gam(V4~s(V1,k=10,fx=F)+V2+V3,scale=-10,data=train,
   family=binomial(link=logit))
  print(summary(kfit))
}
```

である．年齢（月齢）のみ平滑化スプラインを用い，他の予測変数は線形とする．なお，平滑化パラメータを GCV 規準で選択する場合は，`#(2)` の `scale` に負値（たとえば −10）を与える．実効自由度を指定（たとえば 3）したければスプライン関数の指定を `s(V1,k=4,fx=T)` にすればよい．`k` は基底の個数で，デフォルトは `k=10` である．

GCV や GACV の他に UBRE (Un-Biased Risk Estimator)

$$\nu_u = \frac{Dev\left(\hat{\boldsymbol{\beta}}\right)}{n} - \sigma^2 + \frac{2}{n} tr\left(\mathbf{H}_\lambda\right)\sigma^2 \tag{5.41}$$

がある（[150] の 4.5 節）．ν_u は $tr(\mathbf{H}_\lambda)$ を媒介にして平滑化パラメータ λ に依存する．R では，`scale` に与えた正値を σ の値（オフセットは `scale=1`）として指定できる（[150] の (4.26) 式および 4.7 節）．

GACV スコアを用いる場合の R プログラムは，`#(2)` の代わりに

```
  #(3)
  kfit<-gam(V4~s(V1,k=10,fx=F)+V2+V3,method="GACV.Cp", optimizer=c("outer",
  "newton"), scale=-10, data=train,family=binomial(link=logit))
```

とすればよい．`#(3)` のように `method="GACV.Cp"` を追記する．

GACV スコアを採用したときの結果は，

```
Family: binomial
Link function: logit
Formula:
V4 ~ s(V1, k = 10, fx = F) + V2 + V3
Parametric coefficients:
            Estimate Std. Error t value Pr(>|t|)
```

```
(Intercept) -1.50895     1.08283   -1.394 0.167433
V2          -0.19785     0.05783   -3.421 0.000996 ***
V3           0.42583     0.17413    2.445 0.016729 *
---
Signif. codes:  0 '***' 0.001 '**' 0.01 '*' 0.05 '.' 0.1 ' ' 1
Approximate significance of smooth terms:
        edf Ref.df     F p-value
s(V1) 2.279  2.279 4.487  0.0111 *
---
Signif. codes:  0 '***' 0.001 '**' 0.01 '*' 0.05 '.' 0.1 ' ' 1
R-sq.(adj) =  0.349   Deviance explained = 36.3%
GACV score = 0.76413  Scale est. = 0.71111   n = 83
```

となる．逸脱度, AIC, 残差自由度, 誤判別率, および予測値のプロットは, #(3) に下記の#(4)〜#(9) を続ければよい．

```
 #(4)
 print(kfit$deviance)
[1] 55.268
 #(5)
 print(kfit$aic)
[1] 65.827
 #(6)
 print(kfit$df.residual)
[1] 77.721
 #(7)
 kpred<-predict(kfit, type="response")
 tab<-table(train$V4,kpred>0.5); print(tab)
   FALSE TRUE
 0    62    3
 1     8   10
 #(8) 誤判別率
 error<-(tab[1,2]+tab[2,1])/sum(tab); print(error)
[1] 0.1325301
 #(9) プロット
 plot(kfit)
```

図5.1は，年齢に対する平滑化スプライン関数を用いた発症率の予測値（実線）である．縦軸の単位は，発症率のロジット変換値に対応している．横軸は年齢である．破線は，予測値からその標準偏差の2倍離れた位置を示している．同図では，年齢に対する非線形性が顕著に現れてお

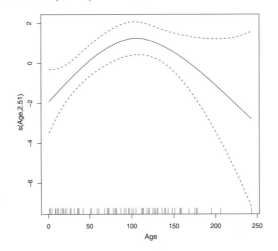

図 5.1 年齢（月齢）に対する平滑化スプライン関数を用いた発症率の予測値（実践）

り，手術時の月齢とともに発症率が高くなり，100 カ月前後でピークに達し，その後低くなる．年齢に関するスプライン効果を調べるため，尤度比検定を行う．予測変数がすべて線形のモデルに対する逸脱度は，$Dev = 64.873$, $df = 79$ より

$$Dev(1) - Dev(0) = 64.873 - 55.268 = 9.605; \; df = 79 - 77.721 = 1.28$$

となり，"年齢"のスプラインを含む効果は高度に有意である．このように平滑化スプラインを適用することによって，母集団構造の非線形性を摘出し，その非線形構造を視覚的に把握するグラフ表現が可能になる．

逸脱度の残差ブートストラッピングに対する R プログラムは

```
function()
{
  #(1)
  library(mgcv)
  train<-read.csv("F:\\train.csv",header=FALSE)
  kfit<-gam(V4~s(V1,k=10,fx=F)+V2+V3,method="GACV.Cp",
   optimizer=c("outer","newton"),scale=-10,
   data=train,family=binomial(link=logit))
  kpred<-predict(kfit,type="response")
  kyph.dev<-NULL
  #(2) 標本数
  max.num<-dim(train)[1]
  #(3) ランダムシードの設定
  set.seed(987123)
  for(i in 1:400) {
  #(4) 一様乱数
```

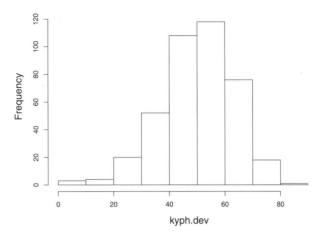

図 **5.2** ブートストラップされた逸脱度のヒストグラム

```
rand.unif<-runif(max.num)
is.greater<-as.numeric(rand.unif>kpred)
print(paste(i,"Times"))
#(5) リサンプルされた値への当てはめ
resamp.fit<-gam(factor(is.greater)~s(V1)+V2+V3,
 data=train, method="GACV.Cp",optimizer=c("outer","newton"),
 family=binomial(link=logit),scale=-10)
#(6) 逸脱度
kyph.dev[i]<-deviance(resamp.fit)
}
print(kyph.dev)
write.table(kyph.dev,file="F:\\OUT (脊柱後湾症_残差).csv",row.names=F,
 col.names=F)
qqnorm(kyph.dev,main="")
hist(kyph.dev,main="")
}
```

となる．得られたヒストグラムを図 5.2 に与えておく．同図より，$Dev^* = 69.919 > 55.268 = Dev$ を得，モデルは妥当とみなす．

表 5.1 に関する誤判別率の性能評価を行うため，従来，広範に活用されてきた線形判別およびロジスティック判別を取り上げる．R プログラムとその結果は下記のとおりである．表 5.2 から GAM を用いると，誤判別率はかなり小さくなる．

```
function()
{
 #(1) 線形判別
 library(MASS)
```

第5章 一般化加法モデル (GAM) による判別

表 5.2 誤判別率の性能比較

モデル	誤判別率
線形判別	0.193
GAM	0.133
ロジスティック判別	0.205

```
  train<-read.csv("F:\\train.csv",header=FALSE)
  klda<-lda(V4~V1+V2+V3,data=train)
  klda.pred<-predict(klda)
  tab<-table(train$V4,klda.pred$class); print(tab)
}
```

より,

```
     0   1
  0  59  6
  1  10  8
```

となる.

誤判別率の計算は,下記の#(2)を続ければよい.

```
#(2) 誤判別率
  error<-(tab[1,2]+tab[2,1])/sum(tab); print(error)
[1] 0.1927711
```

ロジスティック判別も同様に,下記のようになる.

```
function()
{
  #(1)
  train<-read.csv("F:\\train.csv",header=FALSE)
  klogis<-glm(V4~V1+V2+V3,data=train,
   family=binomial(link=logit))
  klogis.pred<-predict(klogis,type="response")
  tab<-table(train$V4,klogis.pred>0.5); print(tab)
}
     FALSE  TRUE
  0   60    5
  1   12    6

  #(2) 誤判別率
  error<-(tab[1,2]+tab[2,1])/sum(tab); print(error)
[1] 0.2048193
```

表 5.3　糖尿病網膜症データ

患者番号	dur	gly	bmi	群
1	10.3	13.7	23.8	0
2	9.9	13.5	23.5	0
⋮	⋮	⋮	⋮	⋮
353	9.8	16.7	20.3	1
⋮	⋮	⋮	⋮	⋮
669	10.1	10.1	26.3	0

次に，予測変数間に交互作用効果があると考えられる糖尿病網膜症データ[4]（表 5.3）を解析する [50, 81, 146, 145]．予測変数としては，x_1：dur（罹病期間），x_2：gly（糖化ヘモグロビン；%），x_3：bmi（肥満度；kg/m^2）を取り上げる．gly，bmi が大きければ糖尿病に移行しやすく，bmi がさらに大きくなると増大したインシュリン抵抗性に耐え切れず，膵臓が疲弊して糖利用が低下し痩せてくる．この経過は罹病期間に異存するため，糖尿病発症の早期は bmi が大きく，その後，痩せに転じて bmi が低下する．よって，罹病期間と bmi に交互作用効果があると考えられる．GACV スコアを採用したとき，R プログラムは

```
function()
{
  #(1)
  library(mgcv)
  train<-read.csv("F:\\train.csv",header=FALSE)
  names(train)<-c("dur","gly","bmi","ret")
  #(2)
  model<-gam(ret~gly+s(dur,bmi),data=train,method="GACV.Cp",
    optimizer=c("outer","newton"),family=binomial(link=logit),scale=-10)
  print(model)
  print(summary(model))
}
```

となる．#(2) の s(dur,bmi) で罹病期間と bmi との交互作用効果を考慮している．解析結果は次のようになる．

```
Family: binomial
Link function: logit
Formula:
ret ~ gly + s(dur, bmi)
Estimated degrees of freedom:
```

---

[4] このデータは，WESDR(Wisconsin Epidemiological Study of Diabetic Retinopathy) と呼ばれており，library(gss) の data(wesdr) から入手できる．

```
7.5597    total = 9.55965
GACV score: 1.144172
> print(summary(model))
Family: binomial
Link function: logit
Formula:
ret ~ gly + s(dur, bmi)
Parametric coefficients:
            Estimate Std. Error t value Pr(>|t|)
(Intercept) -5.20940    0.55707  -9.351   <2e-16 ***
gly          0.38372    0.04321   8.881   <2e-16 ***
---
Signif. codes:  0 '***' 0.001 '**' 0.01 '*' 0.05 '.' 0.1 ' ' 1
Approximate significance of smooth terms:
            edf Ref.df     F  p-value
s(dur,bmi) 7.56   7.56 3.849 0.000268 ***
---
Signif. codes:  0 '***' 0.001 '**' 0.01 '*' 0.05 '.' 0.1 ' ' 1
R-sq.(adj) =  0.216   Deviance explained = 17.8%
GACV score = 1.1442  Scale est. = 1.1317   n = 669
```

逸脱度，AIC，残差自由度，平滑化パラメータ値，誤判別表，および誤判別率は，#(2) に下記の #(3)〜#(8) を続ければよい．

```
  #(3)
  print(model$deviance)
[1] 746.312
  #(4)
  print(model$aic)
[1] 765.432
  #(5)
  print(model$df.residual)
[1] 659.440
  #(6)
  print(model$sp)
[1] 0.06555522
  #(7)
  pr<-predict(model,type="response")
  tab<-table(train$ret,pr>0.5); print(tab)
    FALSE TRUE
  0   316   75
```

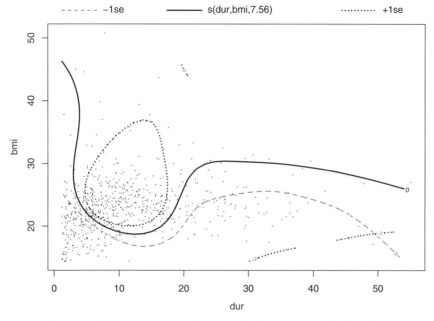

図 5.3 平滑化スプラインを用いた交互作用 $dur \times bmi$ 効果の予測値

```
1    110   168
#(8)
error<-(tab[1,2]+tab[2,1])/sum(tab); print(error)
[1] 0.2765321
```

よって,誤判別率 0.277 を得る.交互作用効果をもたない(すなわち,#(2) の s(dur,bmi) を s(dur)+s(bmi) で置き換えた)GAM,およびロジスティック判別モデルに対する誤判別率は,それぞれ 0.280,0.293 となる.

図 5.3 は,平滑化スプラインを用いた交互作用 $dur \times bmi$ 効果の予測値である.実線は,スプライン関数の値がゼロとなる等高線である.破線は,予測値からその標準偏差の 2 倍離れた位置を示している.

5.2 ベクトル一般化加法モデル (VGAM)

5.2.1 モデル構築

ロジスティック判別モデルでは,1 回の試行の結果が 0 (成功),1 (失敗) の 2 種類しかなかったが,それが K 通りある確率変数を考える.個体 $i(=1,\ldots,n)$ がカテゴリー $k(=1,\ldots,K)$ に入る確率を π_{ik},観測値の個数を T_{ik},$n_i = \sum_{k=1}^{K} T_{ik}$ とする.ただし,$\sum_{k=1}^{K} \pi_{ik} = 1$ である.このとき,T_{ik} は多項分布

$$Pr(T_{i1}=t_{i1},\ldots,T_{iK}=t_{iK}) = \frac{n_i}{t_{i1}!\cdots t_{iK}!}\pi_{i1}^{t_{i1}}\cdots\pi_{iK}^{t_{iK}} \tag{5.42}$$

に従う.$K=2$ なら,5.1 節のロジスティック判別になる.

I 個の予測変数からなる i 番目の個体について, $\mathbf{x}_i = (x_{i1}, \ldots, x_{iI})^t$ とおく. (5.41) 式より, $\pi_{i1} = 1 - \sum_{k=2}^{K} \pi_{ik}$ であるから, π_{i1} をベースラインにすると,

$$\begin{cases} \hat{\eta}_{i1} \equiv 0 \\ \hat{\eta}_{i2} \equiv \ln\left(\dfrac{\pi_{i2}}{\pi_{i1}}\right) \\ \qquad = \beta_{10} + \beta_{11}x_{i1} + \beta_{12}x_{i2} + \cdots + \beta_{1I}x_{iI} \\ \qquad = \mathbf{x}_i^t \boldsymbol{\beta}_1, \quad \boldsymbol{\beta}_1 = (\beta_{10}, \beta_{11}, \ldots, \beta_{1I})^t \\ \hat{\eta}_{i3} \equiv \ln\left(\dfrac{\pi_{i3}}{\pi_{i1}}\right) \\ \qquad = \beta_{20} + \beta_{21}x_{i1} + \beta_{22}x_{i2} + \cdots + \beta_{2I}x_{iI} \\ \qquad = \mathbf{x}_i^t \boldsymbol{\beta}_2, \quad \boldsymbol{\beta}_2 = (\beta_{20}, \beta_{21}, \ldots, \beta_{2I})^t \\ \quad \vdots \\ \hat{\eta}_{iK} \equiv \ln\left(\dfrac{\pi_{iK}}{\pi_{i1}}\right) \\ \qquad = \beta_{K0} + \beta_{K1}x_{i1} + \beta_{K2}x_{i2} + \cdots + \beta_{KI}x_{iI} \\ \qquad = \mathbf{x}_i^t \boldsymbol{\beta}_K, \quad \boldsymbol{\beta}_K = (\beta_{K0}, \beta_{K1}, \ldots, \beta_{KI})^t \end{cases} \quad (5.43)$$

を得る. よって, 多項ロジットモデル

$$\pi_{ik} = \frac{\exp(\hat{\eta}_{ik})}{1 + \sum_{k=2}^{K} \exp(\hat{\eta}_{ik})} = \frac{\exp(\mathbf{x}_i^t \boldsymbol{\beta}_k)}{1 + \sum_{k=2}^{K} \exp(\mathbf{x}_i^t \boldsymbol{\beta}_k)}, \quad i = 1, 2, \ldots, n; \quad k = 2, 3, \ldots, K \quad (5.44)$$

となる. 多値応答を

$$t_{ik} = \begin{cases} 1 : i \text{ 番目の個体 } \mathbf{x}_i \text{ が第 } k \text{ 群に属する} \\ 0 : \text{その他} \end{cases} \quad (5.45)$$

と書くと, 対数尤度は, $\mathbf{x}_i^t$ を第 i 行にもつデザイン行列を $\mathbf{x}$ としたとき

$$\ln L(\boldsymbol{\beta}; \mathbf{x}, \boldsymbol{t}) = \sum_{i=1}^{n} \sum_{k=1}^{K} t_{ik} \ln \pi_{ik}, \quad 0 \leq \pi_{ik} \leq 1 \quad (5.46)$$

で与えられる. ここに, $\boldsymbol{t}_i = (t_{i1}, t_{i2}, \ldots, t_{iK})$, $\boldsymbol{\pi}_i = (\pi_{i1}, \pi_{i2}, \ldots, \pi_{iK})$ は第 i 番目の個体に対する多値応答および出力値で, $\boldsymbol{t} = (\boldsymbol{t}_1, \boldsymbol{t}_2, \ldots, \boldsymbol{t}_n)$ とする. この未知パラメータ $\boldsymbol{\beta} = (\boldsymbol{\beta}_1, \boldsymbol{\beta}_2, \ldots, \boldsymbol{\beta}_K)$ を最尤推定する.

平滑化スプライン関数 s() により, (5.43) 式の線形モデルを GAM に拡張した

$$\begin{cases} \hat{\eta}_{i1} = 0 \\ \hat{\eta}_{i2} = \beta_{20} + s_{21}(x_{i1}) + s_{22}(x_{i2}) + \cdots + s_{2I}(x_{iI}) \\ \hat{\eta}_{i3} = \beta_{30} + s_{31}(x_{i1}) + s_{32}(x_{i2}) + \cdots + s_{3I}(x_{iI}) \\ \quad \vdots \\ \hat{\eta}_{iK} = \beta_{K0} + s_{K1}(x_{i1}) + s_{K2}(x_{i2}) + \cdots + s_{KI}(x_{iI}) \end{cases} \quad (5.47)$$

が VGAM (Vector Generalized Additive Models) [40, 155, 156] である [5].

---

[5] R による VGAM のマニュアルはウェブサイト http://www.stat.auckland.ac.nz/~yee および http://rss.acs.unt.edu/Rdoc/library/VGAM/html/00Index.html に詳しい.

次に,応答に順序がついている場合の分析法として比例オッズモデルがある.個体 i が順序応答のカテゴリー k 以下に入る累積確率を

$$\phi_{ik} = \pi_{i1} + \pi_{i2} + \cdots + \pi_{ik}, \quad i = 1, 2, \ldots, n; \quad k = 1, 2, \ldots, K-1 \quad (5.48)$$

とする.各々の累積確率に対するロジット(累積ロジット)

$$c_{ik} = \ln\left(\frac{\phi_{ik}}{1-\phi_{ik}}\right), \quad i = 1, 2, \ldots, n; \quad k = 1, 2, \ldots, K-1 \quad (5.49)$$

について,

$$c_{ik} \equiv \theta_k + \mathbf{x}_i^t \boldsymbol{\beta}, \quad i = 1, 2, \ldots, n; \quad k = 1, 2, \ldots, K-1 \quad (5.50)$$

とすると(線形)比例オッズモデルとなる.ただし,$\boldsymbol{\beta} = (\beta_1, \beta_2, \ldots, \beta_I)^t$ である.これは多項ロジットモデルと異なり,予測変数にかかる係数が,すべての式で等しい.よって,予測変数の効果が順序応答のカテゴリーごとに異なるならば,多項ロジットモデルよりも当てはまりが悪くなる.これも多項ロジットモデルと同様に,平滑化スプライン関数 s() を用いて,GAM に拡張できる.

5.2.2 適用例

多群判別問題の実際例として,表 5.4 の肝臓病データ(訓練標本)を取り上げる [6].肝臓病の患者に対し 4 種類の検査,x_1:AST,x_2:ALT,x_3:GLDH,x_4:OCT を行い,(急性ウイルス性肝炎,非活動性慢性肝炎,活動性慢性肝炎,肝硬変)のいずれかに分類する[6].

モデル構築のための R プログラムは

function()

表 5.4 肝臓病データ

患者番号	AST	ALT	GLDH	OCT	疾患名(群)
1	236	582	10	457	急性ウイルス性肝炎
.	.	.	.	.	.
57	123	231	11	323	
58	473	506	13	960	非活動性慢性肝炎
.	.	.	.	.	.
102	20	57	7	72	
103	135	118	50	1023	活動性慢性肝炎
.	.	.	.	.	.
142	276	209	39	1041	
143	173	121	34	1005	肝硬変
.	.	.	.	.	.
218	63	46	10	81	

---

[6] Albert, A. and Harris, E.H.(1992): *Multivariate Interpretation of clinical laboratory Data*, Marcel Dekker, New York. の 5 章に掲載されている.

第 5 章 一般化加法モデル (GAM) による判別

```
{
  library(VGAM)
  train<-read.csv("F:\\train.csv",header=TRUE)
  kfit<-vgam(cbind(V1,V2,V3,V4) ~ s(AST,4)+s(ALT,5)+s(GLDH,3)+s(OCT,2),
    cumulative(par=T),train,control=vgam.control(maxit=10000,trace=T))
  print(summary(kfit))
  par(mfrow=c(1,4)) #1 行に 4 枚の図を表示
  plot(kfit)
  kpred<-predict(kfit,type="response")
  write.table(kpred,"F:\\out(予測値_比例).txt",append=T,quote=F,col.names=F)
}
```

で与えられる．解析結果は，

```
vgam(formula = cbind(V1, V2, V3, V4) ~ s(AST, 4) + s(ALT, 5) +
    s(GLDH, 3) + s(OCT, 2), family = cumulative(par = T), data = train,
    control = vgam.control(maxit = 10000, trace = T))
Number of linear predictors:    3
Names of linear predictors: logit(P[Y<=1]), logit(P[Y<=2]), logit(P[Y<=3])
Dispersion Parameter for cumulative family:    1
Residual Deviance:   302.9546 on 637.357 degrees of freedom
Log-likelihood: -151.4773 on 637.357 degrees of freedom
Number of Iterations:   11
DF for Terms and Approximate Chi-squares for Nonparametric Effects
              Df Npar Df Npar Chisq  P(Chi)
(Intercept):1  1
(Intercept):2  1
(Intercept):3  1
s(AST, 4)      1     2.9     61.461 0.00000
s(ALT, 5)      1     3.8    115.415 0.00000
s(GLDH, 3)     1     2.0     15.111 0.00049
s(OCT, 2)      1     1.0      0.285 0.57741
```

となる．逸脱度=302.97, 残差自由度=637.36 より，モデルはよく当てはまっている．スプライン効果は，OCT 以外すべて高度に有意となる．図 5.4 は，予測変数 (AST, ALT, GLDH, OCT) について，その平滑化スプライン関数の予測値である．誤判別率は 0.248 となる．

なお，この R プログラムで採用されている自由度の組合せは，1 例消去 CV 法を用いて選択した．すなわち，4 種類の検査 x_1：AST, x_2：ALT, x_3：GLDH, x_4：OCT に対する自由度の組合せを考える．各組合せについて，第 i 行に予測変数 $\mathbf{x}_i^t$ と多値応答 t_i をもつ初期標本 $\mathbf{X}$ から，i 番目の標本を除去した訓練標本を $\mathbf{X}_{[i]}$ とする．このとき，$\mathbf{X}_{[i]}$ から構築されたモデルを用い，除去した i 番目の標本の予測値 $\hat{\boldsymbol{\pi}}_i = (\hat{\pi}_{i1}, \hat{\pi}_{i2}, \ldots, \hat{\pi}_{iK})$ を算出する．そして，

5.2 ベクトル一般化加法モデル (VGAM)

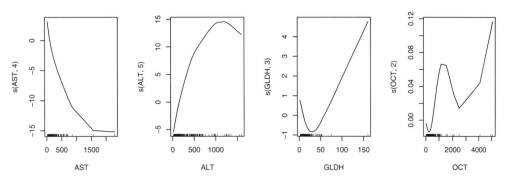

図 **5.4** GAM を当てはめた (AST, ALT, GLDH, OCT) に対する平滑化スプライン関数の予測値

$$\ln L\left\{\mathbf{X}_{[i]}; \hat{\boldsymbol{\beta}}\left(\mathbf{X}_{[i]}\right)\right\} = \sum_{k=1}^{K} t_{ik} \ln \hat{\pi}_{ik} \tag{5.51}$$

とおき，1 例消去 CV 規準

$$\mathrm{CV} = -2\sum_{i=1}^{n} \ln L\left\{\mathbf{X}_{[i]}; \hat{\boldsymbol{\beta}}\left(\mathbf{X}_{[i]}\right)\right\} \tag{5.52}$$

が最小になる自由度の組合せを最適とする．この規準は，TIC と漸近同等である [114]．各予測変数の自由度を 1～10 まで動かしたときの，R プログラムは

```
function()
{
  library(VGAM)
  train<-read.csv("F:\\train.csv",header=FALSE)
  names(train)<-c("V1","V2","V3","V4","V5","V6","V7","V8")
  #(1) データの数
  num <- dim(train)[1]
  #計算結果を格納するデータフレーム
  ans <- data.frame(matrix(0,nrow=10000,ncol=5))
  names(ans)<-c("df.V5","df.V6","df.V7","df.V8","CV")
  #(2) 反復計算
  for(i in 1:10) {
  for(j in 1:10) {
  for(k in 1:10) {
  for(l in 1:10) {
  #(3) 初期化
  LL<-numeric(num)
  for(d in 1:num) {
  #(4) 計算回数
  print(paste(i,":",j,":",k,":",l,":",d,"Times"))
```

```
#(5) 患者#dを除いた当てはめ
tfit <- vgam(formula = cbind(V1, V2, V3, V4) ~
  s(V5,i) + s(V6,j) + s(V7,k) + s(V8,l), cumulative(par=T),
  data=train[-d,],control=vgam.control(maxit=10000,trace=T))
#(6) 患者#dを予測
tpred<-predict(tfit,newdata=train[d,],type="response")
V1 <- train$V1[d]
V2 <- train$V2[d]
V3 <- train$V3[d]
V4 <- train$V4[d]
LL[d]<-ifelse(V1==1,V1*log(V1/tpred[,1]),
  ifelse(V2==1,V2*log(V2/tpred[,2]),
  ifelse(V3==1,V3*log(V3/tpred[,3]),V4*log(V4/tpred[,4]))))
}
#(7) CV
CV <- 2*sum(LL)
#(8) 計算結果を格納
ans[(i-1)*1000+(j-1)*100+(k-1)*10+l,1]<-i
ans[(i-1)*1000+(j-1)*100+(k-1)*10+l,2]<-j
ans[(i-1)*1000+(j-1)*100+(k-1)*10+l,3]<-k
ans[(i-1)*1000+(j-1)*100+(k-1)*10+l,4]<-l
ans[(i-1)*1000+(j-1)*100+(k-1)*10+l,5]<-CV
    }
   }
  }
 }
#(9) 結果全体
ans<-ans[ans$CV!=0,]
#(10) 最小値
print(ans[ans$CV==min(ans$CV),])
#(11) 結果をCSVファイルに書き出す
write.csv(ans,"F:\\ans(比例オッズ_V4).csv")
}
```

となる．結果として，各予測変数の自由度 1〜10 の組合せごとの CV 値，および CV が最小になる自由度が出力される．最適な自由度の組合せとして，$d.f. = (4, 5, 3, 2)$ が得られる．ちなみに，(5.52) 式の CV 値は 361.19 となる．

5.3 ポアソン回帰と負二項回帰

5.3.1 ポアソン分布と負二項分布

(1) ポアソン分布

二項分布の期待値 $n\pi = \mu$ を一定にし，$n \to \infty$ にすると，二項分布はポアソン分布

$$Pr\{Y = y\} = \frac{e^{-\mu}\mu^y}{y!}, \ y = 0, 1, 2, \ldots, n, \tag{5.53}$$

に従う．この分布では，μ が未知パラメータになる．ポアソン分布は試行回数 n が大きく，1回の試行での生起確率がきわめて小さい稀現象の生ずる離散型確率分布とみなされる．

個体 i に対する Y_i について，イベント発生の個数 y_i が，その個数を決定するサイズ t_i に依存することがある．二項分布でも解析できるが，発生件数が少ない場合，(5.53) 式を

$$Pr\{Y_i = y\} = \frac{e^{-\mu_i t_i}(\mu_i t_i)^y}{y!}, \ y = 0, 1, 2, \ldots \tag{5.54}$$

で置き換えたポアソン比率 (rate) モデルが有効である．ポアソン分布の平均と分散は

$$\begin{cases} E[Y_i] = \mu_i t_i \\ Var[Y_i] = \mu_i t_i \end{cases} \tag{5.55}$$

となる．リンク関数は，この平均の対数をとる．たとえば，予測変数に線形性を仮定すれば

$$\ln \mu_i = \mathbf{x}^t \boldsymbol{\beta} \tag{5.56}$$

となる．$E[Y_i] = \mu_i t_i$ より

$$\begin{aligned} \ln E[Y_i] &= \ln(\mu_i t_i) = \ln(\mu_i) + \ln(t_i) \\ &= \ln(t_i) + \beta_0 + \beta_1 x_{i1} + \beta_2 x_{i2} + \cdots + \beta_I x_{iI}, \ i = 1, 2, \ldots, n \end{aligned} \tag{5.57}$$

となる．ただし，$\ln(t_i)$ の係数は常に 1 であるが，これは R では `offset` 関数で指定できる．

(2) 負二項分布

ポアソンモデルにおいて，個体 i に対する Y_i の平均 $E[Y_i] = \mu_i t_i$ は一定であると仮定した．しかし，同一の予測変数 $(x_{i1}, x_{i2}, \ldots, x_{iI})$ をもつ個体 Y_i (たとえば，予測変数として年齢，身長，体重，喫煙の有無を取り上げたとき，それらの値が同じ) でも，観測されないランダムな変動 (たとえば，生活様式の違い) による個体差が存在することがある．そこで，(5.57) 式において t_i (よって $\exp(\epsilon_i)$) は，平均 $E[t_i] = 1$，分散 $Var[t_i] = \alpha$ のガンマ分布

$$g(\mu_i) = \frac{(1/\alpha)^{t_i}}{\Gamma(1/\alpha)} t_i^{1/\alpha - 1} e^{-t_i/\alpha} \tag{5.58}$$

に従うと仮定する．このとき，ポアソン分布に従う確率変数 Y_i の周辺分布は，負二項分布

$$\begin{aligned} Pr(Y_i = y_i) &= \int Pr(Y_i = y_i | t_i) g(t_i) dt_i \\ &= \frac{\Gamma(y_i + 1/\alpha)}{\Gamma(y_i + 1)\Gamma(1/\alpha)} \left(\frac{1}{1 + \alpha\mu_i}\right)^{1/\alpha} \left(1 - \frac{1}{1 + \alpha\mu_i}\right)^{y_i} \end{aligned} \tag{5.59}$$

となる[7]．ここに，$\Gamma(\ )$ はガンマ関数である．平均と分散は

$$\begin{cases} E[Y_i] = \mu_i \\ Var[Y_i] = (1 + \alpha\mu_i)\mu_i \end{cases} \quad (5.60)$$

で与えられる（詳細は，[7] の 9.5 節，[36]，[58] の 5.2 節，[67] の 2.2 節，[125] の 6.6 節，[143] の 7.4 節を参照）．$1 + \alpha\mu_i > 2$ なら，i 番目の観測値にかなりの overdispersion が起きているとみなす（[18] の 3.4 節）．$\alpha = 0$ なら，負二項モデルはポアソンモデルになる．この未知パラメータ α を overdispersion パラメータと呼ぶ．

(5.57) 式と同様に，(5.60) 式の $E[Y_i] = \mu_i$ について，線形性

$$\mu_i = \exp(\beta_0 + \beta_1 x_{i1} + \cdots + \beta_I x_{iI}) \quad (5.61)$$

を仮定する．(5.61) 式を (5.59) 式へ代入すれば，対数尤度

$$l(\boldsymbol{y}, \boldsymbol{\beta}, \alpha) = \sum_{i=1}^{n} \left[y_i \ln(\alpha\mu_i) - (y_i + 1/\alpha) \ln(1 + \alpha\mu_i) + \ln\left\{ \frac{\Gamma(y_i + 1/\alpha)}{\Gamma(y_i + 1)\Gamma(1/\alpha)} \right\} \right] \quad (5.62)$$

が得られる．また，逸脱度 $Dev\left(\boldsymbol{y}, \hat{\boldsymbol{\beta}}, \hat{\alpha}\right) = 2\{l(\boldsymbol{y}, \boldsymbol{y}, \hat{\boldsymbol{\beta}}, \hat{\alpha}) - l(\boldsymbol{y}, \hat{\boldsymbol{\beta}}, \hat{\alpha})\}$ は，漸近的にカイ 2 乗分布に従うから（[25] の 3.3.1 項）

$$E\left[Dev\left(\boldsymbol{y}, \hat{\boldsymbol{\beta}}, \hat{\alpha}\right)\right] = 残差自由度 \quad (5.63)$$

を得る（[125] の 6 章）．よって，

$$\hat{\phi} = \frac{Dev\left(\boldsymbol{y}, \hat{\boldsymbol{\beta}}, \hat{\alpha}\right)}{残差自由度} \quad (5.64)$$

が 1 より大きければ，モデルに overdispersion が起きているとみなす．R では，$\hat{\phi}$ をスケールパラメータと呼ぶ（[25] の 5.3.2 項）．

なお，overdispersion パラメータに関する有意性検定も提案されている [36]．

$$帰無仮説\ H_0: \alpha = 0\ (ポアソンモデルである) \quad (5.65)$$

のもとで，検定統計量

$$T_1 = \frac{\sum_{i=1}^{n} \{(y_i - \hat{\mu}_i)^2 - y_i\}}{\sqrt{2\sum_{i=1}^{n} \hat{\mu}_i^2}} \quad (5.66)$$

は，漸近的に標準化正規分布に従う．この帰無仮説が棄却されれば，$\alpha > 0$ をもつ負二項分布モデルを当てはめる．

---

[7] 無限回のベルヌーイ試行を行う．各試行において成功，失敗の生ずる確率を $\pi, 1 - \pi$ とする．r 回成功するまでの失敗の回数 x が，負二項分布

$$Pr(X = x) = \frac{\Gamma(r + x)}{\Gamma(r)\Gamma(x + 1)} \pi^r (1 - \pi)^x, \ x = 0, 1, 2, \ldots$$

である．よって，上式で $r = 1/\alpha$, $x = y_i$, $\pi = 1/(1 + \alpha t_i)$ とおけば，(5.59) 式の負二項分布となる．

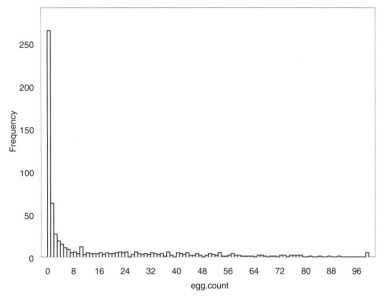

図 5.5　卵の個数のヒストグラム

5.3.2　適用例

適用例としてビスケー湾（フランス西岸とスペイン北岸との間の大西洋に面する大湾）で産卵されたマサバ卵 (mackerel eggs) データを解析する[8]（[20], [150] の 5.4.1 項, [151]）．調査法は，最深 200 m から垂直に網を引き揚げ，卵の個数を数え上げるものである．図 5.5 は，その卵の個数に対するヒストグラムである．同図から，個数は 0 近くに多く分布していることがわかる．卵の個数 (egg.count) に影響を与える予測変数として，lon：捕獲した場所の経度，lat：捕獲した地点の緯度，b.depth：$\sqrt{海底の深さ}$，c.dist：200 m 等深線からの距離（調査地点から大陸棚端までの距離），temp.20 m：深さ 20 m の水温，を取り上げる．

卵の個数についてポアソン分布を仮定する．ただし，卵の個数の期待値は

$$E\left[egg.count\right] = g_i \times [netarea]_i \tag{5.67}$$

とする．ここに，$netarea$ は採集網のサイズ（面積；m^2）の対数値，g_i は卵の密度（1 日に採集される海面 1 m^2 あたりの卵の個数）である．(5.67) 式は

$$\ln\left(E\left[egg.count\right]\right) = \ln g_i + \ln\left([netarea]_i\right) \tag{5.68}$$

と書ける．

捕獲した場所の経度と緯度に薄板平滑化スプラインを仮定した R プログラムは

```
function()
{
  #(1)
```

---

[8] このデータは，library(gamair) の data(mack) から入手できる．

```
library(mgcv)
library(gamair)
data(mack) #マサバ卵データの取り込み
mack$log.net.area<-log(mack$net.area)
#(2)
model<-gam(egg.count~s(lon,lat,bs="ts",k=100)+s(I(b.depth^.5),
 bs="ts")+s(c.dist,bs="ts")+s(temp.20m,bs="ts")+offset(log.net.area),
 data=mack,family=poisson,scale=-10,method="GACV.Cp",
 optimizer=c("outer","newton"),control=gam.control(maxit=1000))
print(summary(model))
print("model$deviance"); print(model$deviance)
print("model$df.residual"); print(model$df.residual)
}
```

となる．この#(2)の関数I()は，かっこ内の^.5すなわちb.depthのルートをとる演算が実行されることを保護している．offset(log.net.area)は，(5.68)式の$\ln([netarea]_i)$に対する回帰係数が常に1であることを指示している．

このRプログラムを実行すると

```
Family: poisson
Link function: log
Formula:
egg.count ~ s(lon, lat, bs = "ts", k = 100) + s(I(b.depth^0.5),
    bs = "ts") + s(c.dist, bs = "ts") + s(temp.20m, bs = "ts") +
    offset(log.net.area)
Parametric coefficients:
            Estimate Std. Error t value Pr(>|t|)
(Intercept)   2.4498     0.1026   23.88   <2e-16 ***
---
Signif. codes:  0 '***' 0.001 '**' 0.01 '*' 0.05 '.' 0.1 ' ' 1
Approximate significance of smooth terms:
                   edf Ref.df     F  p-value
s(lon,lat)      83.395 83.395 5.331 < 2e-16 ***
s(I(b.depth^0.5)) 2.128  2.128 3.275  0.0357 *
s(c.dist)        5.032  5.032 0.436  0.8244
s(temp.20m)      6.047  6.047 6.710 6.7e-07 ***
---
Signif. codes:  0 '***' 0.001 '**' 0.01 '*' 0.05 '.' 0.1 ' ' 1
R-sq.(adj) =  0.793   Deviance explained =   89%
GACV score = 5.1065  Scale est. = 4.3172    n = 634
"model$deviance"
```

```
[1] 2315.728
"model$df.residual"
[1] 536.3979
```

が得られる．逸脱度 = 2315.728, 残差自由度 = 536.398 より，モデルは不適合である．ちなみに，GCV = 5.834 となる．また，(5.64) 式の値は $\hat{\phi} = 2315.7281/536.3979 = 4.3172$ となり，モデルに overdispersion が起きている．その値は，出力結果に scale est. = 4.3172 と表示される．

次に，overdispersion を考慮し，負二項回帰モデルを当てはめる．R プログラムは

```
function()
{
  #(1)
  library(mgcv)
  library(gamair)
  data(mack)
  mack$log.net.area<-log(mack$net.area)
  #(2)
  model<-gam(egg.count~s(lon,lat,bs="ts",k=40)+s(I(b.depth^.5),
    bs="ts")+s(c.dist,bs="ts")+s(temp.20m,bs="ts")+offset(log.net.area),
    data=mack,family=negbin(c(0.5,2)),optimizer=c("outer","newton"),
    control=gam.control(maxit=1000))
  print(summary(model))
  print("model$deviance"); print(model$deviance)
  print("model$df.residual"); print(model$df.residual)
}
```

となる．なお，#(2) で，optimizer=c("outer","newton") として，外部反復で (5.41) 式の UBRE を採用する．mgcv のバージョン 1.5-2 では GACV スコアを使えない（mgcv のマニュアル p.77 を参照）．family=negbin(c(0.5,2)) は (5.60) 式の overdispersion パラメータ α の逆数を 0.5 から 2.0 まで動かし，UBRE スコア（(5.41) 式）が最小となる値を選択する．ただし，(5.41) 式の σ^2 は 1 とおく（それが，出力結果に scale est. = 1 と表示される）．

この R プログラムを実行すると

```
Family: Negative Binomial(1.472)
Link function: log
Formula:
egg.count ~ s(lon, lat, bs = "ts", k = 40) + s(I(b.depth^0.5),
    bs = "ts") + s(c.dist, bs = "ts") + s(temp.20m, bs = "ts") +
    offset(log.net.area)
Parametric coefficients:
            Estimate Std. Error z value Pr(>|z|)
(Intercept)  2.56745    0.06009   42.72   <2e-16 ***
```

```
Signif. codes:  0 '***' 0.001 '**' 0.01 '*' 0.05 '.' 0.1 ' ' 1
Approximate significance of smooth terms:
                   edf Ref.df Chi.sq p-value
s(lon,lat)      33.276 33.276 152.39 < 2e-16 ***
s(I(b.depth^0.5))7.170  7.170  40.96 9.7e-07 ***
s(c.dist)        4.932  4.932  10.49  0.0601 .
s(temp.20m)      6.384  6.384  34.11 9.3e-06 ***
---
Signif. codes:  0 '***' 0.001 '**' 0.01 '*' 0.05 '.' 0.1 ' ' 1
R-sq.(adj) =  0.577   Deviance explained = 78.6%
UBRE score = 0.18302  Scale est. = 1         n = 634
"model$deviance"
[1] 644.5173
"model$df.residual"
[1] 581.2387
```

が得られる．逸脱度 $= 644.517$，残差自由度 $= 581.239$ より，モデルは適合している．(5.59) 式の dispersion パラメータ α は $\alpha = 1/1.472 = 0.679$ と推定される．また，(5.64) 式から，スケールパラメータ ϕ は，$\hat{\phi} = 644.517/581.239 = 1.109$ と推定され，1.0 に近く overdispersion は起きていない．

さらに，R プログラムの#(2) に

```
#(3)
plot(model, select=1)
plot(model, select=2)
plot(model, select=3)
plot(model, select=4)
```

を続ければ，図 5.6〜図 5.9 のような，平滑化スプライン関数の予測値（実線）を描くことができる．図 5.6 の実線は，経度と緯度に関する卵の密度の対数値に対する交互作用スプライン関数の等高線を表している．破線は，予測値からその標準偏差の 2 倍離れた位置を示している．図 5.7 と図 5.9 から，海底の深さは $20^2 \sim 40^2$ m，深さ 20 m の水温が 14℃ 前後に産卵される可能性が高い．200 m 等深線からの距離は 10% 有意であるが，直線ではなく，スプライン関数を用いる効果は少ない．それは図 5.8 からも明らかである．さらに，R プログラムの#(3) に

```
#(4) 標準グリッド
data(mackp)
#(5) 海岸線データ
data(coast)
#(6)
mackp$log.net.area <- 0*mackp$lon    #mack offset column
```

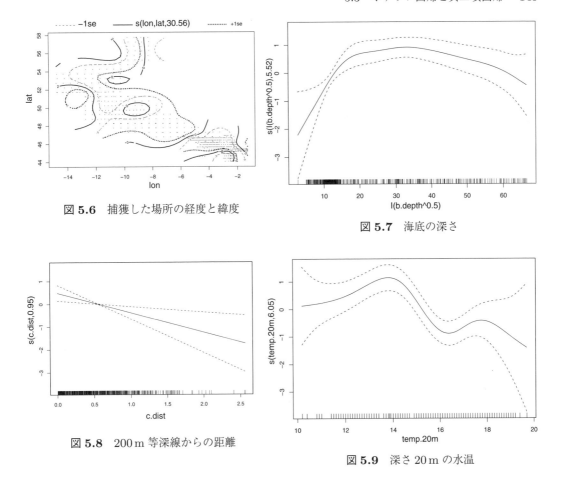

図 5.6 捕獲した場所の経度と緯度

図 5.7 海底の深さ

図 5.8 200 m 等深線からの距離

図 5.9 深さ 20 m の水温

```
lon <- seq(-15, -1, 1/4)
lat <- seq(44, 58, 1/4)
zz <- array(NA, 57*57)    #lon*lat
zz[mackp$area.index] <- predict(model, mackp)
image(lon,lat,matrix(zz,57,57),col=gray(0:32/32),cex.lab=1.5,cex.axis=1.4)
#(7) 等高線
contour(lon, lat, matrix(zz, 57, 57), add=TRUE)
#(8) 海岸線
lines(coast$lon, coast$lat, col=1)
```

を追加すると，図 5.10 のような濃淡のついたコンター図が得られる（[150] の p.260）．同図は，マサバ卵の密度の対数値に対する予測値である．色の薄い部分ほど産卵されている可能性が高いことを示している．これは，R プログラムのモデル式

```
model <- gam(egg.count~s(lon,lat,bs="ts",k=40)+s(I(b.depth^.5),
 bs="ts")+s(c.dist,bs="ts")+s(temp.20m,bs="ts")+offset(log.net.area), ...)
```

における左辺 egg.count の予測値である．一方，図 5.6 は平滑化スプライン関数 s(lon,lat, bs="ts",k=40) の予測値である．

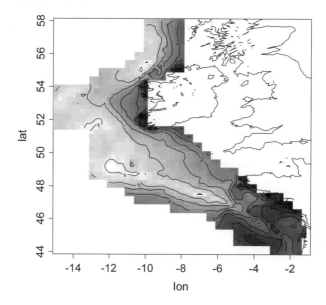

図 **5.10** 卵の密度の対数値に対する予測値

5.A GACV の導出

(5.19) 式の平滑化パラメータ λ_j は未知であるから，それを推定しなければならない．その推定法として，i) "外部 (outer)" 反復 [151]，および ii) "性能指向型 (performance-oriented)" 反復 [149] がある．ここでは，外部反復を取り上げる．外部反復として，GCV スコア

$$\nu_g(\boldsymbol{\lambda}) = \frac{nDev(\hat{\boldsymbol{\beta}})}{\{n - tr(\mathbf{H}_\lambda)\}^2} \tag{5.A.1}$$

が広範に用いられてきた ([134], [150] の 4.7 節)．ここに，ハット行列 $\mathbf{H}_\lambda$ は (5.22) 式で与えられる．近年は，GACV が採用されている [51, 151, 153]．$\hat{\boldsymbol{\eta}} = \tilde{\mathbf{x}}\boldsymbol{\beta}$ より，$Dev(\hat{\boldsymbol{\beta}})$ を $Dev(\hat{\boldsymbol{\eta}}) = \sum_{i=1}^{n} D_i(\hat{\eta}_i)$ と書く．ここに，$D_i(\hat{\eta}_i)$ は第 i 番目のデータ点の $Dev(\hat{\boldsymbol{\eta}})$ への寄与度である．モデルの平均予測逸脱度を

$$D_{CV} = \sum_{i=1}^{n} D_i\left(\hat{\eta}_i^{[-i]}\right) \tag{5.A.2}$$

から推定する．ここに $\hat{\eta}_i^{[-i]}$ は，全データから第 i 番目のデータ点を除いて求めた i 番目のデータに対する $\boldsymbol{\eta}_i$ の予測値である．

(5.A.2) 式の最小化は平滑化パラメータの選択には有効であるが，$i = 1, 2, \ldots, n$ について計算が必要でその量は膨大になる．$\hat{\eta}_i - \hat{\eta}_i^{[-i]} = H_{ii}(z_i - \hat{\eta}_i^{[-i]})$ より $\hat{\eta}_i - \hat{\eta}_i^{[-i]} = (z_i - \hat{\eta}_i)H_{ii}/(1 - H_{ii})$ となる [51]．(5.8) 式より $z_i - \hat{\eta}_i = \dfrac{y_i - \hat{\pi}_i}{\hat{\pi}_i(1 - \hat{\pi}_i)} = g'(\hat{\pi}_i)(y_i - \hat{\pi}_i)$ となり，$\hat{\eta}_i - \hat{\eta}_i^{[-i]} = g'(\hat{\pi}_i)(y_i - \hat{\pi}_i)$ $H_{ii}/(1 - H_{ii})$ を得る．そこで，(5.A.2) 式の $D_i\left(\hat{\eta}_i^{[-i]}\right)$ にテイラー展開

$$
\begin{aligned}
D_i\left(\hat{\eta}_i^{[-i]}\right) &\cong D_i\left(\hat{\eta}_i\right) + \frac{\partial D_i(\hat{\eta}_i)}{\partial \hat{\eta}_i}\left(\hat{\eta}_i^{[-i]} - \hat{\eta}_i\right) \\
&= D_i\left(\hat{\eta}_i\right) - \frac{\partial D_i(\hat{\eta}_i)}{\partial \hat{\eta}_i}\frac{H_{ii}}{1-H_{ii}}g'\left(\hat{\pi}_i\right)(y_i - \hat{\pi}_i)
\end{aligned}
\tag{5.A.3}
$$

を施す. $\hat{\eta}_i^{[-i]} - \hat{\eta}_i = g'(\hat{\pi}_i)(y_i - \hat{\pi}_i) H_{ii}/(1-H_{ii})$ を

$$
\frac{\partial D_i(\hat{\eta}_i)}{\partial \hat{\eta}_i} = -2\omega_i \frac{y_i - \hat{\pi}_i}{V(\hat{\pi}_i)\,g'(\hat{\pi}_i)}
\tag{5.A.4}
$$

へ代入すると

$$
D_i\left(\hat{\eta}_i^{[-i]}\right) \cong D_i\left(\hat{\eta}_i\right) + 2\left\{\frac{H_{ii}}{n-H_{ii}}\right\}\omega_i\frac{(y_i-\hat{\pi}_i)^2}{V(\hat{\pi}_i)}
\tag{5.A.5}
$$

を得る. H_{ii} をその平均 $\sum_{i=1}^{n} H_{ii}/n = tr(\mathbf{H}_\lambda)/n$ で置き換えると

$$
D_i\left(\hat{\eta}_i^{[-i]}\right) \cong D_i\left(\hat{\eta}_i\right) + 2\left\{\frac{tr(\mathbf{H}_\lambda)}{n-tr(\mathbf{H}_\lambda)}\right\}\omega_i\frac{(y_i-\hat{\pi}_i)^2}{V(\hat{\pi}_i)}
\tag{5.A.6}
$$

となる. よって, GACV スコアは

$$
\nu_g^* = \frac{Dev(\hat{\boldsymbol{\eta}})}{n} + \frac{2}{n}\frac{tr(\mathbf{H}_\lambda)}{1-tr(\mathbf{H}_\lambda)}\sum_{i=1}^{n}\omega_i\frac{(y_i-\hat{\pi}_i)^2}{V(\hat{\pi}_i)} = \frac{Dev(\hat{\boldsymbol{\eta}})}{n} + \frac{2}{n}\left\{\frac{tr(\mathbf{H}_\lambda)}{n-tr(\mathbf{H}_\lambda)}\right\}P(\hat{\boldsymbol{\eta}})
\tag{5.A.7}
$$

と書ける. ここに, $P(\hat{\boldsymbol{\eta}})$ はピアソン統計量である ([151] の 2 章).

5.B　ロジスティック判別モデルのパラメータ推定

ペナルティ項をもたない (5.15) 式の対数尤度について, 未知パラメータ $\boldsymbol{\beta}$ を推定する. Newton-Raphson 法の更新式は

$$
\boldsymbol{\beta}^{[k+1]} = \boldsymbol{\beta}^{[k]} - \left[\frac{\partial^2 l(\boldsymbol{\beta})}{\partial \boldsymbol{\beta}\partial \boldsymbol{\beta}^t}\right]^{-1}\frac{\partial l(\boldsymbol{\beta})}{\partial \boldsymbol{\beta}}
\tag{5.B.1}
$$

で与えられる. 対角要素 $\pi^{[k]}(1-\pi^{[k]})$ をもつ $n \times n$ 対角行列を $\mathbf{W}^{[k]}$ とすると,

$$
\frac{\partial l(\boldsymbol{\beta})}{\partial \boldsymbol{\beta}} = \tilde{\mathbf{x}}^t(\mathbf{y} - \boldsymbol{\pi})
\tag{5.B.2}
$$

$$
\frac{\partial^2 l(\boldsymbol{\beta})}{\partial \boldsymbol{\beta}\partial \boldsymbol{\beta}^t} = -\tilde{\mathbf{x}}^t \mathbf{W}^{[k]} \tilde{\mathbf{x}}
\tag{5.B.3}
$$

より, (5.B.1) 式は

$$
\begin{aligned}
\boldsymbol{\beta}^{[k+1]} &= \boldsymbol{\beta}^{[k]} + (\tilde{\mathbf{x}}^t \mathbf{W}^{[k]} \tilde{\mathbf{x}})^{-1} \tilde{\mathbf{x}}^t (\mathbf{y} - \boldsymbol{\pi}) \\
&= (\tilde{\mathbf{x}}^t \mathbf{W}^{[k]} \tilde{\mathbf{x}})^{-1} \tilde{\mathbf{x}}^t \mathbf{W}^{[k]} \{\tilde{\mathbf{x}}\boldsymbol{\beta}^{[k]} + \mathbf{W}^{[k]^{-1}}(\mathbf{y} - \boldsymbol{\pi})\}
\end{aligned}
\tag{5.B.4}
$$

となり, 調整従属変数 $\boldsymbol{z}$ を

$$
\boldsymbol{z} = \tilde{\mathbf{x}}\boldsymbol{\beta}^{[k]} + \mathbf{W}^{[k]^{-1}}(\mathbf{y} - \boldsymbol{\pi})
\tag{5.B.5}
$$

とおくと, 反復計算式は

$$
\boldsymbol{\beta}^{[k+1]} = (\tilde{\mathbf{x}}^t \mathbf{W}^{[k]} \tilde{\mathbf{x}})^{-1} \tilde{\mathbf{x}}^t \mathbf{W}^{[k]} \boldsymbol{z}
\tag{5.B.6}
$$

と書ける．これは，z と $\mathbf{W}$ が $\boldsymbol{\beta}$ に依存するため，反復して解かなければならない．そのため，反復再重み付き最小2乗 IRLS (Iteratively Reweighted Least Squares) 法と呼ばれている．実際には，初期値 $\boldsymbol{\beta}^{[0]}$ を与え，z と $\mathbf{W}$ を算出する．(5.B.6) 式を用いて更新した $\boldsymbol{\beta}^{[1]}$ から z と $\mathbf{W}$ を再計算する．以下，$\boldsymbol{\beta}^{[k+1]}$ と $\boldsymbol{\beta}^{[k]}$ との差が十分小さくなるまで反復する．

(5.B.5) 式は

$$\mathbf{W}^{[k]}(z - \tilde{\mathbf{x}}\boldsymbol{\beta}^{[k]}) = \mathbf{y} - \boldsymbol{\pi} \tag{5.B.7}$$

と書き換えられるから，

$$\text{最小化} \quad \left\|\sqrt{\mathbf{W}^{[k]}}(z - \tilde{\mathbf{x}}\boldsymbol{\beta})\right\|^2 \tag{5.B.8}$$

と同等である（[56] の p.99, [108]）．

5.C Overdispersion

n_i 回中 1 の生ずる回数 Y_i（確率変数）が y_i である確率は二項分布 $B(y_i, \pi_i)$

$$\binom{n_i}{y_i} \pi_i^{y_i}(1-\pi_i)^{n_i-y_i}, \quad y_i = 0, 1, \ldots, n_i \tag{5.C.1}$$

となる．二項分布では

$$\begin{cases} E[Y_i] = \pi_i \\ Var[Y_i] = n_i\pi_i(1-\pi_i) \end{cases} \tag{5.C.2}$$

となる．このとき，I 個の予測変数 $x_1, x_2, \ldots, x_I$ をもつロジスティック回帰モデルを考える．これは，同じ予測変数 x_i をもつ n_i の個体は同じ期待値 π_i，同じ分散 $n_i\pi_i(1-\pi_i)$ をもつと仮定している．しかし，同じ予測変数 x_i をもつ n_i の個体間には個体差があり，i 番目の実際の応答確率 p_i は π_i の周りに変動し

$$\begin{cases} E[\pi_i] = \pi_i \\ Var[\pi_i] = \phi\pi_i(1-\pi_i) \end{cases} \tag{5.C.3}$$

であると仮定する．ここに，$\phi(\geq 0)$ は未知のスケールパラメータである．このとき，p_i のもとでの Y_i の条件付き分散は

$$Var[Y_i|p_i] = n_ip_i(1-p_i) \tag{5.C.4}$$

で与えられる．よって，

$$\begin{aligned} Var[Y_i] &= E[Var[Y_i|\pi_i]] + Var[E[Y_i|\pi_i]] \\ &= n_i\pi_i(1-\pi_i)\{1+(n_i-1)\phi\} \end{aligned} \tag{5.C.5}$$

となり，Y_i の分散は $n_i\pi_i(1-\pi_i)$ より大きくなる．これを overdispersion という．しかし，$n_i = 1$ のベルヌーイ分布の場合，(5.C.5) 式は $Var[Y_i] = \pi_i(1-\pi_i)$ となり，2値応答データは ϕ に関するいかなる情報も与えない（[34] の 6.2 節を参照）．

第6章

樹形モデルとMARS

6.1 はじめに

平滑化スプラインは回帰式として以下の式を用いる.

$$y = \sum_{j=1}^{q} \beta_j b_j(x) \tag{6.1}$$

ここで, $\{b(x)\}$ $(1 \leq j \leq q)$ がB-スプライン基底で, $\{\beta_j\}$ $(1 \leq j \leq q)$ が回帰係数である. (6.1)式の形の回帰式は多様な関数関係を表現できる. そのため, データの予測変数の広がりに応じてB-スプライン基底を配置しさえすれば, 凸凹ペナルティを伴う最小2乗法などを用いて回帰係数を算出することによって優れた回帰式が得られる.

しかし, 固定した形式の回帰式を用い, 回帰係数の値を調整することによって回帰式を得るのではなく, データの様子に応じて回帰式の形式を選択する方法も考えられる. 回帰式の形式として基底の線形結合を用いる場合, 多くの基底の候補の中から基底の優れた組合せを選択する. この方法には少なくとも2つの利点がある.

1つは, データの局所的な性質に応じた基底が選択できることである. データの挙動の様子は予測変数の値, すなわち, データの位置する領域によって大きく異なることがある. ある場所では急激な変化が見られ, 他の場所では穏やかな変化が支配しているかもしれない. その場合, 平滑化パラメータの値の局所的な調整が必要になる. すると, 局所的な平滑化パラメータの値の調整が煩雑になるので, 基底の選択のほうが効率がいい.

もう1つは, 基底の選択は予測変数の選択を特別な場合として含むので, 基底の選択を合理的に進めるアルゴリズムを用いれば予測変数の選択のためのアルゴリズムは必要なくなることである. また, 特定の領域では特定の予測変数を含まない基底だけを用いれば, その領域でその予測変数を選択しないことになるので, 予測変数の選択の概念が拡張される.

そこで, 本章では, 基底を選択することによって優れた回帰式を作成する方法の中から, 樹形モデル [21, 56] とMARS (Multivariate Adaptive Regression Splines) [42, 56] を取り上げる. この2つの方法は, こうした手法を代表するものであり, 実用的な利用例も多いからである (たとえば, [43, 78, 157]).

6.2 樹形モデルの基本概念

図 6.1（左上）は予測変数が 1 つのときのデータの例である．このデータを使った樹形モデルによって，図 6.1（右上，左下，右下）のような回帰曲線が得られる．区分的な定数をつなげたものである．区分的な定数の個数は，それぞれ，7 つ，5 つ，3 つである．この 3 つの回帰曲線を生み出した樹形図が，それぞれ，図 6.2（上，左下，右下）である．樹形モデルの名は，こうした樹形図が樹木が倒立した姿に似ていることに由来する．これらの樹形図において，推定値を求めるべき予測変数 x_1 の値が $x_1 < 3.014$（このような条件を，分岐ルールと呼ぶ）を満たすとき，分岐（ノード (node) ともいう）の右側へ進行し，満たさないときに左側に進行する，という要領で徐々に下へ進むと，特定の値が記述されている場所に到達するので，その値を推定値とする．推定値が書かれている場所をターミナルノード (terminal node) と呼ぶ．樹形図を 1 本の木とみなして「葉」と呼ぶこともある．たとえば，図 6.1（右下）は 3 つの定数のいずれかをとる回帰関数であり，それに対応する樹形図（図 6.2（右下））は 2 つの分岐をもつ．つまり，回帰関数における区分的な定数の個数は分岐の個数より 1 つ多い．この関係は，図 6.1（右上）と（左下）においても成り立っている．普遍的に成り立つ関係でもある．また，図 6.1（右下）において，x_1 の値が 3.014 と 6.853 の位置において推定値の値が不連続に変化している．これは，図 6.2（右下）の樹形図にこの 2 つの値を使った分岐ルールが設定されていることに起因する．

たとえば，図 6.1（右上）が示している回帰関数を，(6.1) 式（149 ページ）の形で表現することができる．すなわち，この回帰関数を以下の式で表現すると基底関数（$\{\beta_j(x)\}(1 \leq j \leq 7)$）は，図 6.3 に描かれている 7 つの関数になる．図 6.2 のような樹形図からは，得られる回帰式が基底関数の線形結合であることは直感しにくい．しかし，樹形モデルは，基底関数の線形結合の形式の回帰式を作成するための手法の 1 つとみなせる．その際，用いる基底関数は，図 6.3 に描かれ

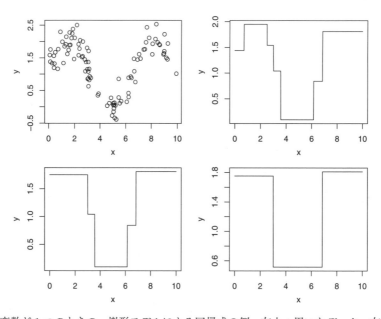

図 6.1 予測変数が 1 つのときの，樹形モデルによる回帰式の例．左上：用いたデータ．右上：目的変数が 7 つの値のいずれかをとる回帰式．左下：目的変数が 5 つの値のいずれかをとる回帰式．右下：目的変数が 3 つの値のいずれかをとる回帰式

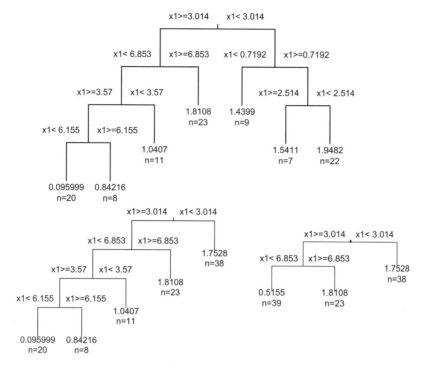

図 6.2 上：図 6.1（右上）を生み出す樹形図．左下：図 6.1（左下）を生み出す樹形図．右下：図 6.1（右下）を生み出す樹形図．**n=** はそれぞれのターミナルノードに到達するデータの個数を表している

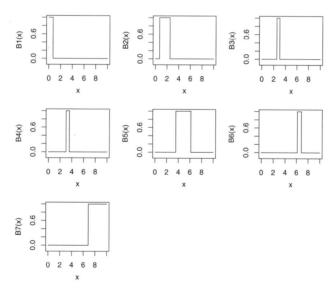

図 6.3 図 6.1（右上）を構成している基底関数

ているような，特定の領域では定数で，その他の領域では 0 をとる関数である．図 6.3 の基底関数において上に凸になっている部分に定数を掛けてつなぎ合わせると回帰関数になるともみなせる．そうした基底関数の中でどの基底関数を用いるかはあらかじめ与えるのではなく，特定のアルゴリズムがデータの性質に応じて決定する．その際，基底関数の個数（ターミナルノードの個

数と同じ．分岐の個数に 1 を加えたもの）が平滑化スプラインにおける平滑化パラメータに相当する．よって，基底関数の個数を最適化するため，平滑化スプラインにおける平滑化パラメータの最適化のための手法と類似した方法を用いる．

次に予測変数が 2 つのときの樹形モデルを考える．以下の式が与えるデータを用いる．

$$y_i = x_{i2}^2 + x_{i1}^2(x_{i2} - 1.1)^2 + \epsilon_i \tag{6.2}$$

ここで，$\{x_{i1}\}(1 \leq i \leq 200)$ が 1 番目の予測変数，$\{x_{i2}\}$ が 2 番目の予測変数で，いずれも 0 と 2 の間の値をとる一様乱数の実現値である．$\{\epsilon_i\}$ は，$N(0.0, 0.8^2)$（平均が 0.0，分散が 0.8^2 の正

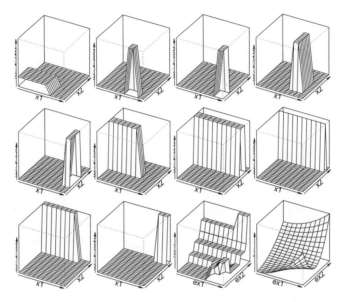

図 6.4 予測変数が 2 つのとき，樹形モデルが与える回帰式の例．基底関数（上段と中段の 8 枚と下段の左側 2 枚），回帰式（下段の左から 3 番目），データを与えた曲面（下段の右端）

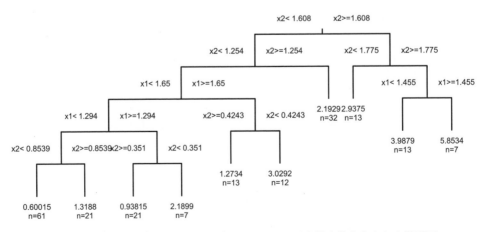

図 6.5 図 6.4 の下段の左から 3 番目のグラフが示す推定値をもたらす樹形図

規分布）の実現値である．図 6.4 の上段の 4 枚と中段の 4 枚と下段の左側 2 枚のグラフは，予測変数が 2 つのときに樹形モデルを作成したときの基底関数の例である．下段の 3 枚目のグラフが示している回帰式は，これらの基底関数の線形結合である．データは下段の右端の曲面が与える値にランダムな誤差を加えて得たものである．下段の右端の曲面は，(6.2) 式から ϵ_i の部分を除いた式から得られる．下段の 3 枚目のグラフが与える回帰式を樹形図の形で描くと図 6.5 になる．

6.3　回帰のための樹形モデル

図 6.6 は，ライブラリ「mvpart」[88] に所収されている「car.test.frame.csv」[25] を用いて作成した樹形モデルである．ただし，予測変数として連続量のもの（5 つ）を利用した．5 つの予測変数は，以下のものである．

x_1：信頼性．1 から 5 のいずれかの整数
x_2：US ガロンあたりの走行距離（マイル）
x_3：車両重量（ポンド）
x_4：エンジンの総排気量（単位はリットル（と解説に書かれているけれども，実際には 10 ミリリットルを単位とした値であろう））
x_5：エンジン出力（馬力）

目的変数 (y) は表示価格（US ドル）である．データの個数は欠測値を除くと 49 個である．

以下の R プログラムによってこの樹形図が得られる．

```
function ()
{
#(1)
  library(mvpart)
#(2)
  file1 <- read.table(file="C:\\Users\\user1\\Documents\\R\\win-library\\2.7
    \\mvpart\\data\\car.test.frame.csv", sep=";", header=T)
  file1 <- na.omit(file1)
  xxall <- file1[,c(3,4,6,7,8)]
  xx1 <- xxall[,1]
  xx2 <- xxall[,2]
  xx3 <- xxall[,3]
  xx4 <- xxall[,4]
  xx5 <- xxall[,5]
  yy <- file1[,1]
#(3)
  data1 <- data.frame(x1 = xx1, x2 = xx2, x3 = xx3, x4 = xx4,x5 = xx5, y = yy)
  rpart.out1 <- rpart(y~., data = data1, cp = 0.0849)
#(4)
  par(mfrow = c(1, 1), mai = c(1.5, 0.5, 1.5, 0.5), oma = c(0, 0, 0, 0))
```

```
  plot.rpart(rpart.out1, uniform=T, margin=0.2)
  text(rpart.out1, use.n=T, cex=0.8)
#(5)
  print(summary(rpart.out1))
}
```

(1) ライブラリ「mvpart」[88] を利用する.
(2) データを読み出して，予測変数 (xx1, xx2, xx3, xx4, xx5) と目的変数 (yy) を設定する.
(3) 用いるデータを data1 にまとめて，rpart() を使って樹形モデルを作成する．cp は複雑度コスト測度である．複雑度コスト測度として正または 0 の値を設定する．複雑度コスト測度として大きな値を用いると，樹形モデルのターミナルノードの個数が少なくなる．すなわち，分岐も少なくなる．ここでは，cp = 0.0849 と設定している．
(4) plot.rpart() を使って樹形図を描く．uniform=T と指定することによって，ノードが縦方向に等間隔に配置される．margin= が樹形図の周辺にある余白の広さを指定する．text() が樹形図に文字を書き込む．use.n=T という指定によって，それぞれのターミナルノードに到達するデータの個数を表示する．
(5) 図 6.6 の樹形モデルが得られた過程の概要を出力する．

この R プログラムは以下のものも出力する.

```
Call:
rpart(formula = y ~ ., data = data1, cp = 1e-04)
  n= 49
  CP          nsplit rel error   xerror     xstd
1 0.5225777        0 1.0000000 1.0324156 0.2435312
2 0.1597170        1 0.4774223 0.7104417 0.1639577
3 0.1165548        2 0.3177053 0.7548874 0.1743696
4 0.0849000        3 0.2011505 0.4618358 0.1209183
Node number 1: 49 observations,    complexity param=0.5225777
  mean=12452.08, MSE=1.752489e+07
```

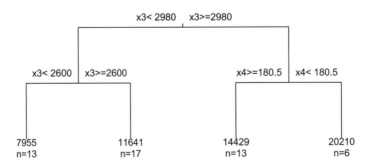

図 6.6 「car.test.frame.csv」を用い，予測変数として連続量のものを利用したときに得られる樹形図．複雑度コスト測度の値を 0.0849 とした

```
    left son=2 (30 obs) right son=3 (19 obs)
    Primary splits:
        x3 < 2980   to the left,   improve=0.52257770, (0 missing)
        x5 < 113.5  to the left,   improve=0.48995840, (0 missing)
        x2 < 23.5   to the right,  improve=0.45405790, (0 missing)
        x4 < 158    to the left,   improve=0.44886460, (0 missing)
        x1 < 2.5    to the left,   improve=0.02746078, (0 missing)
```
（以下，省略）

2行目は，最初に実行したRプログラムとその引数を示し，3行目はデータの個数である．4行目から8行目については後述する．9行目から17行目は図6.6に図示されている樹形モデルの第1分岐（x_3 が2980以上か否かによる分岐）の作成過程である．9行目の前半は，この分岐に到達するデータの個数が49個であることを示している．これは最初の分岐なのですべてのデータがこの分岐に到達する．しかし，以降の分岐にはデータの一部分しか到達しない．「`complexity param`」は，複雑度コスト測度の値を徐々に小さくしていったときにこの値になって初めて第1分岐が出現することを意味している．10行目の `mean=` はデータの目的変数の部分の平均値である．1番目の分岐に到達したデータの目的変数の部分を $\{y_i^{(1)}\}(1 \leq i \leq n_1)$（$n_1$ が1番目の分岐に到達したデータの個数，$n_1 = n$）とすると，`MSE=`の値 (MSE_1) は以下のものである．

$$MSE_1 = \frac{1}{n_1} \sum_{i=1}^{n_1} \Big(y_i^{(1)} - \frac{\sum_{j=1}^{n_1} y_j^{(1)}}{n_1}\Big)^2 \tag{6.3}$$

この分岐がなかったとき，すなわち，ここがターミナルノードのときに，ここに到達したデータのすべてに対する推定値として与えられる値が，$\sum_{j=1}^{n_1} y_j^{(1)}/n_1$ である．11行目は，この分岐から左に進んだデータが30個あって，それらのデータは第2分岐と名づけられた分岐に進んだこと，そして，この分岐から右に進んだデータが19個あって，それらは第3分岐と名づけられた分岐に進んだことを示している．13行目から17行目は分岐ルールとしていくつかのものを試みた結果，13行目のルールを採用した様子を表している．

13行目にある $x_3 < 2980$ という分岐ルールは，x_3 のデータのそれぞれの値を用いて分岐ルールを作成して，以下の値が最大になるものを選択したことを意味する．

$$Imp_1 = 1 - \frac{\sum_{i=1}^{n_{1L}}\Big(y_{iL}^{(1)} - \frac{\sum_{j=1}^{n_{1L}} y_{jL}^{(1)}}{n_{1L}}\Big)^2 + \sum_{i=1}^{n_{1R}}\Big(y_{iR}^{(1)} - \frac{\sum_{j=1}^{n_{1R}} y_{jR}^{(1)}}{n_{1R}}\Big)^2}{nMSE_1} \tag{6.4}$$

ここで，$\{y_{iL}^{(1)}\}(1 \leq i \leq n_{1L})$ は，$\{y_i^{(1)}\}$ の中で第1分岐によって左側に進むデータで，n_{1L} がその個数である．$\{y_{iR}^{(1)}\}(1 \leq i \leq n_{1R})$ は，右側に進むデータで，n_{1R} がその個数である．また，$\sum_{j=1}^{n_{1L}} y_{jL}^{(1)}/n_{1L}$ は，この分岐の左下にターミナルノードがあった場合，そのターミナルノードに到達したデータのすべてに与えられる推定値である．$\sum_{j=1}^{n_{1R}} y_{jR}^{(1)}/n_{1R}$ は，この分岐の右下にターミナルノードがあった場合，そのターミナルノードに到達したデータのすべてに与えられる推定値である．Imp_1 を改善度と呼ぶ．

14行目は，x_5 のデータのそれぞれを使って分岐ルールを作成して，Imp_1 が最大になるものを選択した．したがって，113.5は x_5 のデータのうちの1つである．15行目，16行目，17行目は，

それぞれ, x_2, x_4, x_1 について同様の作業を行うことで得られた分岐ルールである．そして, これら5つの分岐ルールのそれぞれについての Imp_1 を算出し, その値が一番大きいものに対応する分岐ルールを第1分岐ルールとして採用する．第2分岐以降の分岐についても上記の添え字の「1」をそれぞれ分岐の番号に代えれば分岐ルールを作成する手順になる．

樹形モデルを作成する手順をまとめると以下のようになる．

[ステップ1] ターミナルノードの個数を1つとする．
[ステップ2] Imp_1 ((6.4)式) の値を算出し, 各予測変数ごとの最適な分岐ルールを求める．
[ステップ3] [ステップ2]で作成した分岐ルールの中で, Imp_1 が最大のものを選ぶ．
[ステップ4] [ステップ3]で得られた分岐ルールによって分割されたデータの一方を用いて [ステップ2] と [ステップ3] を実行する．そのとき, Imp_2 を使う．

このような手順を続けて樹形モデルを拡大する．しかし, 多くの回帰式と同様に, 複雑すぎる樹形モデルは予測には適さないので, ターミナルノードの個数を最適化する必要がある．

図6.6におけるターミナルノードの個数は4になっている．`rpart()` における `cp = 0.0849` の結果である．この設定の根拠が図6.7である．図6.7（左）は複雑度コスト測度とターミナルノードの個数の関係を示している．複雑度コスト測度は正または0の連続量であるのに対して, ターミナルノードの個数は正の整数である．複雑度コスト測度の値が大きくなるにつれてターミナルノードの個数は階段状に減少する．ターミナルノードの個数を調整するにあたって複雑度コスト測度を利用する理由については, たとえば [21] を参照していただきたい．図6.7（左）のそれぞれの太線に直立している短い線とそこに記された数値は, 樹形モデルを作成する際に実際に利用する複雑度コスト測度の値である．ターミナルノードの個数が k のときの太線の両端の値を α_k と $\alpha_{k+1}(\alpha_k > \alpha_{k+1}, k = 2, 3, 4, \ldots)$ とすると, 実際に用いる複雑度コスト測度の値 (α'_k) を以下のように設定する．

$$\alpha'_k = \sqrt{\alpha_k \cdot \alpha_{k+1}} \tag{6.5}$$

α_1 は理論的には正の無限大になる．そこで, α'_1 として以下の値を用いる．

$$\alpha'_1 = (\alpha_2 + 1) \cdot 0.5 \tag{6.6}$$

先の出力（154ページ）の9行目の後半の「`complexity param=0.5225777`」は, α_2 の値が 0.5225777 であることを示している．複雑度コスト測度の値としてこの値より小さい値を設定したとき, 第2分岐が作成される．すなわち, 分岐ルールが1つ得られる．

図6.7（右）の◇は, ターミナルノードの個数が1から7の樹形モデルのそれぞれが与える, 平均2乗誤差である．ただし, ターミナルノードの個数を1に設定したときの平均2乗誤差（(6.3)式（155ページ））で割った値である．すなわち, ◇が示している値は以下のものである．

$$er_k = \frac{\sum_{i=1}^{n}(y - \hat{y}_i^{<k>})^2}{nMSE_1} \tag{6.7}$$

ここで, k がターミナルノードの個数であり, $\{\hat{y}_i^{<k>}\}$ は, ターミナルノードの個数が k の樹形モデルがもたらす推定値である．×は, 10群クロスバリデーション（以下では, 10群CV）を使って求めた予測誤差の2乗平均値（定義は後述する）である．ただし, 乱数の初期値を替えてこの計算を50回行って得られる50個の2乗平均値の平均である．その値が最小になる点が△で示され

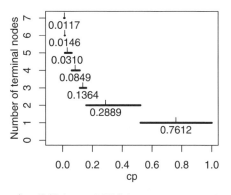
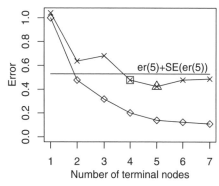

図 6.7　左：複雑度コスト測度とターミナルノードの個数の関係（複雑度コスト測度の値がそれぞれの太線で示した範囲にあるとき，ターミナルノードの個数が一定になる．短い垂線とその位置の数字は実際に用いる複雑度コスト測度の値を示す）．右：ターミナルノードの個数を 1 に設定したときの平均 2 乗誤差を 1 とおいた場合の，ターミナルノードの個数が 1 から 7 の樹形モデルのそれぞれが与える，平均 2 乗誤差（◇）((6.7) 式）と 10 群 CV による予測誤差の 2 乗平均値（×）((6.9) 式）（△が予測誤差の 2 乗平均値が最小になる点，□が one SE ルールによる最適な点）

ている．ターミナルノードの個数が 5 のときが最適とみなされる．しかし，後述する理由によって，ターミナルノードの個数が 4 の樹形モデルが最適と結論づけられる．よって，それに対応する複雑度コスト測度を図 6.7（左）から読み取って，cp = 0.0849 が与える樹形モデルを作成した．

10 群 CV による予測誤差は以下の手順で算出する．

［ステップ 1］　データをランダムに 10 のグループ $\{D_1, D_2, \ldots, D_{10}\}$ に分割する．

［ステップ 2］　D_1 を除いて，残りのデータを用いて樹形モデルを作成する．

［ステップ 3］　［ステップ 2］で得られた樹形モデルを用いて，D_1 の予測変数の部分に対応する目的変数の値を推定する．

［ステップ 4］　［ステップ 2］と［ステップ 3］の過程を，除くデータを $D_2, D_3, \ldots, D_{10}$ のそれぞれに替えて実行する．これによって，すべてのデータに対応する推定値が得られる．これらの推定値（$\{\tilde{y}_i\}\ 1 \leq i \leq n$）を算出する際に用いた樹形モデルを作るときには，それらの推定値に該当するデータは用いていないので，それらの推定値を予測値とみなすことができる．したがって，$\{y_i - \tilde{y}_i\}\ (1 \leq i \leq n)$ を予測誤差とみなせる．その 2 乗平均は以下のものになる．

$$E_{cr} = \frac{1}{n} \sum_{i=1}^{n} (y - \tilde{y}_i)^2 \tag{6.8}$$

複雑度コスト測度の値をさまざまに設定してそれぞれに対する E_{cr} の値を求めると，E_{cr} の値が最小になる複雑度コスト測度が得られる．しかし，この E_{cr} をそのまま用いることは好ましくない．データをランダムに分割する際に利用する乱数を発生させるための初期値をいろいろに替えて E_{cr} を求め，それらの平均値を用いるべきである．すなわち，E_{cr} の代わりに以下の E_{cr}^{av} を用いる．

$$E_{cr}^{av} = \frac{\sum_{k=1}^{M} E_{cr}^k}{M} = \frac{1}{Mn} \sum_{k=1}^{M} \sum_{i=1}^{n} (y - \tilde{y}_i^k)^2 \tag{6.9}$$

ここで，$\{\tilde{y}_i^k\}\ (1 \leq i \leq n,\ 1 \leq k \leq M)$ は k 番目の初期値を用いたときに得られる予測値であ

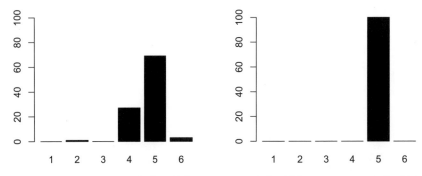

図 6.8 ターミナルノードの個数の分布. $M=1$ のとき（左），$M=50$ のとき（右）

る．したがって，$\{E_{cr}^k\}$ $(1 \leq k \leq M)$ は k 番目の初期値を用いたときに得られる E_{cr} である．データの分割をランダムに行って得られる結果が E_{cr} なので，その値は乱数の初期値に左右される．それが結果にかなりの影響を与える可能性があると，その結果の信頼性は低いと考えざるをえない．それを防ぐために E_{cr}^{av} を用いる．

乱数の初期値の重要性を調べるために，(6.9) 式において $M=1$ として得られる値（つまり，E_{cr} を用いる）を用いてターミナルノードの個数を最適化した場合と，$M=50$ として得られる値（つまり，$M=50$ としたときの E_{cr}^{av} を用いる）を用いてターミナルノードの個数を最適化した場合を比較した結果を図 6.8 に示している．$M=1$ と $M=50$ を比較する数値実験を乱数の初期値を替えながら 100 回行ったときの，ターミナルノードの個数の最適値の分布である．$M=1$ とした場合には，ターミナルノードの個数が 4 のときが最適と判断した回数が 27 回で，5 のときが最適と判断した回数が 69 回である．$M=50$ のときには 100 回のすべてでターミナルノードの個数は 5 が最適と結論した．つまり，10 群 CV を適正に利用して予測誤差の 2 乗平均値を求めることによって樹形モデルのターミナルノードの個数を最適化すると，5 が妥当であることがほぼ確実に結論づけられる．一方，$M=1$ としたのでは，それとは異なる結論が得られてしまう可能性が無視できない．ライブラリ「mvpart」[88] において 10 群 CV を実行するための標準的な R プログラムは `xpred.rpart()` である．ライブラリ「mvpart」のマニュアル [88] には，`xpred.rpart()` を 1 回だけ利用した結果を「cross-validated error estimate」とみなすかのような記述がある．しかし，図 6.8 からもわかるように，`xpred.rpart()` を乱数の初期値を替えながら複数回実行してその平均を求めなければ信頼に足る結果は得られない．また，`rpart()` を 1 回実行した後，`plotcp()` を用いて図 6.7（右）と類似したグラフを描くことによってターミナルノードの個数を最適化する方法が，樹形モデルを作成するための標準的な手順として紹介されることがある．しかし，`rpart()` は 10 群 CV を 1 回しか実行しないので，その結果を用いて `plotcp()` が描いたグラフも信頼性が高いとはいえない可能性がある．

10 群 CV を繰り返し実行することによって，ターミナルノードの個数が 5 のときに予測誤差の 2 乗平均値が最小になることが明確になった．しかし，樹形モデルのターミナルノードの個数の最適化においては予測誤差の 2 乗平均値が最小になるものではなく，それよりもやや小さい個数のターミナルノードを用いたほうが予測に関して優れた樹形モデルが得られることが多い．そのため，one SE ルール (one SE rule) を用いて，ターミナルノードの個数がやや少ない樹形モデル

を採用する可能性について検討するのが普通である．one SE ルールにおける「SE」とは，予測誤差の2乗平均値の標準誤差 (Standard Error) を意味する．以下が定義である．

$$\text{SE} = \frac{1}{M}\sum_{k=1}^{M}\frac{\sqrt{n-1}\cdot\text{sd}_i(\{(y_i-\tilde{y}_i^k)^2\})}{nMSE_1}$$

$$= \frac{1}{M}\sum_{k=1}^{M}\frac{\sqrt{\sum_{i=1}^{n}\left((y_i-\tilde{y}_i^k)^2-\frac{\sum_{j=1}^{n}(y_j-\tilde{y}_j^k)^2}{n}\right)^2}}{nE_1} \tag{6.10}$$

ここで，$\text{sd}_i(\cdot)$ は，k の値を固定したときの，i の変化に対する標準偏差を意味する．one SE ルールは，以下の手順で実行する．

[ステップ1]　複雑度コスト測度の値を変化させて，それぞれに対する E_{cr}^{av} ((6.9) 式 (157 ページ)) の値を求める．

[ステップ2]　E_{cr}^{av} の最小値を $E_{cr}^{av(min)}$ とする．図 6.7（左）(157 ページ) を参照すると，この値を与える複雑度コスト測度の値を選択することは，ターミナルノードの個数として 5 を選択することであることがわかる．

[ステップ3]　$E_{cr}^{av(min)}$ に対応する SE の値を $\text{SE}^{(min)}$ とする．

[ステップ4]　ターミナルノードの個数の中で，E_{cr}^{av} の値が $(E_{cr}^{av(min)}+\text{SE}^{(min)})$ を超えない範囲にあるもののうち最小のものを選ぶ．図 6.7（左）では，水平の線が $(E_{cr}^{av(min)}+\text{SE}^{(min)})$ の値を示している．`er(5)+SE(er(5))` は $(E_{cr}^{av(min)}+\text{SE}^{(min)})$ を意味する．その結果，ターミナルノードの個数として 4 が選択される．

図 6.7（左）は，ターミナルノードの個数を 4 にするときには，複雑度コスト測度の値を 0.0849 とするべきであることを示している．その結果，図 6.6（154 ページ）が得られた．

以上を踏まえると，先の出力（154 ページ）の 4 行目から 8 行目の意味が明らかになる．`CP` と名づけられている列は複雑度コスト測度の値を示している．ただし，図 6.7（左）と比べると，ここに記されている値は樹形モデルを作成するために実際に使われた値ではないことがわかる．`0.5225777` はターミナルノードの個数が 1 つの（分岐はない）ときの複雑度コスト測度の値の下限であり，`0.1597170` はターミナルノードの個数が 2 つ（分岐は 1 つ）のときの複雑度コスト測度の値の下限である．すなわち，`CP` という列に記されている値は，$\{\alpha_k\}(k=2,3,4,\ldots)$ である．ただし，`0.0849000` は α_5 ではなく，α_4' である．つまり，最後の行だけは異なった定義が用いられている．したがって，これらの値を用い，(6.5) 式 (156 ページ) と (6.6) 式 (156 ページ) を考慮し，`nsplit`（分岐の個数）の列の値に 1 を加えたものをターミナルノードの個数とみなせば，図 6.7（左）と同様のグラフを描くことができる．`rel error` の列は，それぞれの樹形モデルが与える推定値の残差 2 乗和をターミナルノードが 1 つの（分岐はない）ときの残差 2 乗和 ($nMSE_1$) で割った値である．すなわち，(6.7) 式である．また，`xerror` の列は，ターミナルノードの個数のそれぞれに対する E_{cr} ((6.8) 式 (157 ページ)) を MSE_1 で割った値である．つまり，`xerror` の列の値も 10 群 CV を 1 回だけ実施して得られたものなので，この値を用いてターミナルノードの個数の最適化を行うと乱数の初期値に依存する結果になる可能性がある．`xstd` は，ターミナルノードの個数のそれぞれに対する SE ((6.10) 式 (159 ページ)) の値である．これらの SE の値を算出する際にも 10 群 CV を 1 回しか実施しない（すなわち，(6.10) 式において $M=1$）の

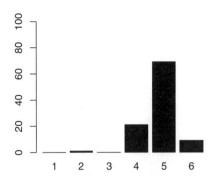 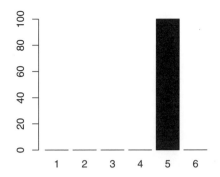

図 6.9 データとして「car.test.frame.csv」を用い，mvpart() を用いたときに得られた，ターミナルノードの個数の最適値の分布（乱数の初期値を替えて 100 回実行した．選択のために E_{cr}^{av} を用いた）．xvmult = 0 と指定したとき（左），xvmult = 50 と指定したとき（右）

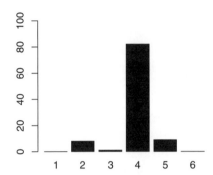 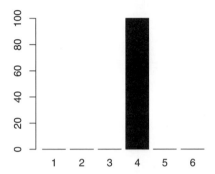

図 6.10 データとして「car.test.frame.csv」を用い，mvpart() を用いたときに得られた，ターミナルノードの個数の最適値の分布（乱数の初期値を替えて 100 回実行した．選択のために one SE ルールを用いた）．xvmult = 0 と指定したとき（左），xvmult = 50 と指定したとき（右）

で，乱数の初期値にかなり依存する恐れがある．

ライブラリ「mvpart」[88] には mvpart() という R プログラムが所収されている．mvpart() を使えば，予測誤差の 2 乗平均値として信頼性の高い値を得るために xpred.rpart() を複数回実行する必要がない．mvpart() の引数として xvmult =を指定することができるからである．この値は，10 群 CV を実行する回数を示し，実行する回数が 2 回以上のときには得られた値の平均値が出力される．xvmult = 0 でも xvmult = 1 でも 1 回だけ実行する．図 6.9 は，xvmult =として 0 を設定したときと 50 を指定したときの比較である．乱数の初期値を替えて 100 回実行したときの，ターミナルノードの値の最適値の分布を示している．ただし，ターミナルノードの値の最適値を求めるための統計量として E_{cr}^{av} を用いた．mvpart() の中で，xv = "min"とすると E_{cr}^{av} を用いた選択が行われる．この 2 つのグラフから，xvmult = 0 と設定してターミナルノードの最適値を求めた場合は，結果に高い信頼をおくことはできないことがわかる．xvmult =を指定しないと xvmult = 0 が設定されるので，デフォルト値に頼ってはいけない．ターミナルノードの値の最適値を求めるために one SE ルールを用いたときの結果が図 6.10 である．one SE ルールを用いるための mvpart() の設定は xv = "1se"である．xvmult = 50 と指定すれば，ターミナルノードの値の最適値として常に 4 が得られるので，その結果に高い信頼を寄せることができる．

mvpart() を用いて樹形モデルを作成するための R プログラムの例を以下に示す．

6.3 回帰のための樹形モデル

```
function ()
{
#(1)
  library(mvpart)
#(2)
  file1 <- read.table(file="C:\\Users\\user1\\Documents\\R\\win-library\\2.7
   \\mvpart\\data\\car.test.frame.csv", sep=";", header=T)
  file1 <- na.omit(file1)
  xxall <- file1[,c(3,4,6,7,8)]
  xx1 <- xxall[,1]
  xx2 <- xxall[,2]
  xx3 <- xxall[,3]
  xx4 <- xxall[,4]
  xx5 <- xxall[,5]
  yy <- file1[,1]
#(3)
  par(mfrow = c(1, 2), mai = c(0.5, 0.5, 0.1, 0.1), oma = c(5, 0, 5, 0))
#(4)
  data1 <- data.frame(x1=xx1, x2=xx2, x3=xx3, x4=xx4, x5=xx5, y=yy)
  set.seed(1299)
  rpart.out1 <- mvpart(y~., data=data1, xv="1se", xvmult=50,
   cp=0.005, plot.add=TRUE, uniform=TRUE)
#(5)
  set.seed(1299)
  rpart.out2 <- mvpart(y~., data=data1, xv="none", cp=0.005, xvmult=50,
   plot.add=FALSE)
  plotcp(rpart.out2)
}
```

(1) ライブラリ「mvpart」[88] を利用する.
(2) データを読み出して,予測変数 (xx1, xx2, xx3, xx4, xx5) と目的変数 (yy) を設定する.
(3) グラフの個数と大きさを指定する.
(4) 用いるデータを data1 にまとめて,set.seed(1299) で乱数の初期値を与え,mvpart() を使って樹形モデルを作成し,結果を rpart.out1 に入れる.xv="1se" としているので,one SE ルールを用いてターミナルノードの個数を最適化する.cp=0.005 なので,複雑度コスト測度の値を 0.005 から徐々に増やし,複雑度コスト測度の値が $\{\alpha'_k\}$ ((6.5) 式 (156 ページ),(6.6) 式) のときの樹形モデルの中から,最適なものを探す.実際には,cp= として設定した値を α'_k の最小値ではなく α_k の最小値として利用するので,cp= の値よりわずかに大きい値から始めている.しかし,実質的には,cp= として設定している値を下限値として利用していると考えて差し支えない.xvmult=50 と指定しているので,10 群 CV を 50 回実行する.plot.add=TRUE という指

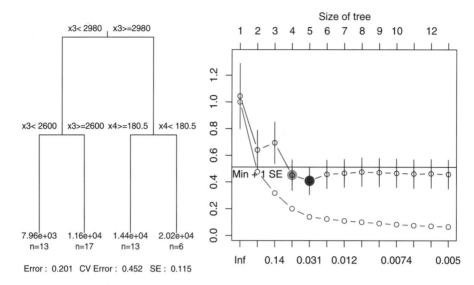

図 6.11 データとして「car.test.frame.csv」を用い，mvpart() を利用した樹形モデルの作成．左：得られた樹形モデル．右：ターミナルノードの個数と誤差の関係．Size of tree はターミナルノードの個数と同じ意味．Min + 1 SE とそれに伴う水平の線は，図 6.7（右）（157 ページ）の er(5)+SE(er(5)) とそれに伴う水平の線と同じ意味．薄い灰色の○が図 6.7 の□，濃い灰色の○が図 6.7 の△にそれぞれ相当する

定によって，樹形図を描く（図 6.11（左））．uniform=T とすると，樹形図における分岐の配置が縦方向に均等になる．図 6.11（左）の樹形モデルの下に書かれている数値は，Error が，この樹形モデルにおける er_k（ここでは $k = 4$，(6.7) 式（156 ページ））である．CV Error はそのときの E^{av}_{cr}/MSE_1（(6.9) 式（157 ページ），(6.3) 式（155 ページ））である．SE は，そのときの SE ((6.10) 式（159 ページ））の値である．

(5) set.seed(1299) で乱数の初期値を与え，data1 をデータとし，mvpart() を使って樹形モデルを作成し，結果を rpart.out2 に入れる．xv="none" としているので，ターミナルノードの個数の最適化は行わない．cp=0.005 なので，複雑度コスト測度の値を 0.005（実際にはこれよりわずかに大きい値）から徐々に増やし，$\{\alpha'_k\}$ のときの樹形モデルを作成し，それらの特性を調べる．xvmult=50 と指定しているので，10 群 CV を 50 回実行する．rpart.out2 を用いて，残差の 2 乗平均値，予測値の 2 乗平均値などを描く（図 6.11（右））．図 6.7（左）とほぼ同じグラフである．ただし，図 6.7 の 2 枚のグラフでは，複雑度コスト測度の値を 0.01 から徐々に増やしているため，ターミナルノードの個数が 7 までの結果しか描かれていない．また，図 6.11（右）の下部の x 軸の最初の値が Inf となっている．これは，先述したように，理論的には α_1 と α'_1 がいずれも正の無限大になることによる．しかし，実際には，α'_1 として (6.6) 式（156 ページ）が与える値が使われている．

この R プログラムの (5) において，乱数の初期値を替えて図 6.11（右）の変化を観察すれば，ターミナルノードの個数の最適化が乱数の初期値にどのくらい依存するかがわかる．また，この依存性が，xvmult= として設定する値にどんな影響を受けるかを調べれば，10 群 CV を何回くらい実行すれば信頼性の高い結果が得られるかを推定できる．

6.4 分類のための樹形モデル　163

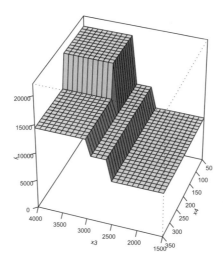

図 6.12　「car.test.frame.csv」を用い，予測変数として連続量のものを利用したときに得られる樹形モデルによる推定値

　図 6.6（左）（154 ページ）と図 6.11（162 ページ）に描かれている樹形図における分岐ルールの中で使われている予測変数は，3 番目のもの (`Weight`) と 4 番目のもの (`Disp.`) だけである．そこで，この 2 つの予測変数と推定値の間の関係を図 6.12 に示している．

6.4　分類のための樹形モデル

　樹形モデルを用いて分類を行うこともできる．ここでは，ライブラリ「MASS」に所収されている「painters」というデータを用いて分類を目的とする樹形モデルを作成する．「painters」のデータの個数は 54 個で，4 つの予測変数（連続量）と 1 つの目的変数（カテゴリー）からなっている．予測変数は，Composition（構図の得点），Drawing（素描の得点），Colour（色彩の得点），Expression（表現の得点）で，目的変数は，画家の所属する学校名（8 つ）を "A" から "H" のアルファベットで表したもので，それぞれの意味は，"A": Renaissance，"B": Mannerist，"C": Seicento，"D": Venetian，"E": Lombard，"F": Sixteenth Century，"G": Seventeenth Century，"H": French である．つまり，4 つの予測変数を用いてその画家が所属する学校名を推定する．

　このデータを直接的に読み出すためには `attach(painters)` を使う．しかし，R プログラムの中に `attach(painters)` があるとき，その R プログラムを何度も実行すると支障が生じる可能性があるので，以下の R プログラムを使って，ライブラリ「MASS」の中の「painters」と同じ内容の csv ファイル「painters2.csv」を作成して利用した．

```
function() {
  library(MASS)
  attach(painters)
  x1 <- as.character(painters[,1])
```

```
  x2 <- as.character(painters[,2])
  x3 <- as.character(painters[,3])
  x4 <- as.character(painters[,4])
  yy <-  as.character(painters[,5])
  data1 <- cbind(x1, x2, x3, x4, yy)
  write.csv(data1, file="C:\\Users\\user1\\Documents\\R\\win-library\\2.7
   \\mvpart\\data\\painters2.csv", row.names = FALSE)
}
```

「painters2.csv」を用い,以下の R プログラムを実行すると,図 6.13 が得られる.

```
function() {
#(1)
  library(mvpart)
#(2)
  painters <- read.csv(file="C:\\Users\\user1\\Documents\\R\\win-library\\2.7
   \\mvpart\\data\\painters2.csv", header=TRUE)
  xx1 <- painters[,1]
  xx2 <- painters[,2]
  xx3 <- painters[,3]
  xx4 <- painters[,4]
  yy <- painters[,5]
#(3)
  data1 <- data.frame(x1=xx1, x2=xx2, x3=xx3, x4=xx4, y=yy)
  rpart.out1 <- rpart(y~., data=data1, cp=0.1285649)
#(4)
  par(mfrow = c(1, 1), mai = c(1.5, 0.5, 1.5, 0.5), oma = c(0, 0, 0, 0))
  plot.rpart(rpart.out1, uniform=T, margin=1)
  text(rpart.out1, use.n=T, cex=0.8, bars=FALSE)
#(5)
  print(summary(rpart.out1))
}
```

(1) ライブラリ「mvpart」[88] を利用する.
(2) データを読み出して,予測変数 (**xx1**, **xx2**, **xx3**, **xx4**) と目的変数 (**yy**) を設定する.
(3) 用いるデータを **data1** にまとめて,**rpart()** を用いて樹形モデルを作成する.**cp = 0.1285649** が複雑度コスト測度の値を指定している.
(4) **plot.rpart()** と **text()** を用いて樹形図を描く.
(5) 樹形モデルの作成過程を出力する.
また,以下も出力される.

図 6.13 データとして「painter」を用いたときの樹形図．複雑度コスト測度の値を 0.1285649 とした．ターミナルノードの下の数値は，当該のターミナルノードに到達したデータの目的変数の部分が 8 つのカテゴリーのうちのどれに該当するかの分布を表している．分布の最大値を与えるカテゴリーがターミナルノードの個数の直下に書かれている．このターミナルノードに到達したデータをこのカテゴリーに分類する

```
Call:
rpart(formula = y ~ ., data = data1, cp = 0.1285649)
  n= 54
  CP        nsplit rel error  xerror     xstd
1 0.1818182      0 1.0000000  1.0909091  0.05248639
2 0.1285649      1 0.8181818  0.9772727  0.06726374
Node number 1: 54 observations,    complexity param=0.1818182
  predicted class=A   expected loss=0.8148148
    class counts:     10      6      6     10      7      4      7      4
   probabilities: 0.185  0.111  0.111  0.185  0.130  0.074  0.130  0.074
  left son=2 (32 obs) right son=3 (22 obs)
  Primary splits:
      x3 < 12.5 to the left,  improve=4.936237, (0 missing)
      x2 < 15.5 to the right, improve=3.364646, (0 missing)
      x1 < 9.5  to the left,  improve=2.924786, (0 missing)
      x4 < 5.5  to the left,  improve=2.879880, (0 missing)
```
（以下，省略）

2 行目は，最初に実行した R プログラムとその引数を示し，3 行目はデータの個数である．4 行目から 6 行目のうち，CP の列の値は，nsplit の列に書かれている分岐の個数（これに 1 を加えたものがターミナルノードの個数）を伴う樹形モデルをもたらす複雑度コスト関数の下限である．rel error は，ターミナルノードの個数を設定したときに得られる樹形モデルが与える推定値の誤差の相対値である．ターミナルノードの個数が 1 のときは，すべてのデータを "A" に分類する．そのため，正しく分類されるデータの個数は 10 個，間違った分類をされるデータの個数は 44 個である．したがって，rel error の列の値に 44 を掛ければ誤分類されるデータの個数になる．ターミナルノードの個数が 2（分岐が 1）のときは 36 ($= 0.8181818 \cdot 44$) 個である（図 6.13 に示されている値からもわかる）．xerror の列の値は 10 群 CV の結果で，こちらも 44 を掛けた値が誤分類されるデータの個数である．したがって，ターミナルノードの個数が 2（分岐が 1）のときは 43 ($= 0.9772727 \cdot 44$) 個が誤分類された．xstd の列の値は，以下の式によって得られる SE_{cl} の値である．

$$\text{SE}_{cl} = \frac{\text{sd}(\{r_i\}) \cdot \sqrt{n-1}}{L_1} \tag{6.11}$$

$$= \frac{\sqrt{\sum_{i=1}^{n}\left(r_i - \frac{\sum_{k=1}^{n} r_k}{n}\right)^2}}{L_1} \tag{6.12}$$

ここで，L_1 は規格化のための定数（ここでは 44）である．r_i は i 番目のデータに対する予測値（カテゴリー）が正しかったときは 1 になり，間違っていたときは 0 になる．sd( ) は標準偏差である．

7 行目の前半は，第 1 分岐に到達したデータが 54 個あることを示している．第 1 分岐なのですべてのデータが到達している．7 行目の後半は 5 行目の `CP` の列の値と同じである．8 行目の `predicted class=A` は，この分岐をターミナルノードにする場合には，ここに到達したデータのすべてを "A" に分類すべきであることを示している．9 行目（この分岐に到達したデータにおける目的変数の値（カテゴリー）の分布）の `class counts` を参照すると，"A" と "D" の頻度はいずれも 10 であることがわかる．その場合は，目的変数の値（カテゴリー）がアルファベットの前にあるものを選択する．`expected loss=` の値は以下の式が与える $loss_1$ である．

$$loss_1 = 1 - \frac{n_1(k_1)}{n_1} \tag{6.13}$$

ここで，$\{n_1(j)\}$ ($1 \leq j \leq K, n_1 = \sum_{j=1}^{K} n_1(j), n_1 = n$) は，第 1 分岐に到達したデータの目的変数の部分が，j 番目のカテゴリーに属するものの個数である．k_1 はこの分岐がターミナルノードだったとき，ここに到達したデータが分類されるカテゴリー（ここでは 1，つまり，カテゴリーが "A"）である．10 行目は 9 行目の値を和が 1 になるように規格化したものである．11 行目は，この分岐の下の左側の分岐が第 2 分岐でその分岐に到達するデータが 32 個で，右側の分岐が第 3 分岐でその分岐に到達するデータが 22 個であることを示している．`improve=` の後の値は以下の式による IMP_1 である．

$$IMP_1 = n_1\left(1 - \sum_{j=1}^{K} \frac{n_1(j)^2}{n_1^2}\right) - n_{1L}\left(1 - \sum_{j=1}^{K} \frac{n_{1L}(j)^2}{n_{1L}^2}\right) - n_{1R}\left(1 - \sum_{j=1}^{K} \frac{n_{1R}(j)^2}{n_{1R}^2}\right) \tag{6.14}$$

ここで，$\{n_{1L}(j)\}$ ($1 \leq j \leq K, n_{1L} = \sum_{j=1}^{K} n_{1L}(j)$) は，第 1 分岐の下の左の分岐に到達するデータの目的変数の部分が，j 番目のカテゴリーに属するものの個数である．$\{n_{1R}(j)\}$ ($1 \leq j \leq K$, $n_{1R} = \sum_{j=1}^{K} n_{1R}(j)$) は，第 1 分岐の下の右の分岐に到達するデータの目的変数の部分が，j 番目のカテゴリーに属するものの個数である．

次に，第 1 分岐における分岐ルールの候補として 4 つを考え，それらの中から IMP_1 の値が最大になるものを採用する．IMP_1 は以下の内容をもつ．

$$IMP_1 = n_1 \cdot Gini_1 - n_{1L} \cdot Gini_{1L} - n_{1R} \cdot Gini_{1R} \tag{6.15}$$

ここで，$Gini_1$ は第 1 分岐のジニ係数，$Gini_{1L}$ は第 2 分岐のジニ係数，$Gini_{1R}$ は第 3 分岐のジニ係数である．ジニ係数 ($Gini$) は，

$$Gini = 1 - \sum_{j=1}^{K} \frac{n(j)^2}{n^2} \tag{6.16}$$

6.4 分類のための樹形モデル   167

と定義される．ここで，K がカテゴリーの個数で，$\{n(j)\}$ $(1 \leq j \leq K, n = \sum_{j=1}^{K} n(j))$ は j 番目のカテゴリーに属するデータの個数である．ジニ係数は，カテゴリーの形をしたデータの分布が一様に近いときに 1 に近い値になり，分布が偏っているときに 0 に近い正の値になる（1 つのカテゴリーにすべてのデータが集中しているときには 0）．したがって，(6.15) 式の IMP_1 は第 1 分岐を作成することによって，データの個数を重みとするジニ係数がどのくらい減少するかを示している．

図 6.13 を作成するための複雑度コスト測度の値として 0.1285649 を用いている．この値は 10 群 CV を用いて求めたものである．そのために mvpart() を利用する．回帰の場合と同様に，rpart() は 10 群 CV を 1 回しか実行しない．mvpart() を用いる場合，たとえば，以下のような R プログラムになる．

```
function() {
#(1)
  library(mvpart)
#(2)
  painters <- read.csv(file="C:\\Users\\user1\\Documents\\R\\win-library
    \\2.7\\mvpart\\data\\painters2.csv", header=TRUE)
  xx1 <- painters[,1]
  xx2 <- painters[,2]
  xx3 <- painters[,3]
  xx4 <- painters[,4]
  yy <- painters[,5]
#(3)
  par(mfrow=c(1, 2), mai=c(0.5, 0.5, 0.1, 0.1), oma=c(5, 0, 5, 0))
#(4)
  data1 <- data.frame(x1=xx1, x2=xx2, x3=xx3, x4=xx4, y=yy)
  set.seed(1417)
  rpart.out1 <- mvpart(y~., data=data1, xv="1se", xvmult=50, cp=5e-8,
    control=rpart.control(minsplit=2), plot.add=TRUE, uniform=TRUE, bars=FALSE)
#(5)
  set.seed(1417)
  rpart.out2 <- mvpart(y~., data=data1, xv="none", cp=5e-8, control=
    rpart.control(minsplit=2), xvmult=50, plot.add=FALSE)
  plotcp(rpart.out2)
}
```

(1) ライブラリ「mvpart」[88] を利用する．
(2) データを読み出して，予測変数 (xx1, xx2, xx3, xx4) と目的変数 (yy) を設定する．
(3) グラフの個数と大きさを設定する．
(4) 用いるデータを data1 にまとめて，乱数の初期値を与え，one SE ルールを使ってターミナルノー

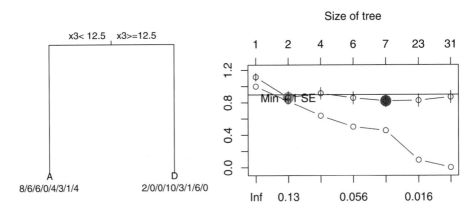

図 6.14 データとして「painter」を用いたときの `mvpart()` を利用した樹形モデルの作成. 左：得られた樹形モデル. 右：ターミナルノードの個数と誤分類の個数の関係（`Size of tree` はターミナルノードの個数と同じ意味. 水平の線は, `Min + 1 SE` の値（one SE ルールによる上限値）を示す. 薄い灰色の○が one SE ルールによる最適値, 濃い灰色の○が 10 群 CV による誤判別の個数による最適値）

ドの個数を最適化し, それに基づいて樹形モデルを作成してその樹形図を描く（図 6.14（左））. one SE ルールを利用する際の 10 群 CV は 50 回実行する. `control=rpart.control(minsplit=2)` が, ノードに到達するデータの個数の下限を 2 個に指定している（デフォルトでは 5 個）. 図 6.14（左）の樹形モデルの下に書かれている数値は, `Error` がターミナルノードの個数が 2 のときに誤分類されるデータの個数を, ターミナルノードの個数が 1 のときの 10 群 CV は用いない場合の誤分類の個数で割ったものである. `CV Error` は 10 群 CV による誤分類の個数を, ターミナルノードの個数が 1 のときの 10 群 CV は用いない場合の誤分類の個数で割ったものである. `SE` は, そのときの SE（(6.11) 式（166 ページ））の値を示す. また, `Missclass rates` の行は, 誤判別されたデータの個数を全体のデータの個数（n）で割った値を列挙している. `Null =` は, ターミナルノードの個数が 1 のときの誤判別の個数を全体のデータの個数で割った値である. つまり, (6.13) 式（166 ページ）の値 (0.8148148) である. `Model =` は, ここに描かれている樹形モデル（ターミナルノードの個数が 2）の誤判別の個数を全体のデータの個数で割った値 ($0.8181818 \cdot 44/54 = 0.6666667$) を示す. `CV =` は, ここに描かれている樹形モデル（ターミナルノードの個数が 2）の誤判別の個数を全体のデータの個数で割った値 ($0.8627273 \cdot 44/54 = 0.702963$) である.

(5) 乱数の初期値を与え, 複雑度コスト測度の値を 5e-8 (= 0.00000005)（実際には, これよりわずかに大きい値）から徐々に増やし, $\{\alpha'_k\}$（(6.5) 式（156 ページ）, (6.6) 式）のときの樹形モデルを作成し, それらの特性を調べる. `xvmult=50` と指定しているので, 10 群 CV を 50 回実行する. そして, 残差の 2 乗平均値, 予測値の 2 乗平均値などを描く（図 6.14（右））. 図 6.14（右）では, ターミナルノードの個数に飛躍が見られる. これは, 複雑度コスト測度をわずかに変化させたときにターミナルノードの個数が 2 つ以上変化することがありうることによる.

6.5 バギング樹形モデル

　図 6.3（151 ページ）や図 6.4（152 ページ）が示しているように，樹形モデルが与える回帰式は区分的な直線や平面の組合せによって構成されている．しかし，実際の関数関係は滑らかな曲線や曲面で表現すべきであるものが多いと考えられるので，区分的な直線や平面による回帰式では粗い近似になってしまうことがある．その場合には，樹形モデルから滑らかな曲線や曲面を生み出す必要がある．そうした要請に応える手法がこれまでにいくつか提案されてきている．その 1 つが樹形モデルにバギング (bagging) [22, 23] を適用する方法である．ここではその方法をバギング樹形モデルと呼ぶ．バギングとは「**bootstrap aggregating**」を意味する．バギングは樹形モデルが与える回帰式を滑らかにするだけではなく，回帰式が与える推定値の予測誤差を減少させることが多い．バギングがもつこの特性は，重回帰などにおいても有効に機能する．また，回帰だけではなく分類においても利用できる．

　回帰を目的としたバギング樹形モデルの基本的なアルゴリズムは以下のとおりである．

(1) データ （$\{(\mathbf{x}_i, y_i)\}$ ($1 \leq i \leq n$)）から重複を許して n 個のデータをランダムにサンプルする．この作業を乱数の初期値を変えて B 回行うと，B 組のブートストラップ・データ (bootstrap data)（$\{(\mathbf{x}_i^b, y_i^b)\}$ ($1 \leq i \leq n$, $1 \leq b \leq B$)）が得られる．

(2) B 組のブートストラップ・データのそれぞれを使って樹形モデルを作成する．それらのモデルを $\{M^b\}$ ($1 \leq b \leq B$) とする．それぞれの樹形モデルのターミナルノードの個数として，たとえば，もともとのデータ （$\{(\mathbf{x}_i, y_i)\}$）を用いた樹形モデルの作成において，10 群 CV を用いて最適化されたターミナルノードの個数を用いる．

(3) 推定値は，予測変数の値を $\{M^b\}$ のすべてに与えて，それぞれが与える推定値を $\{\hat{y}^b\}$ としたときの $\{\hat{y}^b\}$ の平均値である．

実際には，上のアルゴリズムに目的に沿って手を加えたものが用いられることも多い．また，分類を目的とする樹形モデルにおいては，$\{M^b\}$ のそれぞれがもたらす分類の結果を用いて多数決によって最終的な結論を導く．

　図 6.15 は，予測変数が 1 つの場合のバギング樹形モデルの様子である．ライブラリ「ipred」に所収されている ipredbagg()[65] を用いている．その引数の一部分として control=rpart.control(cp=0.05)[107] と設定することによって複雑度コスト測度の値を指定した．図 6.15（左上）が用いたデータである．バギングを使わず，このデータをそのまま用いたときの樹形モデルによる回帰式が図 6.15（中上）である．バギング樹形モデルによる回帰式が図 6.15（右上）（左下）（中下）（右下）である．それぞれ，2 組，10 組，100 組，200 組のブートストラップ・データを用いている．

　図 6.16 が，予測変数が 2 つの場合にバギング樹形モデルを用いた回帰を行った例である．ここでも ipredbagg() を使った．その引数の一部分として control=rpart.control(cp=0.02)[107] と指定した．用いたデータは，図 6.4（152 ページ）で利用したものと同一である．図 6.16（左上）がバギングを行わなかったときの樹形モデルによる回帰式である．図 6.16（右上）（左下）（右下）がバギング樹形モデルがもたらす回帰式である．それぞれ，2 組，100 組，200 組のブートストラップ・データを用いている．

　次に，ライブラリ「mvpart」[88] に所収されている「car.test.frame.csv」[25] を用いて，バギング樹形モデルの実行例を示す．図 6.17 はバギング樹形モデルによる推定値である．ただし，予

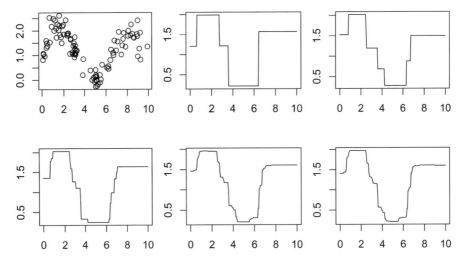

図 6.15 予測変数が 1 つのときのバギング樹形モデルの例．用いたデータ（左上）．バギングを行わず，データをそのまま用いたときの樹形モデルによる回帰式（中上）．2 組のブートストラップ・データを用いたときのバギング樹形モデルがもたらす回帰式（右上）．10 組のブートストラップ・データを用いたときのバギング樹形モデルがもたらす回帰式（左下）．100 組のブートストラップ・データを用いたときのバギング樹形モデルがもたらす回帰式（中下）．200 組のブートストラップ・データを用いたときのバギング樹形モデルがもたらす回帰式（右下）

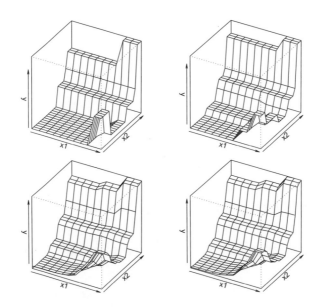

図 6.16 予測変数が 2 つのときのバギング樹形モデルの例．バギングを行わず，データをそのまま用いたときの樹形モデルによる推定値（左上）．2 組のブートストラップ・データを用いたときのバギング樹形モデルがもたらす推定値（右上）．100 組のブートストラップ・データを用いたときのバギング樹形モデルがもたらす推定値（左下）．200 組のブートストラップ・データを用いたときのバギング樹形モデルがもたらす推定値（右下）

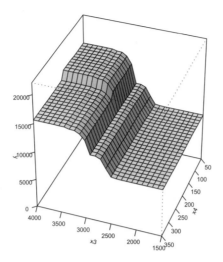

図 6.17 「car.test.frame.csv」を用い，予測変数として連続量のもののうち 3 番目と 4 番目のものだけを利用したときに得られるバギング樹形モデルによる推定値

測変数として連続量のもの（5つ）のうち，3番目のもの (Weight) と 4 番目のもの (Disp.) を利用した．図 6.6（154 ページ）に描かれている樹形モデルがこの 2 つの予測変数を利用していることを踏まえている．

```
function ()
{
#(1)
  library(ipred)
#(2)
  file1 <- read.table(file="C:\\Users\\user1\\Documents\\R\\win-library
    \\2.7\\mvpart\\data\\car.test.frame.csv", sep=";", header=T)
  file1 <- na.omit(file1)
  xxall <- file1[,c(3,4,6,7,8)]
  xx3 <- xxall[,3]
  xx4 <- xxall[,4]
  yy <- file1[,1]
#(3)
  data1 <- data.frame(x3 = xx3, x4 = xx4, y = yy)
  bag.out1 <- ipredbagg(yy,data1,nbagg=100,control=rpart.control(cp=0.0849))
#(4)
  ex3 <- seq(from=1500,to=4000, by=100)
  ex4 <- seq(from=50,to=350, length=25)
  ex34 <- expand.grid(ex3, ex4)
  data2 <- data.frame(x3=ex34[,1],x4=ex34[,2])
```

```
  ey1e <- predict(bag.out1, newdata=data2)
  ey1e <- matrix(ey1e, ncol=length(ex4))
#(5)
  par(mfrow = c(1, 1), mai = c(0.1, 0.1, 0.1, 0.1), oma = c(5, 1, 5, 1))
  persp(ex3, ex4, ey1e,theta = 200, phi = 35, expand = 1.1, col = "white",
    ltheta = 80, shade = 0.25, ticktype = "detailed",xlab="x3", ylab="x4",
    zlab="y", zlim=c(0, 22000), lphi = 10, r = sqrt(300), d = 1)
}
```

(1) ライブラリ「ipred」を利用する．
(2) データを読み出して，予測変数 (xx1, xx2, xx3, xx4, xx5) と目的変数 (yy) を設定する．
(3) 用いるデータを data1 にまとめて，ipredbagg() を使って樹形モデルを作成する．nbagg=100 と指定しているので，100 組のブートストラップ・データを作成してそれぞれを用いた樹形モデルを作成する．control=rpart.control(cp=0.0849) で指定している複雑度コスト測度の値（図 6.7（左）（157 ページ）のターミナルノードの個数が 4 のときの値）を 100 組のブートストラップ・データに対して利用する．
(4) expand.grid() を用いて格子点（推定値を求める点）の座標を求めた後，格子点 (ex34) での推定値を求める．
(5) 推定値を図示する（図 6.17）．

6.6 予測変数が 1 つのときの MARS

樹形モデルによる回帰式は区分的な定数になるため予測誤差が増大してしまうかもしれないという問題を克服するための，もう 1 つの手段が考えられる．(6.1) 式（149 ページ）において用いる基底を，図 6.3（151 ページ）のような区分的な定数（0 次式）から区分的な 1 次式に替えることである．その方法による回帰の様子を図 6.18 に示す．上段の左端がデータで，上段の 2 番目から 4 番目と下段の 1 番目と 2 番目の全部で 5 つのグラフが基底である．上段の 2 番目のグラフに描かれている基底は定数である．それ以外の基底は以下の 2 つの式のいずれかで表現できる．

$$\beta_j(x) = (x - c_j)_+ \tag{6.17}$$

$$\beta_j(x) = (-x + c_j)_+ \tag{6.18}$$

ここで，$(\cdot)_+$ は以下の意味である．

$$(t)_+ = \begin{cases} t, & t \geq 0 \text{ の場合} \\ 0, & t < 0 \text{ の場合} \end{cases} \tag{6.19}$$

図 6.18 の下段の 3 番目と 4 番目が得られた回帰式である．下段の 3 番目と 4 番目は同じものである．ただし，下段の 3 番目のグラフは得られた回帰式による推定値を直接的な方法で求めた結果である．この推定値が，基底の線形結合によって得られたものであることを確認するために，得られた基底とそれぞれの基底に対する回帰係数を用いて求めた推定値が，下段の 4 番目のグラフである．回帰式は折れ線である．折れ線を 1 次のスプラインとも呼ぶ．MARS として提案された

6.6 予測変数が1つのときの MARS 173

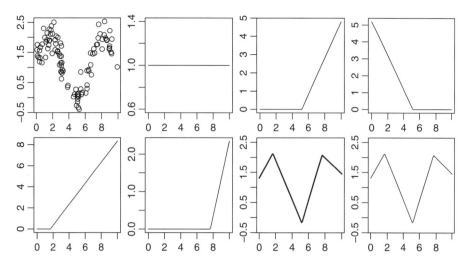

図 6.18 予測変数が1つのときの MARS の例. 用いたデータ (上段の左端). 基底 (上段の 2 番目から 4 番目と下段の 1 番目と 2 番目, 全部で 5 つ). 得られた回帰式 (下段の 3 番目と 4 番目. 両者は, 推定値を直接的に算出したものと, 基底の線形結合を計算したものなので, 同一である)

アルゴリズムにおいては他の次数のスプラインを用いることもできる [42]. 典型的なものは 3 次のスプラインである. しかし, ここでは, ライブラリ「mda」を用いているので, スプラインは 1 次のスプラインに限定される.

MARS による回帰式は, 基底の個数が多いと回帰式の凸凹が多くなり, 基底の個数が少ないと凸凹が少なくなる. それらの中から優れた回帰式を選択するための基準として GCV′ を用いる. 一般化クロスバリデーション (GCV: Generalized Cross-Validation) に少し手を加えたもので, 以下が定義である.

$$\text{GCV}' = \frac{\sum_{i=1}^{n}(Y_i - \hat{s}(X_i))^2}{n \cdot \left(1 - \frac{\sum_{i=1}^{n}[\mathbf{H}]_{ii} + 0.5d(q-1)}{n}\right)^2} \tag{6.20}$$

ここで, q が基底の個数であり, d がこの項の効果の大きさを決める負でない定数である. 「mda」の mars() においては, penalty= で指定する. penalty= を指定しないと, penalty= 2 が設定される. 通常の GCV には $0.5d(p-1)$ の部分がない. この部分が必要になるのは, 用いる基底の個数が多くなると, 基底の個数を固定しても基底の組合せの個数が多くなるからである. 基底の個数を固定しても基底の組合せの個数が多いときには, たくさんの組合せの中に GCV の値が偶発的に小さくなっているものが見いだされる可能性が高くなる. つまり, 基底の個数が多いときに, 偶発的に GCV の値が小さくなってはいるけれども, そのときの基底の個数は妥当とはいえない, という現象が起きやすくなる. したがって, 通常の GCV を用いて基底の個数を最適化すると, 作成される回帰式の基底の個数が妥当な個数よりも大きめになることが多くなる. この点を補正することを考慮した統計量の 1 つが GCV′ である. 基底の個数が多いときに GCV′ の値が通常の GCV より大きくなる傾向が強まるので, GCV′ を用いると通常の GCV を用いた場合より選択される基底の個数が少なめになる. 回帰式を多くの選択肢の中から選択することに伴って, GCV のような統計量をそのまま使うと複雑すぎる回帰式が選択されることが多くなること

を，選択バイアスと呼ぶ（[59]の第3章，[125]の第4章，[118]）．樹形モデルのターミナルノードの個数の最適化において10群CVによる予測誤差の2乗平均値が与える結果をそのまま用いるのではなく，one SEルールを用いることが推奨されているのも同じような趣旨に基づく．

図6.18を作成するためのRプログラムが以下のものである．

```
function ()
{
#(1)
  library(mda)
#(2)
  set.seed(1234)
  nd <- 100
  xx1 <- runif(nd, min=0, max=10)
  yy <- 1 + sin(pi*xx1*0.3) + rnorm(nd, mean=0, sd=0.3)
#(3)
  mars.out1 <- mars(xx1, yy)
#(4)
  print("gcv")
  print(mars.out1$gcv)
#(5)
  print("mars.out1$all.terms")
  print(mars.out1$all.terms)
  select1 <- mars.out1$selected.terms
  print("select1")
  print(select1)
  ns1 <- length(select1)
  coef1 <- mars.out1$coefficients
  print("coef1")
  print(coef1)
  factor1 <- mars.out1$factor
  print("factor1[select1]")
  print(factor1[select1])
  cuts1 <- mars.out1$cuts
  print("cuts1[select1]")
  print(cuts1[select1])
#(6)
  nex1 <- 100
  ex1 <- seq(from=0, to=10, length=nex1)
  ey1e <- predict(mars.out1, newdata=ex1)
#(7)
```

```
    base1 <- matrix(rep(0, length=nex1*(ns1)), ncol=ns1)
    zero1 <- rep(0, length=nex1)
    base1[,1] <- rep(1, length=nex1)
    ey2e <- rep(coef1[1], length=nex1)
    for (kk in 2:(ns1)){
      base1[,kk] <- (ex1 - cuts1[select1[kk]]) * factor1[select1[kk]]
      base1[base1[,kk]<0, kk] <- zero1[ base1[,kk] < 0 ]
      ey2e <- ey2e + coef1[kk] * base1[,kk]
    }
#(8)
    par(mfrow = c(2, 4), mai = c(0.3, 0.3, 0.1, 0.1), oma = c(5, 1, 5, 1))
    plot(xx1, yy, type="n")
    points(xx1, yy)
    for (kk in 1:ns1){
      plot(ex1, base1[,kk], type="n")
      lines(ex1, base1[,kk])
    }
    plot(xx1, yy, type="n")
    lines(ex1, ey2e, lwd=2)
    plot(xx1, yy, type="n")
    lines(ex1, ey1e)
}
```

(1) ライブラリ「mda」を使う.
(2) 100 個のシミュレーションデータ (xx1, yy) を作る.
(3) mars() を用いて MARS による回帰を行う.
(4) (3) で実施された回帰における GCV′ の値を出力する.
(5) (3) で実施された回帰の結果を整理し，出力する．mars.out1$all.terms は 1, 2, 3, 4, 6, 8, 10 という 7 つの基底を回帰式 ((6.1) 式 (149 ページ)) の基底 ((6.17) 式 (172 ページ), (6.18) 式 (172 ページ)) として用いることを検討したことを意味する．5 などが欠けているのは，他の基底の線形結合で表現できる基底を除いたためである．select1 は，mars.out1$all.terms が示す 7 つの基底の中から 1, 2, 3, 4, 6 の 5 つを選択したことを意味する．factor1[select1] と cuts1[select1] については後述する.
(6) 推定値を求める点の個数 (nex1) を使って，推定値を求める点の位置 (ex1) を求める．ex1 における推定値を算出し，ey1e とする.
(7) (5) の結果を使って基底を作成し，base1 に入れる.
(8) (6) で得られた推定値と (7) で得られた基底をグラフに描く.
上の R プログラムが以下を出力する.

"gcv"

```
0.1015265
"mars.out1$all.terms"
1  2  3  4  6  8  10
"select1"
1 2 3 4 6
"coef1"
 [,1]
  3.8849156
  2.0748846
 -0.4960159
 -1.1549217
 -1.1869519
"factor1[select1]"
0  1 -1  1  1
"cuts1[select1]"
0.000000 5.191900 5.191900 1.663938 7.654598
```

select1 が 1 2 3 4 6 という 5 つの要素から成り立っていることは，得られる回帰式は以下のものであることを示している．

$$y = \sum_{j=1}^{5} a_j \beta_j(x) \tag{6.21}$$

coef1 は，(6.21) 式における $\{a_j\}$ を意味している．

$a_1 = 3.8849156, a_2 = 2.0748846, a_3 = -0.4960159, a_4 = -1.1549217, a_5 = -1.1869519$
(6.22)

また，factor1[select1] と cuts1[select1] の値から $\{\beta_j(x)\}$ が以下のものであることがわかる．

$$\beta_1(x) = 1 \tag{6.23}$$
$$\beta_2(x) = (x - 5.191900)_+ \tag{6.24}$$
$$\beta_3(x) = (-x + 5.191900)_+ \tag{6.25}$$
$$\beta_4(x) = (x - 1.663938)_+ \tag{6.26}$$
$$\beta_5(x) = (x - 7.654598)_+ \tag{6.27}$$

cuts1[select1] が (6.17) 式（172 ページ）と (6.18) 式（172 ページ）における $\{c_j\}$ の値を示し，factor1[select1] が (6.17) 式と (6.18) 式のいずれであるかを示している．

6.7 予測変数が 2 つ以上のときの MARS

次に，予測変数が 2 つのとき MARS を用いた回帰の様子を示す．そのときは，(6.1) 式（149 ページ）が以下のものに代わる．

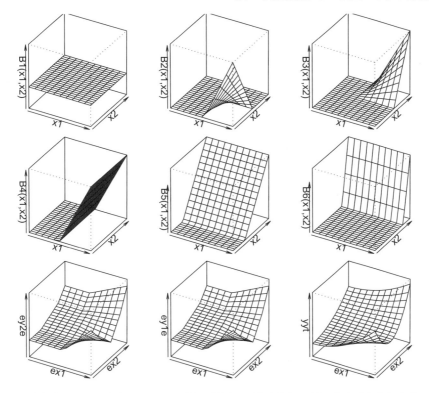

図 6.19 予測変数が2つのときのMARS（交互作用の項を含む）の例．基底（上段と中段の6枚）．得られた回帰式（下段の左と中，両者は，推定値を直接的に算出したものと，基底の線形結合を計算したものなので，同一である）．データのもとになった曲面（下段の右）

$$y = \sum_{j=1}^{p} a_j \beta_j(x_1, x_2) \tag{6.28}$$

基底，回帰式，データのもとになった曲面の例が図6.19である．上段と中段の6枚のグラフが採用された基底である．下段の左と中は同じもので，いずれも得られた回帰式を示している．ただし，下段の左は推定値を直接的に求めた結果で，下段の中は基底の線形結合を使って算出した推定値である．下段の左がここで用いたデータからランダムな誤差の部分を除くことによって得られる曲面である．ここでのデータは図6.4（152ページ）で用いたものと同一のものである．

MARSによる回帰の結果，6つの基底によって構成される回帰式が得られた．図6.20が示している $\{\gamma_k^{(1)}(x_1)\}$ ($k=1,2,3,4$) と $\{\gamma_k^{(2)}(x_2)\}$ ($k=1,2,3,5,6$) を用いると，$\{\beta_k(x_1, x_2)\}$ ($1 \leq k \leq 6$) が以下の式によって得られる．

$$\beta_1(x_1, x_2) = \gamma_1^{(1)}(x_1) \cdot \gamma_1^{(2)}(x_2) = 1 \cdot 1 \tag{6.29}$$

$$\beta_2(x_1, x_2) = \gamma_2^{(1)}(x_1) \cdot \gamma_2^{(2)}(x_2) = (x_1 - 1.0782592)_+ \cdot (-x_2 + 1.0998024)_+ \tag{6.30}$$

$$\beta_3(x_1, x_2) = \gamma_3^{(1)}(x_1) \cdot \gamma_3^{(2)}(x_2) = (x_1 - 0.8673606)_+ \cdot (x_2 - 1.0998024)_+ \tag{6.31}$$

$$\beta_4(x_1, x_2) = \gamma_4^{(1)}(x_1) = (x_1 - 0.9842361)_+ \tag{6.32}$$

$$\beta_5(x_1, x_2) = \gamma_5^{(2)}(x_2) = (x_2 - 0.6597405)_+ \tag{6.33}$$

$$\beta_6(x_1, x_2) = \gamma_6^{(2)}(x_2) = (x_2 - 1.6209009)_+ \tag{6.34}$$

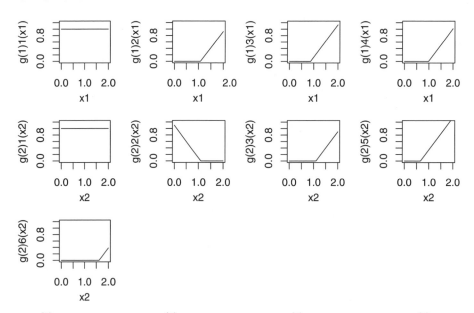

図 6.20 $\gamma_1^{(1)}(x_1)$（上段1番目），$\gamma_2^{(1)}(x_1)$（上段2番目），$\gamma_3^{(1)}(x_1)$（上段3番目），$\gamma_4^{(1)}(x_1)$（上段4番目），$\gamma_1^{(2)}(x_2)$（中段1番目），$\gamma_2^{(2)}(x_2)$（中段2番目），$\gamma_3^{(2)}(x_2)$（中段3番目），$\gamma_5^{(2)}(x_2)$（中段4番目），$\gamma_6^{(2)}(x_2)$（下段）

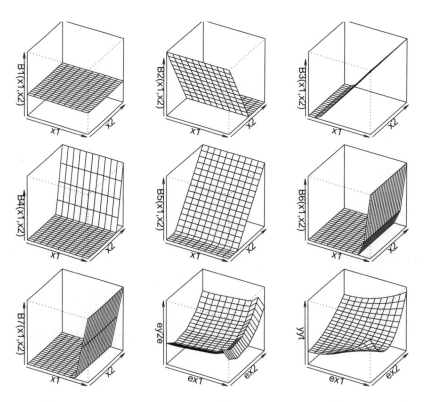

図 6.21 予測変数が2つのときのMARS（交互作用の項を含まない）の例．基底（上段と中段の6枚と下段の左，計7枚），得られた回帰式（下段の中），データのもとになった曲面（下段の右）

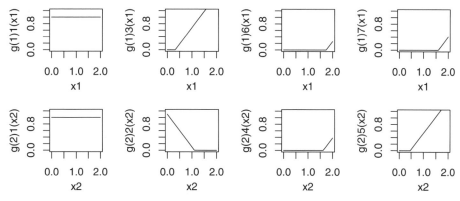

図 6.22 $\gamma_1^{(1)}(x_1)$（上段 1 番目），$\gamma_3^{(1)}(x_1)$（上段 2 番目），$\gamma_6^{(1)}(x_1)$（上段 3 番目），$\gamma_7^{(1)}(x_1)$（上段 4 番目），$\gamma_1^{(2)}(x_2)$（下段 1 番目），$\gamma_2^{(2)}(x_2)$（下段 2 番目），$\gamma_4^{(2)}(x_2)$（下段 3 番目），$\gamma_5^{(2)}(x_2)$（下段 4 番目）

$\beta_2(x_1, x_2)$ と $\beta_3(x_1, x_2)$ は，x_1 と x_2 の 2 つの予測変数の関数である．

複数の予測変数を変数とする基底関数を用いずに，それぞれの基底関数が 1 つの予測変数の関数（あるいは，定数）になっている形式の回帰関数を構成することも考えられる．その場合は，`mars()` において `degree=1` と指定する．2 つの予測変数を変数として用いる基底関数を用いるときは，`degree=2` にする．

その結果，7 つの基底が構成する回帰関数が得られた（図 6.21）．図 6.22 が示している $\{\gamma_k^{(1)}(x_1)\}$ ($k = 1, 3, 6, 7$) と $\{\gamma_k^{(2)}(x_2)\}$ ($k = 1, 2, 4, 5$) を使うと，$\{\beta_k(x_1, x_2)\}$ ($1 \leq k \leq 7$) は以下のものである．

$$\beta_1(x_1, x_2) = \gamma_1^{(1)}(x_1) \cdot \gamma_1^{(2)}(x_2) = 1 \cdot 1 \tag{6.35}$$

$$\beta_2(x_1, x_2) = \gamma_2^{(2)}(x_2) = (-x_2 + 1.0998024)_+ \tag{6.36}$$

$$\beta_3(x_1, x_2) = \gamma_3^{(1)}(x_1) = (x_1 - 0.320633)_+ \tag{6.37}$$

$$\beta_4(x_1, x_2) = \gamma_4^{(2)}(x_2) = (x_2 - 1.6209009)_+ \tag{6.38}$$

$$\beta_5(x_1, x_2) = \gamma_5^{(2)}(x_2) = (x_2 - 0.4686279)_+ \tag{6.39}$$

$$\beta_6(x_1, x_2) = \gamma_6^{(1)}(x_1) = (x_1 - 1.741452)_+ \tag{6.40}$$

$$\beta_7(x_1, x_2) = \gamma_7^{(1)}(x_1) = (x_1 - 1.590877)_+ \tag{6.41}$$

「car.test.frame.csv」[25] を用いて MARS による回帰式を作成するための R プログラムの例が以下である．

```
function ()
{
#(1)
   library(mda)
#(2)
  file1 <- read.table(file="C:\\Users\\user1\\Documents\\R\\win-library\\2.7
```

```
    \\mvpart\\data\\car.test.frame.csv", sep=";", header=T)
  file1 <- na.omit(file1)
  xxall <- file1[,c(3, 4, 6, 7, 8)]
  yy <- file1[,1]
#(3)
  mars.out1 <- mars(xxall, yy, degree=1)
#(4)
  factor1 <- mars.out1$factor
  select1 <- mars.out1$selected.terms
  print("factor1[select1,]")
  print(factor1[select1,])
  print("mars.out1$gcv")
  print(mars.out1$gcv)
  nd <- length(yy)
  my_gcv <- sum(mars.out1$residuals^2) / (nd * (1-(length(select1)*2-1)/nd)^2)
  print("my_gcv")
  print(my_gcv)
#(5)
  ex3 <- seq(from=1500,to=4000, by=100)
  ex4 <- seq(from=50, to=350, length=25)
  ex34 <- expand.grid(ex3, ex4)
  ne <- dim(ex34)[1]
  ex1 <- rep(mean(xxall[,1]), ne)
  ex2 <- rep(mean(xxall[,2]), ne)
  ex5 <- rep(mean(xxall[,5]), ne)
  ex12345 <- cbind(ex1, ex2, ex34, ex5)
  ey1e <- predict(mars.out1, newdata=ex12345)
  ey1e <- matrix(ey1e, ncol=length(ex4))
#(6)
  par(mfrow = c(1, 1), mai = c(0.1, 0.1, 0.1, 0.1), oma = c(5, 1, 5, 1))
  persp(ex3, ex4, ey1e,theta = 200, phi = 35, expand = 1.1, col = "white",
   ltheta = 80, shade = 0.25, ticktype = "detailed",xlab="x3", ylab="x4",
   zlab="y", zlim=c(0, 22000), lphi = 10, r = sqrt(300), d = 1)
}
```

(1) ライブラリ「mda」を利用する.

(2) データを読み出して，予測変数 (xx1, xx2, xx3, xx4, xx5) と目的変数 (yy) を設定する.

(3) mars() を用いて MARS による回帰を行う．degree=1 と指定しているので，交互作用を含む項は用いない．

(4) 回帰式を構成する項の内容と GCV′ の値を出力する．(6.20) 式（173 ページ）を用いて算出

6.7 予測変数が2つ以上のときのMARS 181

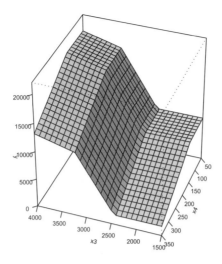

図 6.23 「car.test.frame.csv」を用い，予測変数として連続量のものを利用したときに得られる MARS による推定値

した GCV′ の値 (my_gcv) も出力する．
(5) expand.grid() を用いて格子点（推定値を求める点）の座標 (ex34) を求める．1番目，2番目，5番目の予測変数の値を一定にし，3番目と4番目の予測変数の値を格子点上に設定して推定値を求める．
(6) 推定値を図示する（図 6.23）．
このRプログラムは以下も出力する．

```
"factor1[select1,]"
     Reliability Mileage Weight Disp. HP
[1,]           0       0      0     0  0
[2,]           0       0      1     0  0
[3,]           0       0      0     1  0
[4,]           0       0      1     0  0
"mars.out1$gcv"
7926195
"my_gcv"
7926195
```

選択された項は，定数項と，Weight（3番目の予測変数）を変数とする項，Disp.（4番目の予測変数）を変数とする項だけである．そのときの GCV′ の値は 7926195 である．

MARS による回帰におけるハット行列を求めることができる．上の R プログラムの (3) で得られた mars.out1 を用いて以下を実行すれば，d2 が計画行列，hat2 がハット行列になる．

```
#(4)
  d2 <- mars.out1$x
```

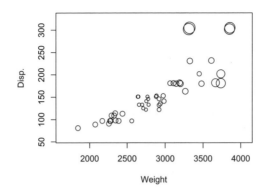

図 6.24 図 6.23 の推定値を与えるハット行列の対角要素（梃子値）を円の面積で表した。横軸が車両重量で，縦軸がエンジンの総排気量である

```
hat2 <- d2 %*% solve(t(d2)%*% d2) %*% t(d2)
```

図 6.24 はこのハット行列の対角要素の値（梃子値）と，この回帰で用いられた 2 つの予測変数の間の関係を示している．円の面積が梃子値の値に比例している．

上の R プログラムの (3) における mars(xxall, yy, degree=1) を mars(xxall, yy, degree=2) に替える（交互作用を含む項も考慮に入れる）と，以下の出力が得られる．

```
"factor1[select1,]"
     Reliability Mileage Weight Disp. HP
[1,]           0       0      0     0  0
[2,]           1       0      0     0  1
[3,]           0       1      0     0  0
[4,]           0      -1      0     0  0
"mars.out1$gcv"
6491604
```

すなわち，定数項，Reliability（1 番目の予測変数，「信頼性」）と HP（5 番目の予測変数，「エンジン出力」）の両方を変数とする項，Reliability（1 番目の予測変数）だけを変数とする項，Mileage（2 番目の予測変数，「US ガロンあたりの走行距離」）だけを変数とする項によって構成される回帰式が作成された．GCV′ の値は 6491604 なので，交互作用を含む項も考慮に入れたことで GCV′ の値が減少した．回帰式の形式をわずかに変更しただけで選択される予測変数が大きく異なる結果になったことは，選択される予測変数を因果関係の有無に関連づけることは困難であることを示している．

図 6.12（163 ページ），図 6.17（171 ページ），図 6.23（181 ページ）は類似した形状を示している．しかし，x_3 が車両重量で，x_4 がエンジン総排気量であることを考えると，車両重量が大きいときに総排気量の増大によって価格が低下するのは直感に反する傾向である．この意味を調べるためのグラフが図 6.25 である．x_3 の値が 3000 以上のデータを選んだときの，x_4 と目的変数

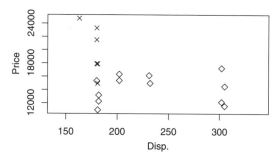

図 6.25 「car.test.frame.csv」の中から x_3 の値が 3000 以上のデータを選んだときの，x_4 と目的変数の値との関係．×が日本車のデータ（6 個，上から 4 番目と 5 番目の×は隣接している）．◇がアメリカ車のデータ（12 個）

の値との関係である．18 個のデータが選ばれている．18 個のデータのうち，アメリカ車のデータが 12 個で，日本車のデータが 6 個で，その他の国で生産された自動車のデータは含まれていなかった．このグラフにより，重量が大きめの日本車にはエンジン排気量は小さいけれども価格が高い高級車がかなり含まれていることが，不可解な傾向の原因であることがわかる．

第 7 章

ニューラルネットワーク

7.1 階層型ニューラルネット

7.1.1 尤度

図 7.1 のような階層型 3 層ニューラルネットワークを考える [18, 74, 106]. 入力層, 隠れ層, 出力層のユニット数をそれぞれ I, H, K とし, 入力パターン(データ)の組数を D とする. 出力値は, K 個のうち 1 つが 1, 他は 0 である. 第 d 組の入力 $\mathbf{x}^{<d>} = \left(x_1^{<d>}, x_2^{<d>}, \ldots, x_I^{<d>}\right)$ からなる入力パターン $\mathbf{x} = \left(\mathbf{x}^{<1>}, \mathbf{x}^{<2>}, \ldots, \mathbf{x}^{<D>}\right)^t$ が与えられたとき, 教師値 $\mathbf{t}_k = \left(t_k^{<1>}, t_k^{<2>}, \ldots, t_k^{<D>}\right)$ が

$$t_k = g_k(\mathbf{x}) + \varepsilon_k, \varepsilon_k \sim N(0, \sigma^2), k = 1, 2, \ldots, K \tag{7.1}$$

から生成されたという仮定に基づいて予測平方和規準は構成されている. 平滑化関数 $g_k(\mathbf{x})$ をモデル化し, 尤度が最大になる出力値 $\mathbf{o}^{<d>} = \left(o_1^{<d>}, o_2^{<d>}, \ldots, o_K^{<d>}\right)$ を求める. しかし分類問題の場合, 教師値は 2 値であり, 正規分布モデルを採用できないから予測平方和規準は妥当ではない.

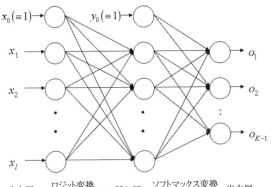

図 **7.1** 3 層ニューラルネットワーク

入力パターン $\mathbf{x}^{<d>} = (x_1^{<d>}, x_2^{<d>}, \ldots, x_I^{<d>})$ が与えられたとき，隠れ層の第 j ユニットの活性値を

$$u_j^{<d>} = \sum_{i=0}^{I} \alpha_{ij} x_i^{<d>} \quad , j = 1, \cdots J, \, d = 1, \cdots D \, ; x_0^{<d>} \equiv 1 \qquad (7.2)$$

とする．また，ロジット変換 f によって，隠れ層の第 j ユニットの出力値

$$y_j^{<d>} = f\left(u_j^{<d>}\right) = \frac{1}{1 + \exp\left(-u_j^{<d>}\right)} \qquad (7.3)$$

を与える．出力層への活性値は

$$v^{<d>} = \sum_{j=0}^{J} \beta_j y_j^{<d>} \quad , d = 1, \cdots D \, ; y_0^{<d>} \equiv 1 \qquad (7.4)$$

となる．変換

$$o^{<d>} = g\left(v^{<d>}\right) = \frac{1}{1 + \exp\left(-v^{<d>}\right)} \qquad (7.5)$$

によって出力ユニットの出力値（すなわち，最終出力値）を求める．出力値はリンク荷重 $\{\boldsymbol{\alpha}, \boldsymbol{\beta}\}$ の関数であり，$o_k^{<d>} = o_k^{<d>}(\mathbf{x}; \boldsymbol{\alpha}, \boldsymbol{\beta})$ と書ける．出力値が多重独立な属性 (multiple indepentent attributes) であるネットワークを考える．それぞれの出力値は，出力層の第 k 番目のユニットの教師値 $t_k^{<d>}$ が 1 である（k 番目の属性が生起する）条件付き確率

$$\Pr\left\{t_k^{<d>} = 1 \,|\, \mathbf{x}\right\} = o_k^{<d>} \qquad (7.6)$$

と考えられる．よって

$$\Pr\left\{t_k^{<d>} = 0 \,|\, \mathbf{x}\right\} = 1 - o_k^{<d>} \qquad (7.7)$$

となり，ベルヌーイ分布

$$f\left(t_k^{<d>}\right) = \left\{o_k^{<d>}\right\}^{t_k^{<d>}} \left(1 - o_k^{<d>}\right)^{1 - t_k^{<d>}} \qquad (7.8)$$

が得られる．この分散は

$$Var\left[t_k^{<d>}\right] = o_k^{<d>}(1 - o_k^{<d>}) \qquad (7.9)$$

となる．$\mathbf{x} = \left(\mathbf{x}^{<1>}, \mathbf{x}^{<2>}, \ldots, \mathbf{x}^{<D>}\right)^t$, $\mathbf{t} = (t_1, t_2, \ldots, t_K)^t$ が与えられたとき，対数尤度は積-ベルヌーイ型

$$\ln L(\boldsymbol{\alpha}, \boldsymbol{\beta}) = \sum_{d=1}^{D} \sum_{k=1}^{K} \left\{t_k^{<d>} \ln o_k^{<d>} + \left(1 - t_k^{<d>}\right) \ln \left(1 - o_k^{<d>}\right)\right\} \qquad (7.10)$$

で与えられる．$\{\boldsymbol{\alpha}, \boldsymbol{\beta}\}$ が最大になる出力値 $o_k^{<d>}$ の最尤推定量 (MLE) が $\hat{o}_k^{<d>}\left(\hat{\boldsymbol{\alpha}}, \hat{\boldsymbol{\beta}}\right)$ である [60, 117, 147]．特に，出力層のユニット数が $K = 1$ なら 2 群判別になる．なお，二項分布に基づくグループ化データの場合は [132] に詳しい．

7.1.2 Kullback-Leibler 情報量

モデルのズレを測る指標である Kullback-Leibler 情報量 $I(\mathbf{t}, \mathbf{o})$ は,

$$I(\mathbf{t}, \mathbf{o}) = \sum_{d=1}^{D} \sum_{k=1}^{K} \left\{ t_k^{\langle d \rangle} \ln \left(\frac{t_k^{\langle d \rangle}}{o_k^{\langle d \rangle}} \right) \right\} \tag{7.11}$$

と書ける. (7.11) 式は

$$\sum_{d=1}^{D} \sum_{k=1}^{K} \left\{ t_k^{\langle d \rangle} \ln \left(\frac{t_k^{\langle d \rangle}}{o_k^{\langle d \rangle}} \right) \right\} = \underbrace{- \sum_{d=1}^{D} \sum_{k=1}^{K} \left\{ t_k^{\langle d \rangle} \ln t_k^{\langle d \rangle} \right\}}_{-\ln L(max)} + \underbrace{\left[- \sum_{d=1}^{D} \sum_{k=1}^{K} \left\{ t_k^{\langle d \rangle} \ln o_k^{\langle d \rangle} \right\} \right]}_{-\ln L(\boldsymbol{\alpha}, \boldsymbol{\beta}, \mathbf{x}, \mathbf{t})} \tag{7.12}$$

と展開できる. 右辺の第 1 項は, $t_k^{\langle d \rangle}$ のみに依存した定数で, 第 2 項はクロスエントロピー関数となる. Kullback-Leibler 情報量は, クロスエントロピーを最小化することと等価である. 負のエントロピー $B(\mathbf{t}, \mathbf{o})$ は,

$$B(\mathbf{t}, \mathbf{o}) = -I(\mathbf{t}, \mathbf{o}) \tag{7.13}$$

で与えられる.

対数尤度とクロスエントロピー関数 $F(\boldsymbol{\alpha}, \boldsymbol{\beta})$ との間には

$$F(\boldsymbol{\alpha}, \boldsymbol{\beta}) = -\sum_{d=1}^{D} F^{<d>}(\boldsymbol{\alpha}, \boldsymbol{\beta}) \equiv -\sum_{d=1}^{D} \underbrace{\sum_{k=1}^{K} \left\{ t_k^{<d>} \ln o_k^{<d>} + \left(1 - t_k^{<d>}\right) \ln \left(1 - o_k^{<d>}\right) \right\}}_{F^{<d>}(\boldsymbol{\alpha}, \boldsymbol{\beta})}$$

$$= -\ln L(\boldsymbol{\alpha}, \boldsymbol{\beta}; \mathbf{x}, \mathbf{t}) \tag{7.14}$$

という関係がある. すなわち, 対数尤度を最大化することは, Kullback-Leibler 情報量

$$\sum_{d=1}^{D} \sum_{k=1}^{K} \left\{ t_k^{<d>} \ln \left(\frac{t_k^{<d>}}{o_k^{<d>}} \right) + \left(1 - t_k^{<d>}\right) \ln \left(\frac{1 - t_k^{<d>}}{1 - o_k^{<d>}} \right) \right\} \tag{7.15}$$

を最小化することと等価である [95]. クロスエントロピーが最小となるようにリンク荷重を推定したとき, 出力値は教師値の条件付き期待値を推定している [24]. 教師値が 2 値なら, その条件付き期待値は条件付き確率になる. 特に分類問題なら, その条件付き確率はベイズの事後確率である [53].

［定理］：クロスエントロピー関数を最小化（すなわち, 対数尤度を最大化）して得られる出力値は, 出力値の分布を事前分布としたとき, ベイズの事後確率を推定している [105].

［証明］ まず, クロスエントロピー関数 (7.14) 式にマイナスをつけた

$$-F^{<d>}(\boldsymbol{\alpha}, \boldsymbol{\beta}) = -\sum_{k=1}^{K} \left\{ t_k^{<d>} \ln o_k^{<d>} + \left(1 - t_k^{<d>}\right) \ln \left(1 - o_k^{<d>}\right) \right\} \tag{7.16}$$

の期待値を計算する.

$$
\begin{aligned}
&-E\left[F^{<d>}(\boldsymbol{\alpha},\boldsymbol{\beta})\right] \\
&= -E\left[\sum_{k=1}^{K}\left\{t_k^{<d>}\ln o_k^{<d>} + (1-t_k^{<d>})\ln(1-o_k^{<d>})\right\}\right] \\
&= -E\left\{\sum_{k=1}^{K}\left[E\left\{t_k^{<d>}|\mathbf{x}\right\}\ln\left(\frac{o_k^{<d>}}{E\{t_k^{<d>}|\mathbf{x}\}}\right) - (1-E\{t_k^{<d>}|x\})\ln\left(\frac{1-o_k^{<d>}}{1-E\{t_k^{<d>}|\mathbf{x}\}}\right)\right]\right\} \\
&\quad -E\left\{\sum_{k=1}^{K}\left[E\{t_k^{<d>}|\mathbf{x}\}\ln E\{t_k^{<d>}|\mathbf{x}\} + (1-E\{t_k^{<d>}|\mathbf{x}\})\ln(1-E\{t_k^{<d>}|\mathbf{x}\})\right]\right\}
\end{aligned}
\tag{7.17}
$$

を得る．ただし，$E\{t_k^{<d>}|\mathbf{x}\}$ は，入力パターン $\mathbf{x}$ が与えられたときの $t_k^{<d>}$ の条件付き期待値である．上式において，2番目の期待値の項は出力値 $o_k^{<d>}$ に独立であるから，最初の期待値の項を最小化すればよい．ゆえに，

$$\hat{o}_k^{<d>} = E\left\{t_k^{<d>}|\mathbf{x}\right\} \tag{7.18}$$

のとき，$-E\left[F^{<d>}(\boldsymbol{\alpha},\boldsymbol{\beta})\right]$ は最小化される．ここで，入力パターン $\mathbf{x}$ が与えられたとき，それが k 番目のクラス C_k に属するベイズの事後確率を $\Pr\{C_k|\mathbf{x}\}$ とおく．$t_k^{<d>}$ は 0 か 1 をとるので

$$E\left\{t_k^{<d>}|\mathbf{x}\right\} = \sum_{k=1}^{K} t_k^{<d>} \Pr\{C_k|\mathbf{x}\} = \Pr\{C_k|\mathbf{x}\} \tag{7.19}$$

となり，

$$\hat{o}_k^{<d>} = \Pr\{C_k|\mathbf{x}\} \tag{7.20}$$

が求まる．ゆえに，出力値 $o_k^{<d>}$ はベイズの事後確率を推定している．

さて，予測平方和規準とKullback-Leibler情報量との間には，次のような定理が成り立つ．

［定理］：予測平方和規準 $\frac{1}{2}\sum_{d=1}^{D}\sum_{k=1}^{K}\left(t_k^{<d>} - o_k^{<d>}\right)^2$ を，教師値 $t_k^{<d>}$ の分散 (7.9) 式の逆数で重み付けした平均は，Kullback-Leibler情報量と近似的に同等である．すなわち，

$$\sum_{d=1}^{D}\sum_{k=1}^{K}\left\{t_k^{<d>}\ln\left(\frac{t_k^{<d>}}{o_k^{<d>}}\right) + (1-t_k^{<d>})\ln\left(\frac{1-t_k^{<d>}}{1-o_k^{<d>}}\right)\right\} \cong \frac{1}{2}\sum_{d=1}^{D}\sum_{k=1}^{K}\left\{\frac{(t_k^{<d>}-o_k^{<d>})^2}{o_k^{<d>}(1-o_k^{<d>})}\right\} \tag{7.21}$$

が成り立つ．

［証明］公式

$$s\ln\left(\frac{s}{t}\right) = (s-t) + \frac{1}{2}\frac{(s-t)^2}{t} + \cdots \tag{7.22}$$

より，

$$
\begin{aligned}
&\sum_{d=1}^{D}\sum_{k=1}^{K}\left\{t_k^{<d>}\ln\left(\frac{t_k^{<d>}}{o_k^{<d>}}\right) + (1-t_k^{<d>})\ln\left(\frac{1-t_k^{<d>}}{1-o_k^{<d>}}\right)\right\} \\
&\cong \sum_{d=1}^{D}\sum_{k=1}^{K}\left[(t_k^{<d>}-o_k^{<d>}) + \frac{1}{2}\frac{(t_k^{<d>}-o_k^{<d>})^2}{o_k^{<d>}} + (1-t_k^{<d>}-1+o_k^{<d>}) + \frac{1}{2}\frac{(1-t_k^{<d>}-1+o_k^{<d>})^2}{1-o_k^{<d>}}\right] \\
&= \frac{1}{2}\sum_{d=1}^{D}\sum_{k=1}^{K}\left\{\frac{(t_k^{<d>}-o_k^{<d>})^2}{o_k^{<d>}(1-o_k^{<d>})}\right\} = \frac{1}{2}\sum_{d=1}^{D}\sum_{k=1}^{K}\left[\underbrace{\left\{\frac{1}{o_k^{<d>}(1-o_k^{<d>})}\right\}}_{\text{重み}}\left\{(t_k^{<d>}-o_k^{<d>})^2\right\}\right]
\end{aligned}
\tag{7.23}
$$

となる．

予測平方和規準 $\frac{1}{2}\sum_{d=1}^{D}\sum_{k=1}^{K}(t_k^{<d>} - o_k^{<d>})^2$ は，残差に正規分布を仮定している．しかし分類問題の場合，出力値はベルヌーイ分布から導かれる事後確率である．よって，予測平方和規準をベルヌーイ分布の分散の逆数で重み付けした $\frac{1}{2}\sum_{d=1}^{D}\sum_{k=1}^{K}\left\{\frac{(t_k^{<d>} - o_k^{<d>})^2}{o_k^{<d>}(1-o_k^{<d>})}\right\}$ は，近似的に Kullback-Leibler 情報量 $\sum_{d=1}^{D}\sum_{k=1}^{K}\left\{t_k^{<d>}\ln\left(\frac{t_k^{<d>}}{o_k^{<d>}}\right) + (1-t_k^{<d>})\ln\left(\frac{1-t_k^{<d>}}{1-o_k^{<d>}}\right)\right\}$ と等価であることが証明された．出力値 $o_k^{<d>}$ が，0 か 1 に近いときのみ重み $1/\{o_k^{<d>}(1-o_k^{<d>})\}$ の値は大きく，0.5 で最小になる [105]．シミュレーションの結果，クロスエントロピー規準のほうが，収束は速いことも証明されている [60, 117]．

7.1.3 バックプロパゲーション学習則

(1) 2 群判別

バックプロパゲーション学習則によって，リンク荷重 $\{\boldsymbol{\alpha}, \boldsymbol{\beta}\}$ を推定する．乱数によって，リンク荷重の初期値を設定し，費用関数を小さくする方向に変化させる．バックプロパゲーション学習則は，$\{\boldsymbol{\alpha}, \boldsymbol{\beta}\}$ を更新する最急降下法の一種であり，対数尤度関数 $\ln L(\boldsymbol{\alpha}, \boldsymbol{\beta})$ が最大になる方向に変化量 $\frac{\partial \ln L(\boldsymbol{\alpha}, \boldsymbol{\beta})}{\partial \alpha_{ij}}, \frac{\partial \ln L(\boldsymbol{\alpha}, \boldsymbol{\beta})}{\partial \beta_j}$ を求める．

評価関数を対数尤度 $\ln L(\boldsymbol{\alpha}, \boldsymbol{\beta})$ とし，入力パターン $\mathbf{x}^{<d>} = (x_1^{<d>}, x_2^{<d>}, \ldots, x_I^{<d>}), d = 1, \ldots, D$ が与えられたとき，出力値 $o^{<d>}$ はリンク荷重 $\{\boldsymbol{\alpha}, \boldsymbol{\beta}\}$ の関数で与えられる．出力値 $o^{<d>}$ が，ベルヌーイ分布に従う場合の 3 層ニューラルネットのバックプロパゲーション学習則は以下のようになる．

(7.10) 式の対数尤度 $\ln L(\boldsymbol{\alpha}, \boldsymbol{\beta})$ が最大になるように $\{\boldsymbol{\alpha}, \boldsymbol{\beta}\}$ を変化させる．その変化量は，$\frac{\partial \ln L(\boldsymbol{\alpha}, \boldsymbol{\beta})}{\partial \beta_j}, \frac{\partial \ln L(\boldsymbol{\alpha}, \boldsymbol{\beta})}{\partial \alpha_{ij}}$ で与えられる．結合荷重 β_j の変化量は，

$$\frac{\partial \ln L(\boldsymbol{\alpha}, \boldsymbol{\beta})}{\partial \beta_j} = \frac{\partial \ln L(\boldsymbol{\alpha}, \boldsymbol{\beta})}{\partial o^{<d>}} \cdot \frac{\partial o^{<d>}}{\partial v^{<d>}} \cdot \frac{\partial v^{<d>}}{\partial \beta_j} \tag{7.24}$$

と表される．右辺の偏導関数を求める．まず，

$$\frac{\partial \ln L(\boldsymbol{\alpha}, \boldsymbol{\beta})}{\partial o^{<d>}} = \frac{t^{<d>} - o^{<d>}}{o^{<d>}(1 - o^{<d>})} \tag{7.25}$$

$$\frac{\partial o^{<d>}}{\partial v^{<d>}} = \frac{\exp(-v^{<d>})}{\{1 + \exp(-v^{<d>})\}^2}$$
$$= \frac{1}{1 + \exp(-v^{<d>})} \frac{\exp(-v^{<d>})}{\{1 + \exp(-v^{<d>})\}} = o^{<d>}(1 - o^{<d>}) \tag{7.26}$$

$$\frac{\partial v^{<d>}}{\partial \beta_j} = y_j^{<d>} \tag{7.27}$$

より

$$\frac{\partial \ln L(\boldsymbol{\alpha}, \boldsymbol{\beta})}{\partial \beta_j} = \frac{\partial \ln L(\boldsymbol{\alpha}, \boldsymbol{\beta})}{\partial o^{<d>}} \frac{\partial o^{<d>}}{\partial v^{<d>}} \frac{\partial v^{<d>}}{\partial \beta_j} = (t^{<d>} - o^{<d>}) y_j^{<d>} \tag{7.28}$$

を得る．

次に

$$\frac{\partial \ln L(\boldsymbol{\alpha}, \boldsymbol{\beta})}{\partial \alpha_{ij}} = \frac{\partial \ln L(\boldsymbol{\alpha}, \boldsymbol{\beta})}{\partial v^{<d>}} \frac{\partial v^{<d>}}{\partial y_j^{<d>}} \frac{\partial y_j^{<d>}}{\partial u_j^{<d>}} \frac{\partial u_j^{<d>}}{\partial \alpha_{ij}} \tag{7.29}$$

を求める.

$$\begin{aligned}\frac{\partial \ln L(\boldsymbol{\alpha},\boldsymbol{\beta})}{\partial v^{<d>}} &= \frac{\partial \ln L(\boldsymbol{\alpha},\boldsymbol{\beta})}{\partial o^{<d>}}\frac{\partial o^{<d>}}{\partial v^{<d>}}\\ &= \frac{t^{<d>}-o^{<d>}}{o^{<d>}(1-o^{<d>})}o^{<d>}\left(1-o^{<d>}\right)\\ &= t^{<d>}-o^{<d>}\end{aligned} \quad (7.30)$$

$$\frac{\partial \ln L(\boldsymbol{\alpha},\boldsymbol{\beta})}{\partial v^{<d>}}\frac{\partial v^{<d>}}{\partial y_j^{<d>}} = \left(t^{<d>} - o^{<d>}\right)\beta_j \quad (7.31)$$

$$\frac{\partial y_j^{<d>}}{\partial u_j^{<d>}} = y_j^{<d>}\left(1-y_j^{<d>}\right) \quad (7.32)$$

$$\frac{\partial u_k^{<d>}}{\partial \alpha_{ij}} = x_i^{<d>} \quad (7.33)$$

であるから,

$$\begin{aligned}\frac{\partial \ln L(\boldsymbol{\alpha},\boldsymbol{\beta})}{\partial \alpha_{ij}} &= \frac{\partial \ln L(\boldsymbol{\alpha},\boldsymbol{\beta})}{\partial v^{<d>}}\frac{\partial v^{<d>}}{\partial y_j^{<d>}}\frac{\partial y_j^{<d>}}{\partial u_j^{<d>}}\frac{\partial u_j^{<d>}}{\partial \alpha_{ij}}\\ &= \left(t^{<d>} - o^{<d>}\right)\beta_j y_j^{<d>}\left(1-y_j^{<d>}\right)x_i^{<d>}\end{aligned} \quad (7.34)$$

となる.なお,誤差逆伝播 (Error Back-Propagation) 則の由来は,誤差 $t^{<d>} - o^{<d>}$ が,「出力層 → 隠れ層 → 入力層」と逆方向に伝播していることにある.

(2) 多群判別

評価関数を $F(\boldsymbol{\alpha},\boldsymbol{\beta})$ とし,入力パターン $\mathbf{x}^{<d>} = (x_1^{<d>}, x_2^{<d>}, \ldots, x_I^{<d>})$, $d = 1, \ldots, D$ が与えられたとき,出力値 $o_k^{<d>}$ はリンク荷重 $\{\boldsymbol{\alpha},\boldsymbol{\beta}\}$ の関数で与えられる.出力値 $o_k^{<d>}$ が条件 $\sum_{k=1}^{K} o_k^{<d>} = 1$ を満たす多項型とみなした場合,3層ニューラルネットのバックプロパゲーション学習則は以下のようになる.

隠れ層の第 j ユニットの活性値を

$$u_j^{<d>} = \sum_{i=0}^{I} \alpha_{ij} x_i^{<d>}, \quad j = 1,\cdots J,\, d = 1,\cdots D\,;\, x_0^{<d>} \equiv 1 \quad (7.35)$$

で与える.この $u_j^{<d>}$ に,ロジット変換 f を施すと,隠れ層の第 j ユニットの出力値

$$y_j^{<d>} = f\left(u_j^{<d>}\right) = \frac{1}{1+\exp\left(-u_j^{<d>}\right)} \quad (7.36)$$

が得られる.出力層への活性値は

$$v_k^{<d>} = \sum_{j=0}^{J} \beta_{jk} y_j^{<d>}, \, d = 1,\cdots D\,;\, y_0^{<d>} \equiv 1 \quad (7.37)$$

となる.出力層の第 k ユニットの出力値 $o_k^{<d>}$(すなわち,最終出力値)は,ソフトマックス変換

$$o_k^{<d>} = g\left(v_k^{<d>}\right) = \frac{\exp\left(v_k^{<d>}\right)}{\sum_{k'=1}^{K}\exp\left(v_{k'}^{<d>}\right)} \quad (7.38)$$

によって与えられる.多群判別の場合,出力値 $o_k^{<d>}$ は互いに独立ではないので多項型とみなす.多項型の対数尤度は

$$\ln L(\boldsymbol{\alpha},\boldsymbol{\beta};\mathbf{x},\mathbf{t}) = \sum_{d=1}^{D}\sum_{k=1}^{K}\left\{t_k^{<d>}\ln o_k^{<d>}\right\} \quad (7.39)$$

となる．この対数尤度関数にマイナスのついたクロスエントロピー関数

$$F(\boldsymbol{\alpha},\boldsymbol{\beta}) = -\ln L(\boldsymbol{\alpha},\boldsymbol{\beta};\mathbf{x},\mathbf{t}) = -\sum_{d=1}^{D}\sum_{k=1}^{K}\left\{t_k^{<d>}\ln o_k^{<d>}\right\} \tag{7.40}$$

を費用関数として用いる．

評価関数 $F(\boldsymbol{\alpha},\boldsymbol{\beta})$ が最小になるように $\{\boldsymbol{\alpha},\boldsymbol{\beta}\}$ を変化させる．その変化量は $\frac{\partial F(\boldsymbol{\alpha},\boldsymbol{\beta})}{\partial \beta_{jk}}, \frac{\partial F(\boldsymbol{\alpha},\boldsymbol{\beta})}{\partial \alpha_{ij}}$ で与えられる．結合荷重 β_{jk} の変化量は，

$$\frac{\partial F(\boldsymbol{\alpha},\boldsymbol{\beta})}{\partial \beta_{jk}} = \frac{\partial F(\boldsymbol{\alpha},\boldsymbol{\beta})}{\partial o_k^{<d>}} \cdot \frac{\partial o_k^{<d>}}{\partial v_k^{<d>}} \cdot \frac{\partial v_k^{<d>}}{\partial \beta_{jk}} \tag{7.41}$$

と表される．右辺の偏導関数を求める．まず

$$\frac{\partial F(\boldsymbol{\alpha},\boldsymbol{\beta})}{\partial o_k^{<d>}} = \frac{\partial}{\partial o_k^{<d>}}\left(-\sum_{d=1}^{D}\sum_{k=1}^{K}\left\{t_k^{<d>}\ln o_k^{<d>}\right\}\right) = -\frac{t_k^{<d>}}{o_k^{<d>}} \tag{7.42}$$

となる．$o_k^{<d>}$ は，$v_k^{<d>}$ をソフトマックス変換した出力値であるから

1) $v_k^{<d>}$ が $o_k^{<d>}$ の活性値であるとき（すなわち，$k = k'$）

$$\begin{aligned}\frac{\partial o_k^{<d>}}{\partial v_k^{<d>}} &= \frac{\partial}{\partial v_k^{<d>}}\left(\frac{\exp(v_k^{<d>})}{\sum_{k'=1}^{K}\exp(v_{k'}^{<d>})}\right) = \frac{\exp(v_k^{<d>})\cdot\left\{\sum_{k'=1}^{K}\exp(v_{k'}^{<d>})\right\} - \exp(v_k^{<d>})\cdot\exp(v_k^{<d>})}{\left\{\sum_{k'=1}^{K}\exp(v_{k'}^{<d>})\right\}^2}\\ &= o_k^{<d>} - o_k^{<d>}o_k^{<d>} = o_k^{<d>}\left(1 - o_k^{<d>}\right)\end{aligned} \tag{7.43}$$

2) $v_{k'}^{<d>}$ が $o_k^{<d>}$ の活性値でないとき（すなわち，$k \neq k'$）

$$\begin{aligned}\frac{\partial o_k^{<d>}}{\partial v_{k'}^{<d>}} &= \frac{\partial}{\partial v_{k'}^{<d>}}\left(\frac{\exp(v_{k'}^{<d>})}{\sum_{k=1}^{K}\exp(v_k^{<d>})}\right) = \frac{\exp(v_{k'}^{<d>})\cdot\left\{\sum_{k=1}^{K}\exp(v_k^{<d>})\right\} - \exp(v_{k'}^{<d>})\exp(v_k^{<d>})}{\left\{\sum_{k=1}^{K}\exp(v_k^{<d>})\right\}^2}\\ &= -o_{k'}^{<d>}o_k^{<d>}\end{aligned} \tag{7.44}$$

と分けて計算する．また，

$$\frac{\partial v_k^{<d>}}{\partial \beta_{jk}} = \frac{\partial}{\partial \beta_{jk}}\left(\sum_{k=1}^{K}\beta_{jk}y_j^{<d>}\right) = y_j^{<d>} \tag{7.45}$$

である．

たとえば，3群判別 $(k=3)$ の場合を取り上げる．

$$\begin{aligned}F(\boldsymbol{\alpha},\boldsymbol{\beta}) &= -\sum_{d=1}^{D}\sum_{k=1}^{K}\left\{t_k^{<d>}\ln o_k^{<d>}\right\}\\ &= -\sum_{d=1}^{D}\left\{t_1^{<d>}\ln o_1^{<d>} + t_2^{<d>}\ln o_2^{<d>} + t_3^{<d>}\ln o_3^{<d>}\right\}\end{aligned} \tag{7.46}$$

より

$$\frac{\partial F(\boldsymbol{\alpha},\boldsymbol{\beta})}{\partial v_k^{<d>}} = \frac{\partial F(\boldsymbol{\alpha},\boldsymbol{\beta})}{\partial o_k^{<d>}} \cdot \frac{\partial o_k^{<d>}}{\partial v_k^{<d>}} \tag{7.47}$$

であるから,

$$\begin{aligned}\frac{\partial F(\boldsymbol{\alpha},\boldsymbol{\beta})}{\partial v_1^{<d>}} &= \frac{\partial F(\boldsymbol{\alpha},\boldsymbol{\beta})}{\partial o_1^{<d>}} \cdot \frac{\partial o_1^{<d>}}{\partial v_1^{<d>}} + \frac{\partial F(\boldsymbol{\alpha},\boldsymbol{\beta})}{\partial o_2^{<d>}} \cdot \frac{\partial o_2^{<d>}}{\partial v_1^{<d>}} + \frac{\partial F(\boldsymbol{\alpha},\boldsymbol{\beta})}{\partial o_3^{<d>}} \cdot \frac{\partial o_3^{<d>}}{\partial v_1^{<d>}} \\ \frac{\partial F(\boldsymbol{\alpha},\boldsymbol{\beta})}{\partial v_2^{<d>}} &= \frac{\partial F(\boldsymbol{\alpha},\boldsymbol{\beta})}{\partial o_1^{<d>}} \cdot \frac{\partial o_1^{<d>}}{\partial v_2^{<d>}} + \frac{\partial F(\boldsymbol{\alpha},\boldsymbol{\beta})}{\partial o_2^{<d>}} \cdot \frac{\partial o_2^{<d>}}{\partial v_2^{<d>}} + \frac{\partial F(\boldsymbol{\alpha},\boldsymbol{\beta})}{\partial o_3^{<d>}} \cdot \frac{\partial o_3^{<d>}}{\partial v_2^{<d>}} \\ \frac{\partial F(\boldsymbol{\alpha},\boldsymbol{\beta})}{\partial v_3^{<d>}} &= \frac{\partial F(\boldsymbol{\alpha},\boldsymbol{\beta})}{\partial o_1^{<d>}} \cdot \frac{\partial o_1^{<d>}}{\partial v_3^{<d>}} + \frac{\partial F(\boldsymbol{\alpha},\boldsymbol{\beta})}{\partial o_2^{<d>}} \cdot \frac{\partial o_2^{<d>}}{\partial v_3^{<d>}} + \frac{\partial F(\boldsymbol{\alpha},\boldsymbol{\beta})}{\partial o_3^{<d>}} \cdot \frac{\partial o_3^{<d>}}{\partial v_3^{<d>}}\end{aligned} \quad (7.48)$$

となり,

$$\begin{aligned}\frac{\partial o_1^{<d>}}{\partial v_1^{<d>}} &= o_1^{<d>}\left(1-o_1^{<d>}\right), & \frac{\partial o_1^{<d>}}{\partial v_2^{<d>}} &= -o_2^{<d>} o_1^{<d>}, & \frac{\partial o_1^{<d>}}{\partial v_3^{<d>}} &= -o_3^{<d>} o_1^{<d>} \\ \frac{\partial o_2^{<d>}}{\partial v_2^{<d>}} &= o_2^{<d>}\left(1-o_2^{<d>}\right), & \frac{\partial o_2^{<d>}}{\partial v_1^{<d>}} &= -o_1^{<d>} o_2^{<d>}, & \frac{\partial o_2^{<d>}}{\partial v_3^{<d>}} &= -o_3^{<d>} o_2^{<d>} \\ \frac{\partial o_3^{<d>}}{\partial v_3^{<d>}} &= o_3^{<d>}\left(1-o_3^{<d>}\right), & \frac{\partial o_3^{<d>}}{\partial v_1^{<d>}} &= -o_1^{<d>} o_3^{<d>}, & \frac{\partial o_3^{<d>}}{\partial v_2^{<d>}} &= -o_2^{<d>} o_3^{<d>}\end{aligned} \quad (7.49)$$

を代入すると,

$$\begin{aligned}\frac{\partial F(\boldsymbol{\alpha},\boldsymbol{\beta})}{\partial v_1^{<d>}} &= -\frac{t_1^{<d>}}{o_1^{<d>}} \cdot o_1^{<d>}\left(1-o_1^{<d>}\right) - \frac{t_2^{<d>}}{o_2^{<d>}} \cdot \left(-o_2^{<d>} o_1^{<d>}\right) - \frac{t_3^{<d>}}{o_3^{<d>}} \cdot \left(-o_3^{<d>} o_1^{<d>}\right) \\ &= -t_1^{<d>}\left(1-o_1^{<d>}\right) + t_2^{<d>} o_1^{<d>} + t_3^{<d>} o_1^{<d>} \\ &= -t_1^{<d>} + o_1^{<d>}\left(t_1^{<d>} + t_2^{<d>} + t_3^{<d>}\right)\end{aligned} \quad (7.50)$$

を得る. ここで

$$t_1^{<d>} + t_2^{<d>} + t_3^{<d>} = 1 \quad (7.51)$$

より,

$$\frac{\partial F(\boldsymbol{\alpha},\boldsymbol{\beta})}{\partial v_1^{<d>}} = o_1^{<d>} - t_1^{<d>} \quad (7.52)$$

となる. 同様に,

$$\begin{aligned}\frac{\partial F(\boldsymbol{\alpha},\boldsymbol{\beta})}{\partial v_2^{<d>}} &= -\frac{t_1^{<d>}}{o_1^{<d>}} \cdot \left(-o_1^{<d>} o_2^{<d>}\right) - \frac{t_2^{<d>}}{o_2^{<d>}} \cdot o_2^{<d>}\left(1-o_2^{<d>}\right) - \frac{t_3^{<d>}}{o_3^{<d>}} \cdot \left(-o_3^{<d>} o_2^{<d>}\right) \\ &= t_1^{<d>} o_2^{<d>} - t_2^{<d>}\left(1-o_2^{<d>}\right) + t_3^{<d>} o_2^{<d>} \\ &= -t_2^{<d>} + o_2^{<d>}\left(t_1^{<d>} + t_2^{<d>} + t_3^{<d>}\right) \\ &= o_2^{<d>} - t_2^{<d>} \\ \frac{\partial F(\boldsymbol{\alpha},\boldsymbol{\beta})}{\partial v_3^{<d>}} &= -\frac{t_1^{<d>}}{o_1^{<d>}} \cdot \left(-o_1^{<d>} o_3^{<d>}\right) - \frac{t_2^{<d>}}{o_2^{<d>}} \cdot \left(-o_2^{<d>} o_3^{<d>}\right) - \frac{t_3^{<d>}}{o_3^{<d>}} \cdot o_3^{<d>}\left(1-o_3^{<d>}\right) \\ &= o_3^{<d>} - t_3^{<d>}\end{aligned} \quad (7.53)$$

を得る. よって,

$$\frac{\partial F(\boldsymbol{\alpha},\boldsymbol{\beta})}{\partial v_k^{<d>}} = o_k^{<d>} - t_k^{<d>} \quad (7.54)$$

$$\frac{\partial F(\boldsymbol{\alpha},\boldsymbol{\beta})}{\partial \beta_{jk}} = \frac{\partial F(\boldsymbol{\alpha},\boldsymbol{\beta})}{\partial o_k^{<d>}} \cdot \frac{\partial o_k^{<d>}}{\partial v_k^{<d>}} \cdot \frac{\partial v_k^{<d>}}{\partial \beta_{jk}} = \left(o_k^{<d>} - t_k^{<d>}\right) \cdot y_j^{<d>} \quad (7.55)$$

である.

次に $\frac{\partial F(\boldsymbol{\alpha},\boldsymbol{\beta})}{\partial \alpha_{ij}}$ は

$$\frac{\partial F(\boldsymbol{\alpha},\boldsymbol{\beta})}{\partial \alpha_{ij}} = \sum_{k=1}^{K} \left\{ \frac{\partial F(\boldsymbol{\alpha},\boldsymbol{\beta})}{\partial v_k^{<d>}} \cdot \frac{\partial v_k^{<d>}}{\partial y_j^{<d>}} \right\} \cdot \frac{\partial y_j^{<d>}}{\partial u_j^{<d>}} \cdot \frac{\partial u_j^{<d>}}{\partial \alpha_{ij}^{<d>}} \quad (7.56)$$

と表される.

$$\frac{\partial F(\boldsymbol{\alpha},\boldsymbol{\beta})}{\partial v_k^{<d>}} \cdot \frac{\partial v_k^{<d>}}{\partial y_j^{<d>}} = \sum_{k=1}^{K} \left(o_k^{<d>} - t_k^{<d>} \right) \cdot \beta_{jk} \tag{7.57}$$

$$\frac{\partial y_j^{<d>}}{\partial u_j^{<d>}} = \frac{\partial}{\partial u_j^{<d>}} \left(\frac{1}{1+\exp\left(-u_j^{<d>}\right)} \right) = y_j^{<d>} \left(1 - y_j^{<d>} \right) \tag{7.58}$$

$$\frac{\partial u_k^{<d>}}{\partial \alpha_{ij}} = \frac{\partial}{\partial \alpha_{ij}} \left(\sum_{k=1}^{K} \alpha_{ij} x_i^{<d>} \right) = x_i^{<d>} \tag{7.59}$$

より

$$\begin{aligned}\frac{\partial F(\boldsymbol{\alpha},\boldsymbol{\beta})}{\partial \alpha_{ij}} &= \sum_{k=1}^{K} \left\{ \frac{\partial F(\boldsymbol{\alpha},\boldsymbol{\beta})}{\partial v_k^{<d>}} \cdot \frac{\partial v_k^{<d>}}{\partial y_j^{<d>}} \right\} \cdot \frac{\partial y_j^{<d>}}{\partial u_j^{<d>}} \cdot \frac{\partial u_j^{<d>}}{\partial \alpha_{ij}^{<d>}} \\ &= \sum_{k=1}^{K} \left\{ \left(o_k^{<d>} - t_k^{<d>} \right) \cdot \beta_{jk} \right\} \cdot y_j^{<d>} \left(1 - y_j^{<d>} \right) \cdot x_i^{<d>} \end{aligned} \tag{7.60}$$

となる.

7.2 隠れユニット数の決定と適合度検定

隠れユニット数を多くすれば,3層のニューラルネットを用いて任意の関数を精度よく近似できることが証明されている [44]. しかし,入力信号には本質的な情報とランダムなノイズが含まれており,最適なモデルの近似精度をいくら向上させても未知の入力信号に対し,必ずしもよい近似を与えるとは限らない. そのため,階層型ニューラルネットにおける隠れユニット数の決定(最適モデルの選択)が重要な課題として残されており [130],種々の規準が提案されている [5, 66, 86].

競合するモデルが複数個あるとき,対数尤度の比較によってモデルを選択すると,自由なパラメータ数が大きいモデルほど選ばれやすい. この点を踏まえて,最尤法に基づく赤池情報量規準 AIC

$$\text{AIC} = -2\ln\left(\text{最大尤度}\right) + 2\left(\text{未知パラメータの個数}\right) \tag{7.61}$$

が適用されてきた [5].

AIC を用いると,たとえ判別が困難な場合であっても,最適な隠れユニット数は決定できる. そこで,構築したモデルが訓練標本に対して妥当であるかどうかを適合度検定する. 適合度検定を行うにあたり,逸脱度 (Deviance)

$$Dev = 2\left[\ln L\left(\max\right) - \ln L\left(\boldsymbol{\alpha},\boldsymbol{\beta}; \mathbf{x}, \mathbf{t}\right)\right] \tag{7.62}$$

を用いる.

ニューラルネットは,母集団モデルの近似であるため,真のモデルと想定したそれとは分離している (Model misspecified) と考えるべきである [10]. この点から,AIC のもつバイアスを低減させるため,ブートストラップ法に基づく情報量規準 EIC が提案されている(付録 7.A を参照).

7.3 適用例

7.3.1 2群判別

2群判別の例として,5章で取り上げた脊柱後湾症データを解析する. R のパッケージ {neuralnet} を用いると(弾性)バックプロパゲーション学習則を採用したプログラムは下記のように書ける

[52].

Rプログラム

```
>library(neuralnet)
>#likelihood=TRUE にすると AIC 値が出力
>#set.seed() で解が一意
>#stepmax か threshold が満たされるまで繰り返し計算
>#threshold が満たされなければ解は得られない→ threshold を大きくする
>set.seed(1234)
>train<-read.csv("F:\\脊柱後湾症.csv",header=T)
>print(nn<-neuralnet(症状~日数+個数+何番目,data=train,hidden=2,lifesign="full",
threshold=0.0001,stepmax=1000000,lifesign.step=10000,learningrate=0.01,
err.fct="ce",likelihood=TRUE,linear.output=FALSE))
```

を採用する．set.seed(1234) で乱数の初期値を設定すれば解が一意に求められる．隠れユニット数が 3 なら，引数を hidden = 3 とすればよい．AIC, BIC の値が必要なら，likelihood = TRUE とする．threshold = 0.0001 は収束の判定値，stepmax = 1000000 は最大の繰り返し回数である．err.fct = "ce" でクロスエントロピー（すなわち尤度関数）を目的関数にしていることを示す．最小 2 乗誤差なら err.fct = "sse" とする．learningrate = 0.01 は，バックプロパゲーション学習則における学習係数を表す．

その結果

	Error	AIC	BIC	Reached Threshold	Steps
1	16.34087	64.6817	103.3832	0.000097	909596

となる．Error（− 対数尤度の値），AIC, BIC が出力される．逸脱度は，$2 \times (-対数尤度) = 32.68$ と計算される．未知パラメータの個数は $(AIC - 2 \times Error)/2 = (64.682 - 2 \times 16.341)/2 = 16$ となる．

さらに，

```
>nn$net.result
>## 1) 判別表
>pr <- data.frame(nn$net.result) #予測値
>( tab <- table(train$症状,pr>=0.5) )
>## 2) 誤判別率
>error <- (tab[1,2]+tab[2,1])/sum(tab)
>round(error,3) #少数第 3 位まで表示
> ## 1) 判別表
> pr <- data.frame(nn$net.result)
> ( tab <- table(train$症状,pr>=0.5) )
```

と入力すると，判別表

```
     FALSE TRUE
  0     56    9
  1      0   18
```

が得られる．

```
> ## 2) 誤判別率
> error <- (tab[1,2]+tab[2,1])/sum(tab)
> round(error,3) #少数第3位まで表示
```

と入力すると，誤判別率

```
[1] 0.108
```

が求まる．表 7.1 は，隠れユニット数を 1〜4 まで動かした場合の AIC と誤判別率を表している．AIC が最小になる隠れユニット数 3 を最適とする．その場合の誤判別率は 0.108 である．

表 7.1 AIC と誤判別率

隠れユニット数	AIC	誤判別率
1	76.362	0.169
2	76.105	0.157
3	64.682	0.108
4	75.693	0.096

続いて

```
>plot(nn)
```

と入力すると，最適な隠れユニット数が 3 の場合のニューラルネットワークの図 7.2 を描くことができる．教師値に対する予測値が必要なら

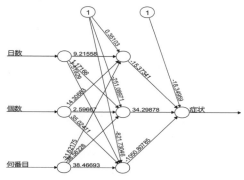

図 7.2 ニューラルネットワーク

```
>nn$net.result
```

7.3.2 多群判別

多群判別の実際例として，甲状腺データ[1]を解析する．訓練標本3772例，検証標本3428例からなり，群は（正常，甲状腺機能低下，甲状腺亢進症）の3群である．予測変数はx_1：年齢，x_2：性別，x_3：チロキシン患者か否か，x_4：チロキシン患者の疑いの有無，x_5：抗甲状腺薬治療の有無，x_6：不快感の有無，x_7：妊娠の有無，x_8：甲状腺手術の有無，x_9：$I131$治療の有無，x_{10}：甲状腺機能低下の疑いの有無，x_{11}：甲状腺亢進症の疑いの有無，x_{12}：リチウム治療の有無，x_{13}：甲状腺腫の有無，x_{14}：腫瘍の有無，x_{15}：下垂体機能低下，x_{16}：自覚症状の有無，x_{17}：TSH（甲状腺刺激ホルモン），x_{18}：$T3$（甲状腺ホルモン），x_{19}：$TT4$（血清総サイロキシン），x_{20}：$T4U$，x_{21}：FTI（遊離$T4$指数）の21個（連続値6個，2値15個）である．表7.2のデータは，モデル構築に用いられる訓練標本の最初の5例である．表7.3のデータは検証標本の最初の5例で，訓練標本を用いて構築されたモデルに基づいて判別（予測）し，その性能を評価する．

甲状腺データに対して隠れユニット数が1～4のニューラルネットワークモデルを当てはめ，最適な隠れユニット数の決定を行う．EIC値をプロットすると，図7.3のようになる（参考までに，AIC値も付記してある）．同図から隠れユニット数が2のとき，EICおよびAICの値が最小となる．甲状腺データについて，最適な隠れユニット数が2のニューラルネットワークモデルを当てはめた際，ブートストラップ標本に基づく逸脱度（その算出法は付録7.Aを参照）のヒストグラムが図7.4である．隠れユニット数が2のとき，逸脱度は$Dev = 208.90$となる．有意水準$\alpha = 0.05$で棄却点を求めると$Dev^* = 344.41$となり，隠れユニット数が2のモデルは妥当である．

表7.2 訓練標本の最初の5例

予測変数																					群
73	0	1	0	0	0	0	0	1	0	0	0	0	0	0	0	0.0006	0.015	0.12	0.082	0.146	3
24	0	0	0	0	0	0	0	0	0	0	0	0	0	0	0	0.00025	0.03	0.143	0.133	0.108	3
47	0	0	0	0	0	0	0	0	0	0	0	0	0	0	0	0.0019	0.024	0.102	0.131	0.078	3
64	1	0	0	0	0	0	0	0	0	0	0	0	0	0	0	0.0009	0.017	0.077	0.09	0.085	3
23	0	0	0	0	0	0	0	0	0	0	0	0	0	0	0	0.00025	0.026	0.139	0.09	0.153	3

表7.3 検証標本の最初の5例

予測変数																					群
29	0	0	0	0	0	0	0	0	0	0	0	0	0	0	0	0.006	0.028	0.111	0.131	0.085	2
32	0	0	0	0	0	0	0	0	0	0	0	0	0	0	0	0.001	0.019	0.084	0.078	0.107	3
35	0	0	0	0	0	0	0	0	0	0	0	0	0	0	0	0.000	0.031	0.239	0.100	0.239	3
21	0	0	0	0	0	0	0	0	0	0	0	0	0	0	0	0.001	0.018	0.087	0.088	0.099	3
22	0	0	0	0	1	0	0	0	0	0	0	0	0	0	0	0.000	0.022	0.134	0.135	0.099	3

---

[1] このデータは，http://www.ics.uci.edu/ からダウンロードできる．

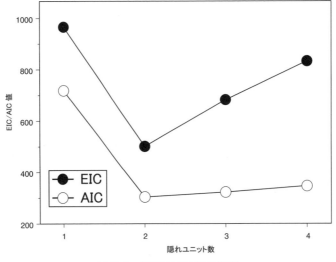

図 7.3　EIC/AIC 値の挙動

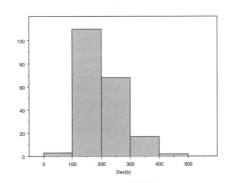

図 7.4　ブートストラップ逸脱度のヒストグラム

　訓練標本に基づいて構築したニューラルネットワークモデルを用い，検証標本（3428 例）に対するモデルの妥当性の検証を行う．図 7.5 に隠れユニット数に対する誤判別率を示す．同図より，下記のような知見が得られる

i) 隠れユニット数を多くすれば，訓練標本に対する誤判別率は減少する．

ii) しかし，未知の検証標本に対しては，隠れユニット数が 2 のときに誤判別率が最小となっている．すなわち，検証標本に対しては，隠れユニット数を増やすと，誤判別率が大きくなってしまう（これを過学習という）．

　種々のモデルに対する誤判別率は，表 7.4 のようになる．同表から，検証標本に対する誤判別率は，GAM とニューロ判別が小さいことがわかる．

　最後に，ニューロ判別モデルは従来のロジスティック判別モデルの拡張となる．ニューロ判別モデル（図 7.1）で，隠れユニット数を 1 とする．入力 $\mathbf{x}^{\langle d \rangle} = \left(x_1^{\langle d \rangle}, x_2^{\langle d \rangle}, \ldots, x_I^{\langle d \rangle} \right)$ が得られたとき，隠れ層の活性値を

$$u^{\langle d \rangle} = \sum_{i=0}^{I} \alpha_{\mathbf{i}} \mathbf{x}_{\mathbf{i}}^{\langle \mathbf{d} \rangle}, d = 1, \ldots, D \tag{7.63}$$

で与える．この (7.63) 式の活性値に，恒等変換

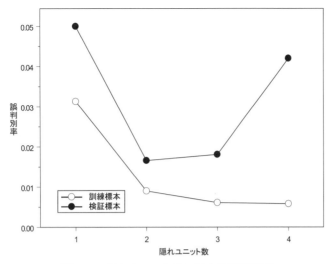

図 **7.5** 隠れユニット数に対する誤判別率

表 **7.4** 誤判別率の比較

	訓練標本	検証標本
線形判別	0.028	0.041
多項ロジスティック判別	0.028	0.041
ニューロ判別	0.009	0.017
GAM	0.0005	0.018

$$y^{\langle d \rangle} = u^{\langle d \rangle} \tag{7.64}$$

を施すと，隠れユニットの出力値が得られる．これが，出力層への活性値

$$v_k^{\langle d \rangle} = \beta_k y^{\langle d \rangle}, d = 1, \ldots, D \tag{7.65}$$

となる．この $v_k^{\langle d \rangle}$ に，ソフトマックス変換（一般化ロジット変換）を施すと，出力層第 k ユニットの出力値（すなわち，最終出力値）

$$o_k^{\langle d \rangle} = \frac{\exp\left(v_k^{\langle d \rangle}\right)}{\sum_{k=1}^{K} \exp(v_k^{\langle d \rangle})} \tag{7.66}$$

が得られる．

7.A ブートストラップ法

EIC の算出方法は以下のとおりである [130]．

[ステップ 1]：訓練標本 $\mathbf{x} = \{\mathbf{x}_1, \mathbf{x}_2, \ldots, \mathbf{x}_D\}$ から，ブートストラップ標本 $\mathbf{x}^* = \{\mathbf{x}_1^*, \mathbf{x}_2^*, \ldots, \mathbf{x}_D^*\}$ を生成する．

[ステップ 2]：[ステップ 1] で生成したブートストラップ標本によって，ニューラルネットワークを構築し，そのときの対数尤度 $\ln L\left(\mathbf{x}^*(b); \hat{\boldsymbol{\theta}}(\mathbf{x}^*(b))\right)$ を算出する．また，ブートストラップ標本に

よって構築されたネットワークに，元の訓練標本を当てはめたときの対数尤度 $\ln L\left(\mathbf{x}; \hat{\boldsymbol{\theta}}\left(\mathbf{x}^{*}(b)\right)\right)$ を算出する．

［ステップ3］：［ステップ1］，［ステップ2］を必要回数だけ繰り返す．ここでは，$B=200$ 回とする．

［ステップ4］：［ステップ3］で得られた値を利用して，バイアスのブートストラップ推定は

$$C^{*} \approx \frac{1}{200} \sum_{b=1}^{200}\left\{\ln L\left(x^{*}(b); \hat{\theta}\left(\mathbf{x}^{*}(b)\right)\right)-\ln L\left(\mathbf{x}; \hat{\theta}\left(\mathbf{x}^{*}(b)\right)\right)\right\} \tag{7.67}$$

となる．これより，ブートストラップ法に基づく情報量規準

$$\mathrm{EIC}=-2 \ln L\left(\mathbf{x};(\hat{\boldsymbol{\theta}})(\mathbf{x})\right)+2 C^{*} \tag{7.68}$$

を求める．このEICが最小となる隠れユニット数を最適とする．

EICを用いると，たとえ判別が困難な場合であっても，最適な隠れユニット数は決定できる．そこで，構築したモデルが訓練標本に対して妥当であるかどうかを適合度検定する．適合度検定には逸脱度

$$Dev = 2[\ln L(\max) - \ln L(\boldsymbol{\alpha}, \boldsymbol{\beta}; \mathbf{x}, \mathbf{t})] \tag{7.69}$$

を用いる．グループ化されていない2値データの場合，(7.69)式の漸近カイ2乗性は成り立たない [34, 76]．そこで，ブートストラップ法に基づいて，逸脱度の棄却点を算出し，元の訓練標本から得られる逸脱度と比較する：

［ステップ1］：訓練標本 $\mathbf{x}=\{\mathbf{x}_1, \mathbf{x}_2, \ldots, \mathbf{x}_D\}$ から，ブートストラップ標本 $\mathbf{x}^{*}=\{\mathbf{x}_1^{*}, \mathbf{x}_2^{*}, \ldots, \mathbf{x}_D^{*}\}$ を生成する．

［ステップ2］：［ステップ1］で生成したブートストラップ標本を用いて，ニューラルネットワークを構築し，そのときの逸脱度

$$Dev(b) = 2[\ln L(\max) - \ln L(\boldsymbol{\alpha}^{*}, \boldsymbol{\beta}^{*}, \mathbf{x}^{*}, \mathbf{t}^{*})] \tag{7.70}$$

を算出する．ただし，$\ln L(\max) = \sum_{d=1}^{D}\sum_{k=1}^{K}\{t^{(d)}\ln t^{(d)} + (1-t^{(d)})\ln(1-t^{(d)})\}=0$ である．

［ステップ3］：［ステップ1］，［ステップ2］を $B=200$ 回繰り返す．

［ステップ4］：適合度検定 $Dev \geq Dev^{*}$ となれば，有意水準 α でそのモデルは妥当ではないとする．ここで，Dev^{*} とは，$Dev(b)$ を小さい順に並べたときの第 j 番目の値であり，j は有意水準 $\alpha = 1 - j/(B+1)$ より求まる．

第8章

サポートベクターマシン (SVM)

8.1 SVM

　サポートベクターマシン (SVM：Support Vector Machine) は，ニューロンの最も単純な線形しきい素子（図 8.1）を拡張したパターン識別器である．階層型ニューラルネットのバック・プロパゲーション学習則で未知パラメータを推定すると，初期値によって最適解が異なる局所解の問題があった．しかし，SVM では，局所的最適解が必ず大局的最適解になるという利点がある．I 個の予測変数からなる i 番目の入力パターン $\mathbf{x}_i = (x_{i1}, x_{i2}, \ldots, x_{iI})^t$ と 2 つのクラス（ラベル +1 と -1 に数値化）$y_i \in \{+1, -1\}$ をもつ，n 組のデータ $(\mathbf{x}_1^t, y_1), (\mathbf{x}_2^t, y_2), \ldots, (\mathbf{x}_n^t, y_n)$ が与えられたとする．図 8.1 の線形しきい素子は，線形識別関数

$$f(\mathbf{x}) = \mathbf{x}^t \boldsymbol{\beta} + b \tag{8.1}$$

により，2 値 (±1) を出力する．ここに，未知パラメータ $\boldsymbol{\beta}$ はシナプス荷重に対応し，b はしきい値である．入力空間を超平面 $f(\mathbf{x}) = \mathbf{x}^t \boldsymbol{\beta} + b$ で 2 つに分け，一方に +1，もう一方に -1 を対応させる（図 8.2）．超平面とは，2 次元空間では直線，3 次元空間の場合は平面となる．線形し

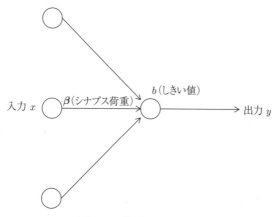

図 **8.1**　線形しきい素子

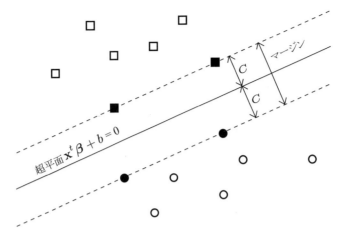

図 8.2 線形しきい素子の超平面とマージン．○がクラス 1 のサンプル，□がクラス 2 のサンプルで，それぞれ黒く塗りつぶしてあるのが，サポートベクターである

きい素子の学習は，識別関数で得られる出力が対応する教師値 y_i に等しくなるようにシナプス荷重 β としきい値 b を推定し，誤りなく分類できた場合を線形分離可能という．パターン認識の目的は，未知の検証標本を正しく識別することにある．訓練標本を識別する超平面の中で，検証標本を可能な限り最もうまく識別するものを選ぶ．

8.1.1　ハードマージン

訓練標本と超平面との距離は，ヘッセの公式より $\frac{|\mathbf{x}_i^t\boldsymbol{\beta}+b|}{\|\boldsymbol{\beta}\|}$ で与えられる．ここに，$\|\boldsymbol{\beta}\|^2 = \boldsymbol{\beta}^t\boldsymbol{\beta}$ である．超平面と n 個の訓練標本との最小距離 $\displaystyle\min_{i=1,2,\ldots,n}\left\{\frac{|\mathbf{x}_i^t\boldsymbol{\beta}+b|}{\|\boldsymbol{\beta}\|}\right\}$ が最大，すなわち $\displaystyle\max_{\boldsymbol{\beta},b}\left[\min_{i=1,2,\ldots,n}\left\{\frac{|\mathbf{x}_i^t\boldsymbol{\beta}+b|}{\|\boldsymbol{\beta}\|}\right\}\right]$ となる $\boldsymbol{\beta},b$ を求める．$\|\boldsymbol{\beta}\|$ は i に依存しないので

$$\max_{\boldsymbol{\beta},b}\left[\frac{1}{\|\boldsymbol{\beta}\|}\min_{i=1,2,\ldots,n}\left\{|\mathbf{x}_i^t\boldsymbol{\beta}+b|\right\}\right] \tag{8.2}$$

が最大となるパラメータ $\boldsymbol{\beta}$ と b を求める．$\mathbf{x}^t\boldsymbol{\beta}+b=0$ の両辺に定数 $c(\neq 0)$ を掛けた $c(\mathbf{x}^t\boldsymbol{\beta}+b)=0$ も線形識別関数であるから，$\boldsymbol{\beta},b$ は一意に決まらない．よって (8.2) 式に制約

$$\min_{i=1,2,\ldots,n}|\mathbf{x}_i^t\boldsymbol{\beta}+b|=1 \tag{8.3}$$

を付加し，

$$\max_{\boldsymbol{\beta},b}\frac{1}{\|\boldsymbol{\beta}\|} \tag{8.4}$$

となる識別関数を求める．この超平面が訓練標本を完全に識別する．図 8.2 では，超平面から両側に $C=1/\|\boldsymbol{\beta}\|$ 離れており，$2/\|\boldsymbol{\beta}\|$ の幅（マージン：margin）をもつ．$\displaystyle\max_{\boldsymbol{\beta},b} 1/\|\boldsymbol{\beta}\|$ は $\displaystyle\min_{\boldsymbol{\beta},b}\|\boldsymbol{\beta}\|$ あるいは計算的側面から，$\displaystyle\min_{\boldsymbol{\beta},b}\frac{1}{2}\|\boldsymbol{\beta}\|^2$ と同等になる．また，(8.3) 式の制約式は

$$y_i(\mathbf{x}_i^t\boldsymbol{\beta}+b) \geq 1 \tag{8.5}$$

と書ける．よって，

$$\begin{cases} \underset{\boldsymbol{\beta},b}{\text{Min}} \quad \dfrac{1}{2}\|\boldsymbol{\beta}\|^2 \\ \text{制約条件} \quad y_i\left(\mathbf{x}_i^t\boldsymbol{\beta}+b\right)\geq 1,\ i=1,2,\ldots,n \end{cases} \quad (8.6)$$

と定式化できる（[19] の 7.1 節）．

(8.6) 式を主 (primal) 問題と呼び，それを双対 (dual) 問題に変換するため，ラグランジュ乗数 $\boldsymbol{\alpha}(\alpha_i \geq 0)$ を導入する．ラグランジュ関数は

$$L(\boldsymbol{\beta},b,\boldsymbol{\alpha}) = \frac{1}{2}\|\boldsymbol{\beta}\|^2 - \sum_{i=1}^{n}\alpha_i\left\{y_i\left(\mathbf{x}_i^t\boldsymbol{\beta}+b\right)-1\right\} \quad (8.7)$$

と書ける．この最適化問題を解くには α_i について (8.7) 式を最大化し，$\boldsymbol{\beta},b$ について最小化する．まず，$\boldsymbol{\beta},b$ で偏微分すると

$$\frac{\partial L(\boldsymbol{\beta},b,\boldsymbol{\alpha})}{\partial \boldsymbol{\beta}} = -\sum_{i=1}^{n}\alpha_i y_i \mathbf{x}_i^t + \boldsymbol{\beta} = 0 \quad (8.8)$$

$$\frac{\partial L(\boldsymbol{\beta},b,\boldsymbol{\alpha})}{\partial b} = -\sum_{i=1}^{n}\alpha_i y_i = 0 \quad (8.9)$$

を得る．(8.7) 式へ (8.9) 式を代入すると

$$\begin{aligned} L(\boldsymbol{\beta},b,\boldsymbol{\alpha}) &= \frac{1}{2}\|\boldsymbol{\beta}\|^2 - \sum_{i=1}^{n}\alpha_i y_i \mathbf{x}_i^t\boldsymbol{\beta} - b\sum_{i=1}^{n}\alpha_i y_i + \sum_{i=1}^{n}\alpha_i \\ &= \frac{1}{2}\|\boldsymbol{\beta}\|^2 - \sum_{i=1}^{n}\alpha_i y_i \mathbf{x}_i^t\boldsymbol{\beta} + \sum_{i=1}^{n}\alpha_i \end{aligned} \quad (8.10)$$

となる．ここで，(8.8) 式より，

$$\boldsymbol{\beta} = \sum_{i=1}^{n}\alpha_i y_i \mathbf{x}_i^t \quad (8.11)$$

で，$\|\boldsymbol{\beta}\|^2 = \boldsymbol{\beta}^t\boldsymbol{\beta}$ であるから

$$\|\boldsymbol{\beta}\|^2 = \sum_{i,j=1}^{n}\alpha_i y_i \alpha_j y_j \mathbf{x}_i^t \mathbf{x}_j \quad (8.12)$$

および

$$\sum_{i=1}^{n}\alpha_i y_i \mathbf{x}_i^t\boldsymbol{\beta} = \sum_{i=1}^{n}\alpha_i y_i \left(\mathbf{x}_i^t \sum_{j=1}^{n}\alpha_j y_j \mathbf{x}_j^t\right) = \sum_{i,j=1}^{n}\alpha_i y_i \alpha_j y_j \mathbf{x}_i^t \mathbf{x}_j \quad (8.13)$$

を得る．(8.10) 式へ (8.11), (8.12) 式を代入すると

$$L(\boldsymbol{\beta},b,\boldsymbol{\alpha}) = -\frac{1}{2}\sum_{i,j=1}^{n}\alpha_i y_i \alpha_j y_j \mathbf{x}_i^t \mathbf{x}_j + \sum_{i=1}^{n}\alpha_i \quad (8.14)$$

となる．

したがって，(8.6) 式の双対形式として，凸 2 次計画問題 [154]

$$\begin{cases} \underset{\boldsymbol{\alpha}}{\text{Max}}\ W(\boldsymbol{\alpha}) = -\dfrac{1}{2}\sum\limits_{i,j=1}^{n}\alpha_i\alpha_j y_i y_j \mathbf{x}_i^t \mathbf{x}_j + \sum\limits_{i=1}^{n}\alpha_i \\ \text{制約条件} \quad \sum\limits_{i=1}^{n} y_i\alpha_i = 0,\ \alpha_i \geq 0 \end{cases} \quad (8.15)$$

を解けばよい．(8.15) 式の解 $\hat{\alpha}_i\,(>0)$ が求まると，(8.11) 式から $\hat{\boldsymbol{\beta}}$ が得られる．(8.6) 式では，入力パターン $\mathbf{x}_i$ が単独で用いられているが，(8.15) 式の双対問題に変換することにより，$\mathbf{x}_i^t \mathbf{x}_j$ のような内積の形式になる．これにより 8.3 節のカーネル関数が定義できる．この凸 2 次計画により，局所解の問題を避けることができる．すなわち，局所的最適解は必ず大局的最適解になる．

主問題 (8.6) 式の最適解 $\hat{\boldsymbol{\beta}}, \hat{b}$ と双対問題 (8.15) 式の最適解 $\hat{\boldsymbol{\alpha}}$ は，KKT(Karush-Kuhn-Tucker) 相補条件

$$\hat{\alpha}_i \left[y_i \left(\mathbf{x}_i^t \hat{\boldsymbol{\beta}} + \hat{b} \right) - 1 \right] = 0 \tag{8.16}$$

を満たさなければならない．図 8.2 において，超平面（この場合，$\mathbf{x}^t \boldsymbol{\beta} + b = 0$）から最短距離にある■と●のみで目的関数を最大化している．識別関数をサポート（支持）しているので，$\hat{\alpha}_i > 0$ となる（すなわち，$y_i(\mathbf{x}_i^t \hat{\boldsymbol{\beta}} + \hat{b}) - 1 = 0$ で超平面上にのっている）$\mathbf{x}_i$ をサポートベクターと呼ぶ．通常，もとのサンプル数に比べて，このベクトルはかなり少ない．これは，識別超平面の誤った側の点（誤判別のサンプル）と識別超平面近くの正しい側の点のみ（サポートベクター）が境界線を決める．これをスパースネス (sparseness) と呼び，SVM の大きな特長である．また，b は双対問題では陽に現れないため，主問題の制約式を用い，

$$\hat{b} = -\frac{1}{2}\left(\hat{\boldsymbol{\beta}}^t \mathbf{x}_{+1} + \hat{\boldsymbol{\beta}}^t \mathbf{x}_{-1}\right) \tag{8.17}$$

から推定する．ここに，$\mathbf{x}_{+1}, \mathbf{x}_{-1}$ はそれぞれクラス $+1, -1$ に属するサポートベクターである．よって，(8.11), (8.17) 式からそれぞれ推定された $\hat{\boldsymbol{\beta}}$ と $\hat{b}$ を (8.1) 式へ代入すれば，識別関数は

$$\hat{f}(\mathbf{x}) = \sum_{i,j=1}^{n} \hat{\alpha}_i y_i \mathbf{x}_i^t \mathbf{x}_j + \hat{b} \tag{8.18}$$

で推定される．超平面を求める (8.6) 式とは別の定式化もある（付録 8.A）．

簡単な例で，R による計算手順を述べる．表 8.1 は，入力が 2 個 $(I=2)$ で 7 例 $(n=7)$ のデータである．R プログラムの中では，計算的側面から入力データ x_1, x_2 を標準化（すなわち，$(x-\text{平均})/\text{標準偏差}$）している．その値を表 8.2 に示す．この場合，$I=2$，$\mathbf{x}_i = (x_{i1}, x_{i2})^t$ より，(8.6) 式は

$$\begin{cases} \underset{\beta_1, \beta_2, b}{\text{Min}} & \frac{1}{2}(\beta_1^2 + \beta_2^2)^2 \\ \text{制約条件} & y_i\left(x_{i1}\beta_1 + x_{i2}\beta_2 + b\right) \geq 1, \ i=1,2,\ldots,7 \end{cases} \tag{8.19}$$

表 8.1 2 群判別の入力データ

No.	x_1	x_2	y_i （群）
1	1	1	-1
2	1	3	-1
3	2	1	-1
4	2	2	-1
5	3	5	$+1$
6	4	5	$+1$
7	5	2	$+1$
平均	2.571	2.714	
標準偏差	1.512	1.704	

となる.

表 8.2 標準化された値

No.	x_1	x_2	y_i (群)
1	-1.039	-1.006	-1
2	-1.039	0.168	-1
3	-0.378	-1.006	-1
4	-0.378	-0.419	-1
5	0.284	1.342	$+1$
6	0.945	1.342	$+1$
7	1.606	-0.419	$+1$

まず,Rプログラムで

```
function()
{
  library(kernlab)
  train<-read.csv("F:\\train.csv",header=F)
  #(1)
  model<-ksvm(factor(V3)~V1+V2,data=train,kernel="vanilladot",
   prob.model=FALSE)
  #(2) サポートベクターの標本番号
  print("model@SVindex"); print(model@SVindex)
  #(3)  サポートベクターの値
  print("model@alpha"); print(model@alpha)
  #(4)  b の値
  print("model@b"); print(model@b)
}
```

とする.ここで,#(1) の kernel="vanilladot" は線形分離を意味する.その結果,

```
"model@SVindex"
[1] 4 5 7
"model@alpha"
[[1]]
 0.7949974 0.4302342 0.3647632
"model@b"
[1] 0.3017956
```

と出力される.よって,サポート・ベクターは $\mathbf{x}_4, \mathbf{x}_5, \mathbf{x}_7$ である(SVindex の値を参照).$\hat{\alpha}_4 = 0.795$,$\hat{\alpha}_5 = 0.430$,$\hat{\alpha}_7 = 0.365$(それ以外の $\hat{\alpha}_i$ はゼロ)で,$\hat{b} = -0.302$ となる($\hat{b}$ の値は,出力値にマイナスをつける).ちなみに,(8.15) 式の制約条件

$$\sum_{i=1}^{n} y_i \hat{\alpha}_i = (-1) \times 0.795 + (+1) \times 0.430 + (+1) \times 0.365 = 0 \tag{8.20}$$

は満たされている．

この $\hat{\alpha}_i, y_i$, および標準化された $\mathbf{x}_4, \mathbf{x}_5, \mathbf{x}_7$ の値を用いると

$$\begin{aligned}
\hat{\boldsymbol{\beta}} &= \begin{pmatrix} \hat{\beta}_1 \\ \hat{\beta}_2 \end{pmatrix} \\
&= \hat{\alpha}_4 y_4 \mathbf{x}_4 + \hat{\alpha}_5 y_5 \mathbf{x}_5 + \hat{\alpha}_7 y_7 \mathbf{x}_7 \\
&= \hat{\alpha}_4 \times (-1) \begin{pmatrix} -0.378 \\ -0.419 \end{pmatrix} + \hat{\alpha}_5 \times (+1) \begin{pmatrix} 0.283 \\ 1.341 \end{pmatrix} + \hat{\alpha}_7 \times (+1) \begin{pmatrix} 1.606 \\ -0.419 \end{pmatrix} \\
&= \begin{pmatrix} 1.007 \\ 0.757 \end{pmatrix}
\end{aligned} \tag{8.21}$$

となる．また，(8.17) 式から

$$\hat{b} = -\frac{1.007 \times (-0.378) + 0.757 \times (-0.419) + 1.007 \times 1.606 - 0.757 \times 0.419}{2} = -0.302 \tag{8.22}$$

となることも確かめられる．よって，(8.1) 式の線形識別関数は

$$f(x_{i1}, x_{i2}) = 1.007 x_{i1} + 0.757 x_{i2} - 0.302, \quad i = 1, 2, \ldots, 7 \tag{8.23}$$

と書ける．

決定値 (decision values) と呼ばれる $f(x_{i1}, x_{i2})$ の値は，標準化された (x_{i1}, x_{i2}) の値を (8.23) 式に代入すれば求められる．#(4) に

```
print(predict(model,train,type="decision"))
```

と続ければ

```
         [,1]
[1,] -2.1116319
[2,] -1.2229514
[3,] -1.4446528
[4,] -1.0003125
[5,]  0.9996875
[6,]  1.6666666
[7,]  1.0006250
```

と出力される．たとえば，No.4 のデータについて

$$1.007 \times (-0.378) + 0.757 \times (-0.419) - 0.302 = -1.000 \tag{8.24}$$

となることが確かめられる．超平面は

$$1.007 x_1 + 0.757 x_2 - 0.301 = 0 \tag{8.25}$$

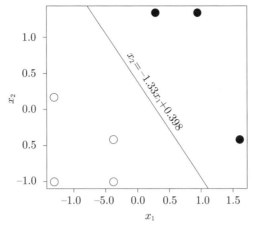

図 **8.3** 数値例

より
$$x_2 = -1.330x_1 + 0.398 \tag{8.26}$$
となる．これが，図 8.3 の実線である．

8.1.2 ソフトマージン

前節では，超平面により入力空間が完全に分離できると仮定してきた．しかし，現実問題では，超平面を用いて完全には分離できず，入力空間にクラスの重なりがある（すなわち，多少の誤判別を許す）ことが多い．その場合，マージンの他のクラスの側にいくつかのデータ点があってもよい．これをソフトマージンと呼ぶ．スラック変数 $\boldsymbol{\xi} = (\xi_1, \xi_2, \ldots, \xi_n)$ を導入し，(8.6) 式の制約式を
$$y_i \left(\mathbf{x}_i^t \boldsymbol{\beta} + b \right) \geq 1 - \xi_i \tag{8.27}$$
に修正する．図 8.4 からわかるように，この ξ_i は境界線 $f(\mathbf{x}_i) = \mathbf{x}_i^t \boldsymbol{\beta} + b$ のマージンの誤った領域に入る（誤判別される）割合を意味する．誤判別は $\xi_i > 1$ の場合に起きる．その総量 $\sum_{i=1}^{n} \xi_i$ に上限を定めることによって，マージンの誤った領域に入る割合の総量を制限する．よって，すべての i について，$\xi_i \geq 0, \sum_{i=1}^{n} \xi_i \leq$ 定数とする．計算的側面から，

$$\begin{cases} \underset{\boldsymbol{\beta}, h, \xi_i}{\text{Min}} \left\{ \dfrac{1}{2} \|\boldsymbol{\beta}\|^2 + \dfrac{\delta}{n} \sum_{i=1}^{n} \xi_i \right\} \\ \text{制約条件 } \xi_i \geq 0, \ y_i \left(x_i^t \boldsymbol{\beta} + h \right) \geq 1 - \xi_i, \ i = 1, 2, \ldots, n \end{cases} \tag{8.28}$$

とし，ラグランジュ(主)関数

$$L_P = \frac{1}{2} \|\boldsymbol{\beta}\|^2 + \frac{\delta}{n} \sum_{i=1}^{n} \xi_i - \sum_{i=1}^{n} \alpha_i \left[y_i \left(\mathbf{x}_i^t \boldsymbol{\beta} + b \right) - (1 - \xi_i) \right] - \sum_{i=1}^{n} \mu_i \xi_i \tag{8.29}$$

を解けばよい（付録 8.B）．ここに δ は，マージンとスラック変数の和の大きさとのトレードオフをコントロールする調整 (tuning) パラメータで，$\delta \to \infty$ にすると分離可能になる（[56] の p.374）．

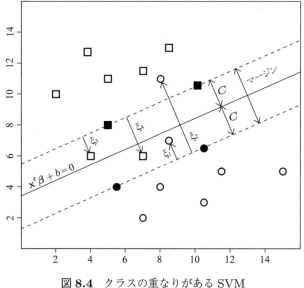

図 **8.4** クラスの重なりがある SVM

$\boldsymbol{\beta}, b, \xi_i$ に関して，(8.29) 式を偏微分すると

$$\boldsymbol{\beta} = \sum_{i=1}^{n} \alpha_i y_i \mathbf{x}_i \tag{8.30}$$

$$0 = \sum_{i=1}^{n} \alpha_i y_i \tag{8.31}$$

$$\alpha_i = \delta - \mu_i \tag{8.32}$$

を得る．なお，$\alpha_i \geq 0$, $\mu_i \geq 0$, $\xi_i \geq 0$ である．

次に，(8.29) 式へ (8.32) 式を代入すると，

$$\begin{aligned}
L_P &= \frac{1}{2} \|\boldsymbol{\beta}\|^2 + \delta \sum_{i=1}^{n} \xi_i - \sum_{i=1}^{n} \alpha_i y_i \left(\mathbf{x}_i^t \boldsymbol{\beta} + b \right) + \sum_{i=1}^{n} \alpha_i - \sum_{i=1}^{n} \xi_i \left(\alpha_i + \mu_i \right) \\
&= \frac{1}{2} \|\boldsymbol{\beta}\|^2 + \sum_{i=1}^{n} \alpha_i - \sum_{i=1}^{n} \alpha_i y_i \left(\mathbf{x}_i^t \boldsymbol{\beta} + b \right)
\end{aligned} \tag{8.33}$$

となる．(8.33) 式へ (8.30), (8.31) 式を代入すると，ラグランジュ(双対)関数

$$\begin{aligned}
L_D &= \frac{1}{2} \sum_{i,j=1}^{n} \alpha_i \alpha_j y_i y_j \mathbf{x}_i^t \mathbf{x}_j + \sum_{i=1}^{n} \alpha_i - \sum_{i,j=1}^{n} \alpha_i \alpha_j y_i y_j \mathbf{x}_i^t \mathbf{x}_j \\
&= -\frac{1}{2} \sum_{i,j=1}^{n} \alpha_i \alpha_j y_i y_j \mathbf{x}_i^t \mathbf{x}_j + \sum_{i=1}^{n} \alpha_i
\end{aligned} \tag{8.34}$$

を得る．

よって，

$$\begin{cases} \underset{\alpha}{\text{Max}}\ L(\boldsymbol{\alpha}) = -\dfrac{1}{2} \sum_{i,j=1}^{n} \alpha_i \alpha_j y_i y_j \mathbf{x}_i^t \mathbf{x}_j + \sum_{i=1}^{n} \alpha_i \\ \text{制約条件}\quad \sum_{i=1}^{n} y_i \alpha_i = 0,\ \dfrac{\delta}{n} \geq \alpha_i \geq 0 \end{cases} \tag{8.35}$$

を解けばよい．すなわち，$\mathbf{x}$ に関する典型的な凸 2 次計画問題

$$\begin{cases} \text{Min } \boldsymbol{d}^t \mathbf{x} + \dfrac{1}{2} \mathbf{x}^t \boldsymbol{H} \mathbf{x} \\ \text{制約条件 } h \leq \boldsymbol{A}\mathbf{x} \leq h + r,\ l \leq \mathbf{x} \leq u \end{cases} \tag{8.36}$$

について，行列 $\mathbf{H}$ の (i, j) 要素を H_{ij} とすると，

$$\begin{cases} H_{ij} = y_i y_j \mathbf{x}_i^t \mathbf{x}_j,\ \boldsymbol{d} = (1, \ldots, 1),\ \boldsymbol{u} = (\delta/n, \ldots, \delta/n),\ \boldsymbol{l} = (0, \ldots, 0), \\ \boldsymbol{A} = (y_1, \ldots, y_n),\ h = 0,\ r = 0 \end{cases} \tag{8.37}$$

とおけばよい．(8.35) 式の最適解は，KKT 条件

$$\alpha_i \left[y_i \left(\mathbf{x}_i^t \boldsymbol{\beta} + b \right) - (1 - \xi_i) \right] = 0 \tag{8.38}$$

$$\mu_i \xi_i = 0 \tag{8.39}$$

$$y_i \left(\mathbf{x}_i^t \boldsymbol{\beta} + b \right) - (1 - \xi_i) \geq 0 \tag{8.40}$$

を満たす．KKT 条件から，ξ_i がゼロでないときは，$\alpha_i = C$ である．

(8.35) 式の 2 次計画問題のゼロでない解を $\hat{\alpha}_i$ とすると，(8.30) 式から

$$\hat{\boldsymbol{\beta}} = \sum_{i=1}^n \hat{\alpha}_i y_i \mathbf{x}_i \tag{8.41}$$

を得る．サポートベクターのいくつかはマージンの稜 (edge) にある（すなわち，$\hat{\xi}_i = 0$ である）．残りの $\hat{\xi}_i > 0$ の観測値について，(8.39) 式より，$\mu_i = 0$ でなければならない．よって，(8.32) 式より，$\hat{\alpha}_i = \delta$ となる．また，$\hat{\xi}_i = 0$, $\hat{\alpha}_i > 0$ となる観測値を用いて，(8.38) 式から b を推定できる（[56] の 12.2.1 項）．

8.2 カーネル法

8.2.1 カーネルトリック

8.1 節では，特徴空間が線形であると仮定し，ソフトマージンを用い，ある程度の誤判別を許すことにより，線形分離可能としてきた．しかし，非線形な識別問題に対してソフトマージンを用いても，性能の良い識別関数を構成できるとは限らない．そこで，入力ベクトルを非線形変換し，入力空間よりはるかに高次元の特徴空間を考え，その中で識別を行うカーネルトリックという方法を用いる．この特徴空間上で線形モデルを考えれば，実質的にはもとの入力空間で非線形モデルを適用したことになる（付録 8.C）．基底関数 $\phi_m(\mathbf{x})$, $m = 1, 2, \ldots, M$ を用い，入力パターン $\boldsymbol{\phi}(\mathbf{x}_i) = (\phi_1(\mathbf{x}_i), \phi_2(\mathbf{x}_i), \ldots, \phi_M(\mathbf{x}_i))^t$, $i = 1, 2, \ldots, n$ による非線形関数の識別関数 $f(\mathbf{x}) = \boldsymbol{\phi}(\mathbf{x})^t \boldsymbol{\beta} + b$ を構成できる．カーネル関数 $K(\mathbf{x}_i, \mathbf{x}_j)$ を用いると

$$\begin{aligned} f(\mathbf{x}) &= \boldsymbol{\phi}(\mathbf{x})^t \boldsymbol{\beta} + b \\ &= \sum_{i=1}^n \alpha_i y_i K(\mathbf{x}, \mathbf{x}_i) + b \end{aligned} \tag{8.42}$$

と書ける．これも凸 2 次計画問題であるので，局所的最適解は必ず大域的最適解になっている．

(8.42) 式は，内積を通じて $\phi(\mathbf{x})$ を含む．カーネル関数

$$K(\mathbf{x}, \mathbf{x}') = \langle \phi(\mathbf{x}), \phi(\mathbf{x}') \rangle = \phi(\mathbf{x})^t \phi(\mathbf{x}') \tag{8.43}$$

は，入力空間における 2 点 $\mathbf{x}, \mathbf{x}'$ について定義され，

$$\begin{cases} \text{ユークリッド内積}: K(\mathbf{x}, \mathbf{x}') = \langle \mathbf{x}, \mathbf{x}' \rangle = \mathbf{x}^t \mathbf{x}' \\ d \text{ 次多項式}: K(\mathbf{x}, \mathbf{x}') = (1 + \langle \mathbf{x}, \mathbf{x}' \rangle)^d = (1 + \mathbf{x}^t \mathbf{x}')^d \\ \text{動径基底}: K(\mathbf{x}, \mathbf{x}') = \exp\left(-\gamma \|\mathbf{x} - \mathbf{x}'\|^2\right), \|\mathbf{x} - \mathbf{x}'\|^2 = \langle \mathbf{x} - \mathbf{x}', \mathbf{x} - \mathbf{x}' \rangle \\ \text{ニューラルネット}: K(\mathbf{x}, \mathbf{x}') = \tanh\left(\kappa_1 \langle \mathbf{x}, \mathbf{x}' \rangle + \kappa_2\right) = \tanh\left(\kappa_1 \mathbf{x}^t \mathbf{x}' + \kappa_2\right) \end{cases} \tag{8.44}$$

などがある．カーネル関数は 2 点 $\mathbf{x}, \mathbf{x}'$ の類似度 (similarity measure) を表している ([110] の p.2)．精度の高い予測を行うためには，このカーネル関数の設定が重要になってくる．

一例として，$\mathbf{x} = (x_1, x_2)^t$, $\mathbf{x}' = (x_1', x_2')^t$ で次数 2 の多項式カーネルからなる特徴空間を考える．このとき，

$$\begin{aligned} K(\mathbf{x}, \mathbf{x}') &= (1 + \langle \mathbf{x}, \mathbf{x}' \rangle)^2 \\ &= (1 + x_1 x_1' + x_2 x_2')^2 \\ &= 1 + 2x_1 x_1' + 2x_2 x_2' + (x_1 x_1')^2 + (x_2 x_2')^2 + 2x_1 x_1' x_2 x_2' \end{aligned} \tag{8.45}$$

となる．$M = 6$ で

$$\phi_1(\mathbf{x}) = 1, \; \phi_2(\mathbf{x}) = \sqrt{2} x_1, \; \phi_3(\mathbf{x}) = \sqrt{2} x_2, \; \phi_4(\mathbf{x}) = x_1^2, \; \phi_5(\mathbf{x}) = x_2^2, \; \phi_6(\mathbf{x}) = \sqrt{2} x_1 x_2 \tag{8.46}$$

とおくと

$$K(\mathbf{x}, \mathbf{x}') = \langle \phi(\mathbf{x}), \phi(\mathbf{x}') \rangle = \phi(\mathbf{x})^t \phi(\mathbf{x}') \tag{8.47}$$

となる．すなわち，

$$\begin{cases} \phi(\mathbf{x}) = (\phi_1(\mathbf{x}), \phi_2(\mathbf{x}), \phi_3(\mathbf{x}), \phi_4(\mathbf{x}), \phi_5(\mathbf{x}), \phi_6(\mathbf{x})) \\ \quad\;\; = (1, \sqrt{2} x_1, \sqrt{2} x_2, x_1^2, x_2^2, \sqrt{2} x_1 x_2) \\ \phi(\mathbf{x}') = (1, \sqrt{2} x_1', \sqrt{2} x_2', x_1'^2, x_2'^2, \sqrt{2} x_1' x_2') \end{cases} \tag{8.48}$$

より

$$\begin{aligned} K(\mathbf{x}, \mathbf{x}') &= \phi(\mathbf{x})^t \phi(\mathbf{x}') \\ &= (1, \sqrt{2} x_1, \sqrt{2} x_2, x_1^2, x_2^2, \sqrt{2} x_1 x_2) \begin{pmatrix} 1 \\ \sqrt{2} x_1' \\ \sqrt{2} x_2' \\ x_1'^2 \\ x_2'^2 \\ \sqrt{2} x_1' x_2' \end{pmatrix} \\ &= 1 + 2 x_1 x_1' + 2 x_2 x_2' + (x_1 x_1')^2 + (x_2 x_2')^2 + 2 x_1 x_1' x_2 x_2' \end{aligned} \tag{8.49}$$

となる．よって，(8.42) 式は

$$f(\mathbf{x}) = \sum_{i=1}^{n} \alpha_i y_i \left(\beta_1 x_{i1} + \beta_2 x_{i2} + \beta_3 x_{i1}^2 + \beta_4 x_{i2}^2 + \beta_5 x_{i1} x_{i2}\right) + b \tag{8.50}$$

で与えられる．(8.29) 式の δ が大きければ正の ξ_i が少なくなり，当てはめすぎになる．

8.2.2 事後確率の推定

SVM は, $y_i \in \{+1, -1\}$ にクラス分類するのが目的であるが, クラスに属する確率を推定することもできる. SVM で求めた決定値 f_i を確率に変換する方式が提案されている. $y = +1$ と $y = -1$ のクラスに属する確率 $p(f|y = +1)$ および $p(f|y = -1)$ を推定するのは困難なため, ベイズの事後確率

$$p(y = +1|f) = \frac{p(f|y = +1)\, p(y = +1)}{p(f|y = +1)\, p(y = +1) + p(f|y = -1)\, p(y = -1)} \tag{8.51}$$

を求める. ここに, $p(y = +1)$ と $p(y = -1)$ は事前分布である. そして, 事後分布 $p(y = +1|f)$ に直接, パラメトリックなモデルとしてロジット変換

$$p(y = +1|f) = \frac{1}{1 + \exp(Af + B)} \tag{8.52}$$

を仮定する. このモデルは, SVM の決定値 f が対数オッズ $\ln\left\{\dfrac{p(y = +1|f)}{1 - p(y = +1|f)}\right\}$ に比例することになる.

(8.52) 式の未知パラメータ A, B は f_i と $t_i = (y_i + 1)/2$ を新たな訓練データとし, 負の対数尤度 (クロスエントロピー)

$$\underset{A,B}{\mathrm{Min}}\left[-\sum_{i=1}^{n}\{t_i \ln \pi_i + (1 - t_i)\ln(1 - \pi_i)\}\right] \tag{8.53}$$

を最小化して求められる. ここに,

$$\pi_i = \frac{1}{1 + \exp(Af_i + B)} \tag{8.54}$$

とする [30, 80, 98]. π_i, A, B を R のライブラリ {e1071} の関数 `svm()` で求めるには, モデル式で `decision.values=TRUE` と指定すればよい. (8.53) 式と (8.54) 式から

$$-\{t_i \ln \pi_i + (1 - t_i)\ln(1 - \pi_i)\} = t_i(Af_i + B) + \ln\{1 + \exp(-Af_i - B)\} \tag{8.55}$$

となり, $\ln(0)$ が発生しない.

次に, ロジスティック判別モデルと比較するため, SVM をペナルティ付き最適化問題として再考する ([19] の 7.1.2 項). スラック変数 ξ_i は

$$\xi_i = \begin{cases} 1 - y_i f(\mathbf{x}_i) : \text{誤判別} \\ 0 : \text{正判別} \end{cases} \tag{8.56}$$

であった. (8.56) 式を $\xi_i = [1 - y_i f(\mathbf{x}_i)]_+$ と書き, (8.28) 式で $\dfrac{\delta}{n} = \dfrac{1}{2\lambda}$ とおくと,

$$\frac{1}{2}\|\boldsymbol{\beta}\|^2 + \frac{1}{2\lambda}\sum_{i=1}^{n}[1 - y_i f(\mathbf{x}_i)]_+ \tag{8.57}$$

となる. そして, 2λ 倍すると

$$\underset{\boldsymbol{\beta}, b}{\mathrm{Min}} \sum_{i=1}^{n}[1 - y_i f(\mathbf{x}_i)]_+ + \lambda \|\boldsymbol{\beta}\|^2 \tag{8.58}$$

と書ける（[56] の 12.3.2 項）．(8.58) 式は，"損失関数+ペナルティ項" の形をしている．

一方，ベルヌーイ分布 ($t_i = 0$ か 1) の（負の）対数尤度

$$-\ln\left\{\pi_i^{t_i}(1-\pi_i)^{1-t_i}\right\} = -t_i \ln \pi_i - (1-t_i)\ln(1-\pi_i) \tag{8.59}$$

において，$t_i = (y_i + 1)/2$, $y_i = \pm 1$ より

$$-\ln\left\{\pi_i^{t_i}(1-\pi_i)^{1-t_i}\right\} = \ln\left(1 + e^{-y_i f_i}\right) \tag{8.60}$$

と書け，$y_i \in \{+1, -1\}$ を $t_i \in \{0, 1\}$ に変換できる（付録 8.D）．よって，再生核ヒルベルト空間 (RKHS：Reproducing Kernel Hilbert Space) における最適化問題

$$\min_{\beta,b}\left[\sum_{i=1}^{n}\ln\left(1+e^{-y_i f(\mathbf{x}_i)}\right) + \lambda\|f\|_{\mathcal{H}_K}^2\right] \tag{8.61}$$

を解けば，(8.60) 式と類似のペナルティ付きロジスティック判別モデルが得られる（[56] の 5.8 節，[158]，[159]）．ロジスティック判別モデルにペナルティ項を付加することによって，過学習 (overfitting) を回避できる [28]．

(8.61) 式の最適解は，representer 定理より $f(\mathbf{x}) = \sum_{i=1}^{n}\alpha_i \phi(\mathbf{x}_i)$ で与えられる．(8.43) 式より $\|f\|_{\mathcal{H}_K}^2 = \boldsymbol{\alpha}^t \mathbf{K}\boldsymbol{\alpha}$ を得，(8.61) 式は

$$\min_{\boldsymbol{\alpha}}\left[\sum_{i=1}^{n}\ln\left(1+e^{-y_i f(\mathbf{x}_i)}\right) + \lambda\boldsymbol{\alpha}^t \mathbf{K}\boldsymbol{\alpha}\right] \tag{8.62}$$

と書ける．ここに，$\mathbf{K}$ は，(i,j) 要素が $K(\mathbf{x}_i, \mathbf{x}_j)$ の $n \times n$ 行列 $\mathbf{K} = [K(\mathbf{x}_i, \mathbf{x}_j)]_{i,j=1}^{n}$ である [26, 27, 28, 144]．よって，カーネルロジスティック判別モデル

$$f(\mathbf{x}) = \ln\left\{\frac{p(y=+1|\mathbf{x})}{p(y=-1|\mathbf{x})}\right\} = \sum_{i=1}^{n}\alpha_i K(\mathbf{x}, \mathbf{x}_i) + b \tag{8.63}$$

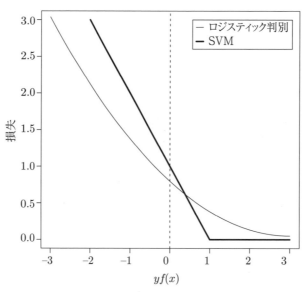

図 **8.5** 損失関数 $-\ln\left\{\pi_i^{t_i}(1-\pi_i)^{1-t_i}\right\}$ と $\ln\left(1+e^{-y_i f_i}\right)$

を得る. $y = +1$ のクラスに属する確率 (class probabilities) は

$$\hat{p}(y = +1 | \mathbf{x}) = \frac{1}{1 + \exp\left[-\left\{\sum_{i=1}^{n} \hat{\alpha}_i K(\mathbf{x}, \mathbf{x}_i) + \hat{b}\right\}\right]} \tag{8.64}$$

で推定される ([56] の 12.3.3 項). この確率は, ベイズの事後確率となる ([74] の付録). しかし, この最小化問題で得られる (8.64) 式の $\hat{\alpha}_i$ は, ほとんどがゼロではなく, SVM のようなスパース性は保持しない.

横軸を $y_i f(\mathbf{x}_i)$ としたとき, ロジスティック判別および SVM の損失関数 $\ln\left(1 + e^{-y_i f_i}\right)$ と $[1 - y_i f_i]_+$ のグラフを図 8.5 に示す. マージンの内部 $(y_i f(\mathbf{x}_i) \geq 1)$ では, ともにゼロ値近辺にあり, マージンから離れるほど損失は線形的に大きくなる. 表 8.3 にロジスティック判別と SVM に対する損失関数と最小化関数を要約しておく ([56] の p.381).

さらに, クラスに属する確率密度 $p(f|y=+1)$ と $p(f|y=-1)$ に正規性を仮定し, SVM の出力値に確率を当てはめる他の方法もある. しかし, 表 8.4 のデータについて線形 SVM を採用したとき, $p(f|y=+1)$ と $p(f|y=-1)$ のヒストグラムおよび QQ プロットを図 8.6 と図 8.7 に与えておく. 同図から明らかなように, 正規性は成り立たない.

表 8.3 損失関数と最小化関数

	損失関数 $L(y, f(\mathbf{x}))$	最小化関数
ロジスティック判別	$\ln\left(1 + e^{-yf(x)}\right)$	$f(x) = \ln\left\{\dfrac{p(y=+1|x)}{1 - p(y=+1|x)}\right\}$
SVM	$[1 - yf(x)]_+$	$f(x) = \begin{cases} +1 : p(y=+1|x) \geq 1/2 \\ -1 : その他 \end{cases}$

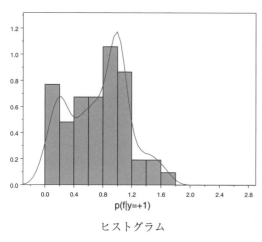

ヒストグラム

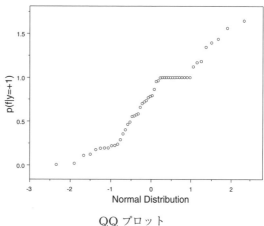

QQ プロット

図 8.6 $p(f|y=+1)$

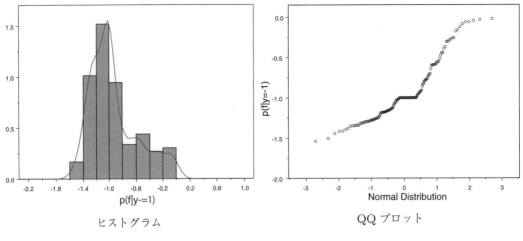

ヒストグラム	QQ プロット

図 8.7 $p(f|y=-1)$

8.3 適用例

適用例として，糖尿病データを取り上げる[1]．表 8.4 と表 8.5 に訓練標本と検証標本を載せておく．7 個の予測変数から，(正常群，糖尿病群) の 2 群を判別する．予測変数としては，x_1：妊娠回数，x_2：ブドウ糖負荷試験における 2 時間後の血糖値，x_3：最低血圧，x_4：上腕三頭筋部皮下脂肪厚 [mm], x_5：BMI 指標 [体重 (kg)/身長 (m)^2], x_6：糖尿病血統関数，x_7：年齢（歳）を採用する．

表 8.4 糖尿病データ（訓練標本）

患者番号	x_1	x_2	x_3	x_4	x_5	x_6	x_7	群
1	5	86	68	28	30.2	0.364	24	0
2	7	195	70	33	25.1	0.163	55	1
⋮	⋮	⋮	⋮	⋮	⋮	⋮	⋮	⋮
199	1	118	58	36	33.3	0.261	23	1
200	8	155	62	26	34	0.543	46	1

表 8.5 糖尿病データ（検証標本）

患者番号	x_1	x_2	x_3	x_4	x_5	x_6	x_7	群
1	6	148	72	35	33.6	0.627	50	1
2	1	85	66	29	26.6	0.245	30	0
⋮	⋮	⋮	⋮	⋮	⋮	⋮	⋮	⋮
331	5	121	72	23	26.2	0.245	30	0
332	1	93	70	31	30.4	0.315	23	0

---

[1] このデータに関する情報はウェブサイト http://www.stats.ox.ac.uk/pub/PRNN から得られる．

8.3.1 調整パラメータの最適選択

調整パラメータ δ および動径基底関数の γ の最適選択について述べる [62].

(1) ブートストラップ法

ブートストラップ法を用い,見かけ上の誤判別率のバイアス補正を行う [38]. 調整パラメータ δ および γ について

[ステップ1] リサンプリング(ペア・ブートストラッピング)により,サイズ n^* のブートストラップ標本 $\boldsymbol{X}^*$ を B 個生成する.

[ステップ2] $b(=1,\ldots,B)$ 番目のブートストラップ標本 $\boldsymbol{X}_b^*$ に対する誤判別率を算出する. この B 個の誤判別率の平均値が最小となる (γ,δ) の組合せを最適値とする.

表 8.3 の糖尿病データに対する R プログラムは下記のとおりである:

```
function()
{
  library(e1071)
  train<-read.csv("F:\\train.csv",header=F)
  set.seed(12345)
  #(1)
  model<-tune.svm(factor(V8)~V1+V2+V3+V4+V5+V6+V7,data=train,
    gamma=10^(-10:-5),cost=10^(1:10),
    tunecontrol=tune.control(sampling="boot",
    nboot=400,boot.size=10/10),best.model)
  print(summary(model))
}
```

`#(1)` の `gamma=10^(-15:-5),cost=10^(1:10)` は γ を 10^{-15} から 10^{-5}, δ を 10^1 から 10^{10} まで動かしてグリッド検索を行うことを表している. また,`sampling="boot"` はブートストラップ法を採用し,`nboot=400` は $B=400$, `boot.size=10/10` はサイズ n^* としてもとのサンプル・サイズ n を用いることを意味している. この結果

```
Parameter tuning of 'svm':
- sampling method: bootstrapping
- best parameters:
 gamma  cost
 1e-08 1e+06
- best performance: 0.2473997
- Detailed performance results:
    gamma  cost    error dispersion
1   1e-15 1e+01 0.3365032 0.04385757
2   1e-14 1e+01 0.3365032 0.04385757
3   1e-13 1e+01 0.3365032 0.04385757
4   1e-12 1e+01 0.3365032 0.04385757
```

214　第8章　サポートベクターマシン (SVM)

```
5   1e-11 1e+01 0.3365032 0.04385757
6   1e-10 1e+01 0.3365032 0.04385757
.     .     .       .         .
61  1e-10 1e+06 0.3365032 0.04385757
62  1e-09 1e+06 0.3364708 0.04390967
63  1e-08 1e+06 0.2473997 0.04254089
64  1e-07 1e+06 0.2539627 0.04009578
65  1e-06 1e+06 0.2561147 0.04188794
.     .     .       .         .
108 1e-07 1e+10 0.2599777 0.04474787
109 1e-06 1e+10 0.2610784 0.04428207
110 1e-05 1e+10 0.2633154 0.04624991
```

となり，最適値 $(\gamma,\delta)=(10^{-8},10^6)$ で，そのときのブートストラップ標本に対する誤判別率の平均値は 0.247 となる．

(2) 1 例消去 CV 法

1 例消去 CV 法を用い，調整パラメータ δ および γ の最適値を決定することもできる．

[ステップ 1]　第 i 行に $(\mathbf{x}_i^t, y_i)$ をもつ初期標本 $\mathbf{x}$ から第 i 行を消去した訓練標本を $\mathbf{x}_{[i]}$ とする．
[ステップ 2]　$i=1,2,\ldots,n$ に対する訓練標本 $\mathbf{x}_{[i]}$ について誤判別率を算出する．
[ステップ 3]　n 個の誤判別率の平均値を計算する．

この誤判別率の平均値が最小となる (δ,γ) の組合せを最適値とする．

R プログラムは，ブートストラップ法の #(1) を

```
model<-tune.svm(factor(V8)~V1+V2+V3+V4+V5+V6+V7,data=train,
gamma=10^(-10:-3),cost=10^(-3:5),tunecontrol=tune.control(sampling="cross",
cross=200),best.model)
```

とすればよい．sampling="cross" でクロスバリデーション法を採用し，cross=200 で cross の値をもとのサンプル・サイズにすれば 1 例消去 CV 法になる．この結果

```
Parameter tuning of 'svm':
- sampling method: leave-one-out
- best parameters:
 gamma cost
 0.001   10
- best performance: 0.245
- Detailed performance results:
    gamma  cost error dispersion
1   1e-10 1e-03 0.340  0.4748975
2   1e-09 1e-03 0.340  0.4748975
.     .     .     .        .
39  1e-04 1e+01 0.340  0.4748975
```

```
40  1e-03  1e+01  0.245  0.4311665
41  1e-10  1e+02  0.340  0.4748975
 .    .      .      .       .
56  1e-03  1e+03  0.275  0.4476348
57  1e-10  1e+04  0.340  0.4748975
 .    .      .      .       .
71  1e-04  1e+05  0.280  0.4501256
72  1e-03  1e+05  0.310  0.4636538
```

となる．最適な組合せは $(\gamma,\delta)=(0.001,10)$ となる．誤判別率の平均値は 0.245 となる．

　最適な調整パラメータとして，1 例消去 CV 法で求まった $(\gamma,\delta)=(0.001,10)$ を採用すると，訓練標本および検証標本に対する誤判別率を計算する R プログラムは下記のとおりである．

```
function ()
{
  train<-read.csv("F:\\train.csv",header=F)
  test<-read.csv("F:\\test.csv",header=F)
  library(e1071)
  #(1)
  model<-svm(factor(V8)~V1+V2+V3+V4+V5+V6+V7,
   data=train,gamma=0.0001,cost=1000,probability=TRUE)
  pred<-predict(model,train,probability=TRUE)
  p<-attr(pred,"probabilities")
  ee<-data.frame(pred)
  write.table(ee,"F:\\out(訓練標本).txt",append=T,quote=F,col.names=F)
  kpred<-predict(model,newdata=test,probability=TRUE)
  pp<-attr(kpred,"probabilities")
  dd<-data.frame(kpred)
  write.table(dd,"F:\\out(検証標本).txt",append=T,quote=F,col.names=F)
}
```

　この結果，訓練標本および検証標本に対する見かけ上の誤判別率はそれぞれ，0.220 および 0.214 となる．ちなみに，R ではデフォルト（#(1) で gamma=0.001,cost=10 を指定しない）として，$\delta=1/n$，$\gamma=1/$（予測変数の個数）が用いられている（[69]，[111] の p.225）．

　性能評価を行うため，線形判別，2 次判別に加え，ニューラルネット [130]，および GAM[56, 134] を取り上げる．表 8.4 と表 8.5 のデータについて，種々のモデルに対する誤判別率を表 8.6 に与えておく（検証標本に対する誤判別率をカッコ内に与えておく）．同表から，次のような知見が得られる．

i) 訓練標本に対する誤判別率は，ニューラルネットが最も良くなる．しかし，検証標本に対するそれはきわめて大きくなる．

ii) 検証標本に対する誤判別率は，最適な γ と δ をもつ SVM と GAM が最も小さくなる．

表 8.6 マシンラーニングによる性能比較

線形判別	0.240 (0.229)
2 次判別	0.210 (0.259)
ニューラルネット（最適隠れユニット数 = 4）	0.060 (0.283)
GAM	0.190 (0.214)
SVM($\gamma = 0.001$, $\delta = 10$)	0.220 (0.214)

8.A 別法（ソフトマージン）

SVM では，訓練標本すれすれに通る超平面よりも余裕をもって分類する超平面のほうが望ましい．この余裕が最大になる超平面を求めるために，最適化問題

$$\begin{cases} \underset{\boldsymbol{\beta},b}{\text{Max}}\ C \\ \text{制約条件}\quad \|\boldsymbol{\beta}\| = 1, \quad y_i\left(\mathbf{x}_i^t\boldsymbol{\beta}+b\right) \geq C,\ i=1,2,\ldots,n \end{cases} \tag{8.A.1}$$

を解けばよい．限界は，超平面から両側に C 単位離れたところに位置するので，$2C$ 単位の幅（マージン）をもつ．(8.A.1) の制約式は，すべての点が，$\boldsymbol{\beta}$ と b によって定義される超平面から少なくとも両側に C 離れていなければならないことを保証している．よって，このような最大の C と $\boldsymbol{\beta}$ と b を求める（[111] の 7.2 節）．

双対問題に変換するため，C にマイナスをつけ最小化問題として扱う．ラグランジュ乗数 $\boldsymbol{\alpha}(\alpha_i \geq 0)$ と λ を導入すると，ラグランジュ関数

$$L\left(\boldsymbol{\beta},h,C,\boldsymbol{\alpha},\lambda\right) = -C - \sum_{i=1}^{n}\alpha_i\left\{y_i\left(\mathbf{x}_i^t\boldsymbol{\beta}+b\right)-C\right\} + \lambda\left(\|\boldsymbol{\beta}\|^2 - 1\right) \tag{8.A.2}$$

を得る．計算的側面から $\|\boldsymbol{\beta}\| = 1$ を $\|\boldsymbol{\beta}\|^2 = 1$ と書き換える．この最適化問題を解くには (8.A.2) 式を α_i について最大化し，$\boldsymbol{\beta}, C, b$ について最小化する．まず，$\boldsymbol{\beta}, C, b$ で (8.A.2) 式を偏微分すると

$$\frac{\partial L\left(\boldsymbol{\beta},b,C,\boldsymbol{\alpha},\lambda\right)}{\partial \boldsymbol{\beta}} = -\sum_{i=1}^{n}\alpha_i y_i \mathbf{x}_i^t + 2\lambda\boldsymbol{\beta} = 0 \tag{8.A.3}$$

$$\frac{\partial L\left(\boldsymbol{\beta},b,C,\boldsymbol{\alpha},\lambda\right)}{\partial C} = -1 + \sum_{i=1}^{n}\alpha_i = 0 \tag{8.A.4}$$

$$\frac{\partial L\left(\boldsymbol{\beta},b,C,\boldsymbol{\alpha},\lambda\right)}{\partial b} = -\sum_{i=1}^{n}\alpha_i y_i = 0 \tag{8.A.5}$$

を得る．(8.A.2) 式へ (8.A.4)，(8.A.5) 式を代入すると

$$L\left(\boldsymbol{\beta},h,C,\boldsymbol{\alpha},\lambda\right) = -C - \sum_{i=1}^{n}\alpha_i y_i \mathbf{x}_i^t \boldsymbol{\beta} - \sum_{i=1}^{n}\alpha_i y_i b + C\sum_{i=1}^{n}\alpha_i + \lambda\left(\|\boldsymbol{\beta}\|^2 - 1\right)$$

$$= -\sum_{i=1}^{n}\alpha_i y_i \mathbf{x}_i^t \boldsymbol{\beta} + \lambda\|\boldsymbol{\beta}\|^2 - \lambda \tag{8.A.6}$$

となる．ここで，(8.A.3) 式より，

$$\boldsymbol{\beta} = \frac{1}{2\lambda} \sum_{i=1}^{n} \alpha_i y_i \mathbf{x}_i^t \tag{8.A.7}$$

で，$\|\boldsymbol{\beta}\|^2 = \boldsymbol{\beta}^t \boldsymbol{\beta}$ であるから，

$$\begin{aligned}\lambda \|\boldsymbol{\beta}\|^2 &= \lambda \frac{1}{(2\lambda)^2} \sum_{i,j=1}^{n} \alpha_i y_i \alpha_j y_j \mathbf{x}_i^t \mathbf{x}_j \\ &= \frac{1}{4\lambda} \sum_{i,j=1}^{n} \alpha_i y_i \alpha_j y_j \mathbf{x}_i^t \mathbf{x}_j\end{aligned} \tag{8.A.8}$$

かつ，

$$\sum_{i=1}^{n} \alpha_i y_i \mathbf{x}_i^t \boldsymbol{\beta} = \sum_{i=1}^{n} \alpha_i y_i \left(\mathbf{x}_i^t \frac{1}{2\lambda} \sum_{j=1}^{n} \alpha_j y_j \mathbf{x}_j^t \right) = \frac{1}{2\lambda} \sum_{i,j=1}^{n} \alpha_i y_i \alpha_j y_j \mathbf{x}_i^t \mathbf{x}_j \tag{8.A.9}$$

を得る．(8.A.6) 式へ (8.A.7)，(8.A.8) 式を代入すると

$$L(\boldsymbol{\beta}, h, C, \boldsymbol{\alpha}, \lambda) = -\frac{1}{4\lambda} \sum_{i,j=1}^{n} \alpha_i y_i \alpha_j y_j \mathbf{x}_i^t \mathbf{x}_j - \lambda \tag{8.A.10}$$

となる．ここで，

$$\frac{\partial L(\boldsymbol{\beta}, b, C, \boldsymbol{\alpha}, \lambda)}{\partial \lambda} = 0 \tag{8.A.11}$$

より，

$$\frac{1}{4\lambda^2} \sum_{i,j=1}^{n} \alpha_i y_i \alpha_j y_j \mathbf{x}_i^t \mathbf{x}_j = 1 \tag{8.A.12}$$

すなわち，

$$\lambda = \frac{1}{2} \left(\sum_{i,j=1}^{n} \alpha_i y_i \alpha_j y_j \mathbf{x}_i^t \mathbf{x}_j \right)^{\frac{1}{2}} \tag{8.A.13}$$

を得る．(8.A.10) 式へ (8.A.13) 式を代入すると，

$$L(\boldsymbol{\alpha}) = -\left(\sum_{i,j=1}^{n} \alpha_i y_i \alpha_j y_j \mathbf{x}_i^t \mathbf{x}_j \right)^{\frac{1}{2}} \tag{8.A.14}$$

となる．

したがって，(8.A.2) 式の双対形式として，凸 2 次計画問題

$$\begin{cases} \underset{\boldsymbol{\alpha}}{\text{Max}} \ W(\boldsymbol{\alpha}) = -\sum_{i,j=1}^{n} \alpha_i \alpha_j y_i y_j \mathbf{x}_i^t \mathbf{x}_j \\ \text{制約条件} \quad \sum_{i=1}^{n} y_i \alpha_i = 0, \ \sum_{i=1}^{n} \alpha_i = 1, \ \alpha_i \geq 0 \end{cases} \tag{8.A.15}$$

を解けばよい．この解 $\hat{\alpha}_i \, (>0)$ が求まると (8.A.13) 式から $\hat{\lambda}$，(8.A.7) 式から $\hat{\boldsymbol{\beta}}$ が得られる．また，

$$-W(\hat{\boldsymbol{\alpha}}) = \sum_{i,j=1}^{n} \hat{\alpha}_i \hat{\alpha}_j y_i y_j \mathbf{x}_i^t \mathbf{x}_j \tag{8.A.16}$$

であるから，(8.A.14) 式より，C は

$$\hat{C} = \sqrt{-W(\hat{\boldsymbol{\alpha}})} \tag{8.A.17}$$

から推定できる（[111] の p.216）．(8.A.13) 式より

$$2\hat{\lambda} = \sqrt{-W(\hat{\boldsymbol{\alpha}})} = \sqrt{\sum_{i,j=1}^{n} \hat{\alpha}_i \hat{\alpha}_j y_i y_j \mathbf{x}_i^t \mathbf{x}_j} \tag{8.A.18}$$

となる．

8.B 別法（ハードマージン）

すべての i について，$\xi_i \geq 0$, $\sum_{i=1}^{n} \xi_i \leq$ 定数とする．(8.A.1) 式は

$$\begin{cases} \underset{\boldsymbol{\beta},h,C,\boldsymbol{\xi}}{\text{Min}} \{-C\} \\ \text{制約条件} \quad \|\boldsymbol{\beta}\|^2 = 1, \quad y_i\left(\mathbf{x}_i^t\boldsymbol{\beta} + b\right) \geq C(1-\xi_i), \; i=1,2,\ldots,n \\ \qquad\qquad \xi_i \geq 0, \; \sum_{i=1}^{n} \xi_i \leq \text{定数} \end{cases} \tag{8.B.1}$$

となる．(8.B.1) 式は，パラメータ δ を用い，

$$\begin{cases} \underset{\boldsymbol{\beta},b,C,\boldsymbol{\xi}}{\text{Min}} \left\{-C + \dfrac{\delta}{n}\sum_{i=1}^{n}\xi_i\right\} \\ \text{制約条件} \quad \|\boldsymbol{\beta}\|^2 = 1, \quad y_i\left(\mathbf{x}_i^t\boldsymbol{\beta} + b\right) \geq C(1-\xi_i), \; i=1,2,\ldots,n \\ \qquad\qquad \xi_i \geq 0 \end{cases} \tag{8.B.2}$$

と書き換えられる．ラグランジュ乗数 $\alpha_i(\geq 0)$ を用い，

$$\begin{aligned} L(\boldsymbol{\beta},b,C,\boldsymbol{\xi},\boldsymbol{\alpha},\lambda,\delta) &= -C + \frac{\delta}{n}\sum_{i=1}^{n}\xi_i - \sum_{i=1}^{n}\alpha_i\left[y_i\left(\mathbf{x}_i^t\boldsymbol{\beta}+b\right) - C(1-\xi_i)\right] \\ &\quad - \sum_{i=1}^{n}\mu_i\xi_i + \lambda\left(\|\boldsymbol{\beta}\|^2 - 1\right) \end{aligned} \tag{8.B.3}$$

と書ける．ここに，$\alpha_i \geq 0$, $\mu_i \geq 0$ とする．この最適化問題を解くには (8.B.3) 式を α_i について最大化し，$\boldsymbol{\beta},C,b$ について最小化する．双対問題に変換するため，(8.B.3) 式を $\boldsymbol{\beta},\xi_i,C,b$ に関して偏微分すると

$$\begin{cases} \dfrac{\partial L(\boldsymbol{\beta},b,C,\boldsymbol{\xi},\boldsymbol{\alpha},\lambda)}{\partial \boldsymbol{\beta}} = -\sum_{i=1}^{n}\alpha_i y_i \mathbf{x}_i^t + 2\lambda\boldsymbol{\beta} = 0 \\ \dfrac{\partial L(\boldsymbol{\beta},b,C,\boldsymbol{\xi},\boldsymbol{\alpha},\lambda)}{\partial \xi_i} = \dfrac{\delta}{n} - C\alpha_i - \mu_i = 0 \\ \dfrac{\partial L(\boldsymbol{\beta},b,C,\boldsymbol{\xi},\boldsymbol{\alpha},\lambda)}{\partial C} = -1 + \sum_{i=1}^{n}\alpha_i(1-\xi_i) = 0 \\ \dfrac{\partial L(\boldsymbol{\beta},b,C,\boldsymbol{\xi},\boldsymbol{\alpha},\lambda)}{\partial b} = -\sum_{i=1}^{n}\alpha_i y_i = 0 \end{cases} \tag{8.B.4}$$

を得る．よって，双対目的関数

$$L(\boldsymbol{\alpha}, \lambda) = -\frac{1}{4\lambda} \sum_{i,j=1}^{n} \alpha_i y_i \alpha_j y_j \mathbf{x}_i^t \mathbf{x}_j - \lambda \tag{8.B.5}$$

を得る．さらに，(8.A.13) 式と同様に

$$\lambda = \frac{1}{2} \left(\sum_{i,j=1}^{n} \alpha_i y_i \alpha_j y_j \mathbf{x}_i^t \mathbf{x}_j \right)^{\frac{1}{2}} \tag{8.B.6}$$

を得る．よって，(8.B.5) 式へ (8.B.6) 式を代入すると，

$$L(\boldsymbol{\alpha}) = -\left(\sum_{i,j=1}^{n} \alpha_i y_i \alpha_j y_j \mathbf{x}_i^t \mathbf{x}_j \right)^{\frac{1}{2}} \tag{8.B.7}$$

となる．これは，(8.A.15) 式の最適化問題と同一である．異なる点は (8.B.4) 式の制約 $\frac{\delta}{n} - C\alpha_i - \mu_i = 0$ をもつことである．この制約は $\mu_i \geq 0$ であるから $\frac{\delta}{n} \geq \alpha_i$ となる．

かくて，(8.B.2) 式の双対形式として，2 次計画問題

$$\begin{cases} \underset{\alpha}{\text{Max }} L(\boldsymbol{\alpha}) = -\sum_{i,j=1}^{n} \alpha_i \alpha_j y_i y_j \mathbf{x}_i^t \mathbf{x}_j \\ \text{制約条件} \quad \sum_{i=1}^{n} y_i \alpha_i = 0, \ \sum_{i=1}^{n} \alpha_i = 1, \ \frac{\delta}{n} \geq \alpha_i \geq 0 \end{cases} \tag{8.B.8}$$

を解けばよい．KKT 相補条件から，(8.B.8) 式の最適解は

$$\begin{cases} \alpha_i \{ y_i (\mathbf{x}_i^t \boldsymbol{\beta} + b) - C(1 - \xi_i) \} = 0 \\ \xi_i (\alpha_i - C) = 0 \end{cases} \tag{8.B.9}$$

を満たす．

8.C 入力空間と特徴空間

2 入力 $\mathbf{x}, \mathbf{x}'$ でユークリッド内積カーネルからなる特徴空間を考える．たとえば，観測値が図

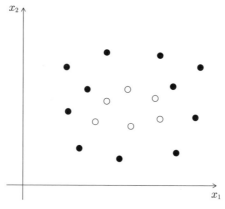

図 **8.C.1** 入力空間

8.C.1 のように分布しているとする．これは，明らかに線形分離不能である．

このとき，

$$\begin{aligned} K\left(\mathbf{x}, \mathbf{x}'\right) &= \langle \mathbf{x}, \mathbf{x}' \rangle = \mathbf{x}^t \mathbf{x}' \\ &= \left(x_1 x_1' + x_2 x_2'\right)^2 \\ &= \left(x_1 x_1'\right)^2 + \left(x_2 x_2'\right)^2 + 2 x_1 x_1' x_2 x_2' \end{aligned} \tag{8.C.1}$$

となる．$M=3$ で

$$\phi_1(\mathbf{x}) = x_1^2, \ \phi_2(\mathbf{x}) = x_2^2, \ \phi_3(\mathbf{x}) = \sqrt{2} x_1 x_2 \tag{8.C.2}$$

とおくと，

$$K\left(\mathbf{x}, \mathbf{x}'\right) = \langle \phi(\mathbf{x}), \phi(\mathbf{x}') \rangle \tag{8.C.3}$$

となる．すなわち，

$$\begin{aligned} \phi(\mathbf{x}) &= (\phi_1(\mathbf{x}), \phi_2(\mathbf{x}), \phi_3(\mathbf{x})) \\ &= \left(x_1^2, x_2^2, \sqrt{2} x_1 x_2\right) \end{aligned} \tag{8.C.4}$$

$$\phi(\mathbf{x}') = \left(x_1'^2, x_2'^2, \sqrt{2} x_1' x_2'\right) \tag{8.C.5}$$

より，

$$\begin{aligned} K\left(\mathbf{x}, \mathbf{x}'\right) &= \langle \phi(\mathbf{x}), \phi(\mathbf{x}') \rangle \\ &= \left(x_1^2, x_2^2, \sqrt{2} x_1 x_2 \right) \begin{pmatrix} x_1'^2 \\ x_2'^2 \\ \sqrt{2} x_1' x_2' \end{pmatrix} \\ &= \left(x_1 x_1'\right)^2 + \left(x_2 x_2'\right)^2 + 2 x_1 x_1' x_2 x_2' \end{aligned} \tag{8.C.6}$$

を得，(8.25) 式は

$$f(\mathbf{x}) = \sum_{i=1}^{n} \alpha_i y_i \left(\beta_1 x_{i1}^2 + \beta_2 x_{i2}^2 + \beta_3 x_{i1} x_{i2} \right) + b \tag{8.C.7}$$

となる．よって，(x_1, x_2) を $(z_1, z_2, z_3) = \left(x_1^2, x_2^2, \sqrt{2} x_1 x_2\right)$ に変換することにより，図 8.C.2 のように線形分離可能になる（[110] の p.201）．

8.D　SVM とロジスティック判別

ベルヌーイ分布 $(t_i = 0$ か $1)$ の（負の）対数尤度

$$-\ln\left\{ \pi_i^{t_i} (1-\pi_i)^{1-t_i} \right\} = -t_i \ln \pi_i - (1-t_i) \ln(1-\pi_i) \tag{8.D.1}$$

において，$t_i = (y_i + 1)/2, y_i = \pm 1$ とおくと

$$-\ln\left\{ \pi_i^{t_i} (1-\pi_i)^{1-t_i} \right\} = \begin{cases} -\ln \pi_i : y_i = +1 \\ -\ln(1-\pi_i) : y_i = -1 \end{cases} \tag{8.D.2}$$

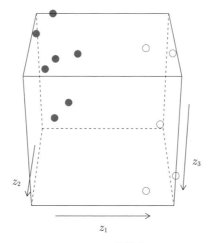

図 8.C.2 特徴空間

となる.ロジット変換

$$f_i = f(\mathbf{x}_i) = \ln\left(\frac{\pi_i}{1-\pi_i}\right) \tag{8.D.3}$$

より,

$$\pi_i = \frac{e^{f_i}}{1+e^{f_i}} = \frac{1}{1+e^{-f_i}} \tag{8.D.4}$$

となる.よって,

$$\begin{cases} -\ln \pi_i = -\ln\left(\dfrac{e^{f_i}}{1+e^{f_i}}\right) = \ln\left(1+e^{-f_i}\right) \\ -\ln\left(1-\pi_i\right) = -\ln\left(1-\dfrac{e^{f_i}}{1+e^{f_i}}\right) = \ln\left(1+e^{f_i}\right) \end{cases} \tag{8.D.5}$$

を得,損失関数は

$$\ln\left(1+e^{-y_i f_i}\right) = \begin{cases} \ln\left(1+e^{-f_i}\right) = -\ln \pi_i : y_i = +1 \\ \ln\left(1+e^{f_i}\right) = -\ln(1-\pi_i) : y_i = -1 \end{cases} \tag{8.D.6}$$

となる.よって,(8.D.2) 式と (8.D.6) 式は等価であるから,ベルヌーイ分布の損失関数は,y_i と f_i を用い

$$-\ln\left\{\pi_i^{t_i}(1-\pi_i)^{1-t_i}\right\} = \ln\left(1+e^{-y_i f_i}\right) \tag{8.D.7}$$

と書ける.

第9章

生存時間解析

9.1 比例ハザードモデル

生存時間 T を確率変数としたとき，時間 t まで生存する確率が生存時間関数

$$S(t) = \Pr\{T \geq t\} \tag{9.1}$$

である．累積分布関数は

$$F(t) = 1 - S(t) \tag{9.2}$$

となる．t の直前まで生存した人が，次の Δt の期間に死亡する条件付き確率

$$\Pr\{t \leq T < t + \Delta t | T \geq t\} = \frac{\Pr\{T < t + \Delta t\} - \Pr\{T \geq t\}}{\Pr\{T \geq t\}} \tag{9.3}$$

は Δt に依存する．このとき，単位時間当たりの平均死亡率

$$\frac{\Pr\{t \leq T < t + \Delta t | T \geq t\}}{\Delta t} \tag{9.4}$$

について，$\Delta t \to 0$ のとき，時間 t におけるハザード関数を

$$h(t|\boldsymbol{x}) = \lim_{\Delta t \to 0} \left\{ \frac{S(t) - S(t + \Delta t)}{S(t)\Delta t} \right\} \tag{9.5}$$

と定義する．すなわち，t まで生存した人のうち，$t + \Delta t$ までに死ぬ人の割合を，単位時間当たりの量に換算し，$\Delta t \to 0$ としたときの極限値である．ハザード関数 $h(t)$，$S(t)$，確率密度関数 $f(t)$ との間には

$$\begin{aligned} h(t|\boldsymbol{x}) &= \lim_{\Delta t \to 0} \left\{ \frac{S(t) - S(t + \Delta t)}{S(t)\Delta t} \right\} \\ &= \frac{1}{S(t)} \lim_{\Delta t \to 0} \left\{ \frac{F(t + \Delta t) - F(t)}{\Delta t} \right\} \\ &= \frac{f(t)}{S(t)} \end{aligned} \tag{9.6}$$

という関係がある.

個体が生存時間に影響を与える因子（予測変数，背景因子，予後因子）を $\boldsymbol{x} = (x_1, x_2, \ldots, x_I)$ とする．この値は時間に依存しない．このとき，予測変数 $\boldsymbol{x}$ をもつ個体のハザード関数 $h(t|\boldsymbol{x})$ を

$$h(t|\boldsymbol{x}) = h_0(t) r(\boldsymbol{x}) \tag{9.7}$$

と書く．ここに，$h_0(t)$ をベースラインハザード関数，$r(\boldsymbol{x})$ を相対リスク (relative risk) と呼ぶ．2つの予測変数 $\boldsymbol{x}, \boldsymbol{x}'$ について

$$h(t|\boldsymbol{x}') = h(t|\boldsymbol{x}) \left\{ \frac{r(\boldsymbol{x}')}{r(\boldsymbol{x})} \right\} \tag{9.8}$$

なら，$h(t|\boldsymbol{x})$ と $h(t|\boldsymbol{x}')$ は比例し（比例ハザード性），さらに対数線形性

$$\ln r(x) = \beta_1 x_1 + \beta_2 x_2 + \cdots + \beta_I x_I = \boldsymbol{\beta}^t \boldsymbol{x} \tag{9.9}$$

を仮定すると比例ハザードモデル

$$\begin{aligned} h(t|\boldsymbol{x}) &= h_0(t) \exp\left(\boldsymbol{\beta}^T \boldsymbol{x}\right) \\ &= h_0(t) \exp\left(\beta_1 x_1 + \beta_2 x_2 + \cdots + \beta_I x_I\right) \end{aligned} \tag{9.10}$$

が得られる．特に

$$x_1 = x_2 = \cdots = x_I = 0 \tag{9.11}$$

なら

$$h(t) = h_0(t) \tag{9.12}$$

となる．

(9.10) 式の未知パラメータ $\boldsymbol{\beta}$ は部分尤度

$$\begin{aligned} PL(\beta) &= \prod_{i=1}^{\text{死亡数}} \left\{ \frac{\exp\left(\boldsymbol{\beta}^T \boldsymbol{x}_i\right)}{\sum_{k \in R(t_i)} \exp\left(\boldsymbol{\beta}^T \boldsymbol{x}_k\right)} \right\} \\ &= \prod_{i=1}^{n} \left\{ \frac{\exp\left(\boldsymbol{\beta}^T \boldsymbol{x}_i\right)}{\sum_{k=1}^{n} Y_k(t_i) \exp\left(\boldsymbol{\beta}^T \boldsymbol{x}_k\right)} \right\}^{\delta_i} ; Y_k(t_i) = \begin{cases} 1 : k \in R(t) \\ 0 : o.w. \end{cases} \end{aligned} \tag{9.13}$$

を最大化して求める [35]．ここに，$\boldsymbol{x}_i = (x_{i1}, x_{i2}, \ldots, x_{iI}) = \boldsymbol{0}$ で，$R(t_i)$ は時点 i でのリスク集合（時点 i の直前まで生存した個体からなる集合）である．

表 9.1 は原発性胆汁性肝硬変 (PBC) データである [34]．共変量として，ビリルビンの初診時の対数値を取り上げる．この部分尤度の計算は，表 9.2 のようになる．通常の Cox の比例ハザードモデルのプログラムは

```
function()
{
library(survival)
train<-read.csv("F:\\train.csv",header=FALSE)
```

表 9.1 原発性胆汁性肝硬変 (PBC) データ

患者#	生存時間（日）	打切り (=0)	ln（ビリルビン値）：初診時
1	281	1	3.2
2	604	0	3.1
3	457	1	2.2
.	.	.	.
7	1514	1	2.4
.	.	.	.
12	1071	1	3.1

表 9.2 部分尤度の計算表

生存時間	打切り (=0)	ln(bil)	尤度
182	0	2.4	
281	1	3.2	$e^{3.2\beta}/(e^{3.2\beta}+e^{2.8\beta}+e^{3.9\beta}+\cdots+e^{2.3\beta}+e^{2.4\beta})$
341	0	2.8	
384	1	3.9	$e^{3.9\beta}/(e^{3.9\beta}+e^{2.2\beta}+e^{3.1\beta}+\cdots+e^{2.3\beta}+e^{2.4\beta})$
457	1	2.2	$e^{2.2\beta}/(e^{2.2\beta}+e^{3.1\beta}+e^{3.8\beta}+\cdots+e^{2.3\beta}+e^{2.4\beta})$
604	0	3.1	
814	1	3.8	$e^{3.8\beta}/(e^{3.8\beta}+e^{2.4\beta}+e^{3.1\beta}+\cdots+e^{2.3\beta}+e^{2.4\beta})$
842	1	2.4	$e^{2.4\beta}/(e^{2.4\beta}+e^{3.1\beta}+e^{2.5\beta}+e^{2.3\beta}+e^{2.4\beta})$
1071	1	3.1	$e^{3.1\beta}/(e^{3.1\beta}+e^{2.5\beta}+e^{2.3\beta}+e^{2.4\beta})$
1121	1	2.5	$e^{2.5\beta}/(e^{2.5\beta}+e^{2.3\beta}+e^{2.4\beta})$
1411	0	2.3	
1514	1	2.4	$e^{2.4\beta}/e^{2.4\beta}$

```
fit<-coxph(Surv(V1,V2)~V3,data=train)
summary(fit)
}
```

となり，解析結果

```
      coef exp(coef) se(coef)     z Pr(>|z|)
V3 1.4328    4.1904   0.7903 1.813   0.0698 .
---
Signif. codes:  0 '***' 0.001 '**' 0.01 '*' 0.05 '.' 0.1 ' ' 1
   exp(coef) exp(-coef) lower .95 upper .95
V3     4.190     0.2386    0.8904     19.72
Rsquare= 0.25   (max possible= 0.877 )
```

```
Likelihood ratio test= 3.46   on 1 df,    p=0.06291
Wald test            = 3.29   on 1 df,    p=0.06983
Score (logrank) test = 3.91   on 1 df,    p=0.04788
```

を得る．ビリルビン（の対数値）は，10%で有意である．

9.2 時間依存型生存データ解析

9.2.1 時間依存型モデル

表 9.1 において，たとえば，患者 #7 は 1514 日目で死亡するまで 7 回来院 (clinic visit) しており，ビリルビン（の対数）値は，表 9.3 のように時間とともに変動している．このように個体が複数個の観測値を生成している場合を時間依存型と呼ぶ．近年，共変量の非線形性を考慮したニューラルネットワークモデル [130, 135, 140]，サポートベクターマシン [137]，一般化加法モデル [138, 139, 141] などによる解析も考案されている．

表 9.3 患者 #7 に関する時間依存型共変量

Start	Stop	打切り	ln（ビリルビン値）
0	74	0	2.4
74	202	0	2.9
202	346	0	3.0
346	917	0	3.0
917	1411	0	3.9
1411	1514	1	5.1

すべての患者について，最終生存時間の短い順に並べると表 9.4 のようになる．来院ごとの $\ln(\text{bil})$ を示している．最初の死亡例 #281，2番目の死亡例 #384 に対する部分尤度の計算は表 9.5 のようになる．最初の死亡例の部分尤度は

$$\text{部分尤度} = \frac{e^{5.0\beta}}{e^{5.0\beta} + e^{2.9\beta} + e^{4.9\beta} + \cdots + e^{3.0\beta}}$$

となる．一般的に尤度は

$$\begin{aligned}L(\beta) &= \prod_{i=1}^{死亡数}\left\{\frac{\Phi(i)}{\sum_{k\in R(t_i)}\Phi_k}\right\} = \prod_{i=1}^{死亡数}\left\{\frac{\exp(\boldsymbol{\beta}^T\boldsymbol{x}_i(t_i))}{\sum_{k\in R(t_i)}\exp(\boldsymbol{\beta}^T\boldsymbol{x_k}(t_i))}\right\}\\ &= \prod_{i=1}^{n}\left\{\frac{\exp(\boldsymbol{\beta}^T\boldsymbol{x}_i(t_i))}{\sum_{k=1}^{n}Y_k(t_i)\exp(\boldsymbol{\beta}^T\boldsymbol{x_k}(t_i))}\right\}^{\delta_i} ; Y_k(t_i) = \begin{cases}1 : k\in R(t)\\ 0 : o.w.\end{cases}\end{aligned} \quad (9.14)$$

から計算される（[77] の 7.1.8 項）．ここに $\boldsymbol{x}_i(t_i)$ は，すべての共変量の値である．

R プログラムは

```
function()
```

表 9.4　全患者に関する時間依存型共変量

ID	time	δ	Clinic visit					ln(bil)					
8	182	0	90	182	.	.	.	2.4	2.5	2.9	.	.	.
1	281	1	47	184	251	.	.	3.2	3.8	4.9	5.0	.	.
5	341	0	87	192	341	.	.	2.8	2.6	2.9	3.4	.	.
4	384	1	92	194	372	.	.	3.9	4.7	4.9	5.4	.	.
3	457	1	61	97	142	359	440	2.2	2.8	2.9	3.2	3.4	3.8
2	604	0	94	187	321	.	.	3.1	2.9	3.1	3.2	.	.
11	814	1	167	498	.	.	.	3.8	3.9	4.3	.	.	.
6	842	1	94	197	384	795	.	2.4	2.3	2.8	3.5	3.9	.
12	1071	1	108	187	362	694	.	3.1	2.8	3.4	3.9	3.8	.
9	1121	1	101	410	774	1043	.	2.5	2.5	2.7	2.8	3.4	.
10	1411	0	182	847	1051	1347	.	2.3	2.2	2.8	3.3	4.9	.
7	1514	1	74	202	346	917	1411	2.4	2.9	3.0	3.0	3.9	5.1

表 9.5　最初の死亡例 #281 および 2 番目の死亡例 #383 に対する部分尤度の計算

$t_{(1)} = 281$			$t_{(2)} = 384$		
ID	ln(bil)	$\exp(x_{(1)}\beta)$	ID	ln(bil)	$\exp(x_{(2)}\beta)$
1	5	$\exp(5.0\beta)$	4	5.4	$\exp(5.4\beta)$
5	2.9	$\exp(2.9\beta)$	3	3.4	$\exp(3.4\beta)$
4	4.9	$\exp(4.9\beta)$	2	3.2	$\exp(3.2\beta)$
3	3.2	$\exp(3.2\beta)$	11	3.9	$\exp(3.9\beta)$
2	3.2	$\exp(3.2\beta)$	6	3.9	$\exp(3.9\beta)$
11	3.9	$\exp(3.9\beta)$	12	3.9	$\exp(3.9\beta)$
6	2.8	$\exp(2.8\beta)$	9	2.5	$\exp(2.5\beta)$
12	3.4	$\exp(3.4\beta)$	10	2.2	$\exp(2.2\beta)$
9	2.5	$\exp(2.5\beta)$	7	3	$\exp(3.0\beta)$
10	2.2	$\exp(2.2\beta)$			
7	3	$\exp(3.0\beta)$			

```
{
library(survival)
train<-read.csv("F:\\train.csv",header=FALSE)
fit<-coxph(Surv(V1,V2,V3==1)~V4,data=train)
summary(fit)
}
```

となり，解析結果

```
     coef exp(coef) se(coef)     z Pr(>|z|)
V4  3.299    27.092    1.734 1.903   0.057 .
---
Signif. codes:  0 '***' 0.001 '**' 0.01 '*' 0.05 '.' 0.1 ' ' 1

    exp(coef) exp(-coef) lower .95 upper .95
V4      27.09    0.03691    0.9062      810
Rsquare= 0.215   (max possible= 0.372 )
Likelihood ratio test= 13.07  on 1 df,   p=0.0002998
Wald test            = 3.62   on 1 df,   p=0.05702
Score (logrank) test = 12.17  on 1 df,   p=0.000486
```

を得る．ビリルビン（の対数値）は，尤度比検定 (Likelihood ration test)，およびスコア検定 (Score test) で 1 ％有意となる．

　生存時間解析には，Cox 比例ハザードモデルが広範に活用されてきた [68, 75, 90, 92]．生存時間（観測時点）t のハザード関数は (9.10) 式で与えられる．このモデルでは，予測変数の観測は各患者について 1 回のみで，時間が変化しても不変である．しかし，反復測定された検査値の生存時間への影響の評価，あるいは観測期間中に薬剤の投与量を変化させたとき，その効果の有無の検証が必要な場もある [126]．このように，予測変数の値が時間とともに変動する時間依存型データが含まれる場合，その近似解法として Mayo updated モデル [87] やヨーロッパ new version モデル [9, 31, 32] が広範に活用されてきた．

　しかし，予測変数の値が時間とともに変動する時間依存型データが含まれる場合，各患者に対する生存関数はベースラインハザード関数のみならず予測変数の値にも依存し，厳密にはベースライン生存関数のベキ乗の形式では表現できない（[33] の 7.2 節）．また，ベースライン生存関数は，明確で有効な解釈をもたない（[68] の 6.4.1 項，[83] の 6.8.2 項）．

　この点を回避するため，PBC データの解析を目的にした Mayo updated モデルでは，1 人の患者から生成された複数個の観測ベクトルを互いに独立として取り扱い，推定されたベースライン生存関数から予後予測を行っている．そのため，各患者ごとの，時間とともに変動する予測変数の履歴が解析に反映されていない点が問題である [9]．

　二項分布に基づく部分ロジスティック回帰モデル [37] を援用し，時間依存型予測変数を伴う生存データの解析について解説する [130, 131]．Cox 比例ハザードモデルでは，生存時間の順位を用いているが，生存時間値そのものを取り込むことにより，i) 部分尤度 [35] から構築される部分ロジスティックモデルが，グループ化されていないデータ (ungrouped data) に適用できる．また近年，Cox 比例ハザードモデルに対抗して，ニューラルネットによる生存時間解析が注目されつつある [16, 17]．時間依存型予測変数を伴う生存データの解析に ii) 柔軟なニューラルネットが威力を発揮することや，部分ロジスティックモデルとニューラルネットとの関係についても触れる．そして，iii) ブートストラップ法を援用し，想定した部分ロジスティックモデルやニューラルネットの包括的な適合度を検定する．ニューラルネットにおける隠れ層のユニット数も決定できる．実際例として，Mayo クリニックに来院した 312 例の PBC データを取り上げる（[126] の

5.6 節).

9.2.2 Mayo updated モデルとヨーロッパ new version モデル

患者 #d の来院日（観測時点）$t_1^{<d>}, \ldots, t_l^{<d>}, \ldots, t_{l_d}^{<d>}$ において，l 番目の時間区間に対する中央値を $a_l^{<d>} = (t_{l-1}^{<d>} + t_l^{<d>})/2$，観測起点を $t_0^{<d>} = 0$ とし，時間依存型共変量を $\boldsymbol{X}_l^{<d>} = (a_l^{<d>}, \boldsymbol{x}_l^{<d>})$ とする．ここに，$\boldsymbol{x}_l^{<d>} = (x_{l1}^{<d>}, \ldots, x_{lI}^{<d>})$ は時間依存型共変量である．たとえば，表 9.6 は #9（死亡例）の共変量の値を示している [87]．患者は原則として 6 カ月目，12 カ月目，その後 1 年おきに来院する．そして，来院ごとに，年齢とともにプロトロンビン時間，ビリルビン値，アルブミン値，エデマ・スコアを測定する．ただし，

$$\text{エデマ・スコア} = \begin{cases} 0 & : \text{浮腫なし，かつ浮腫に対する利尿剤の投与}(-) \\ 0.5 & : \text{利尿剤の投与がない状況で浮腫がみられる，あるいは利尿剤で浮腫が軽快する} \\ 1 & : \text{利尿剤投与しても浮腫がみられる} \end{cases}$$

とする．表 9.6 では，1 人の患者が 7 個の観測ベクトルを生成し，共変量の値は時間区間とともに変動している．このようなデータについて，ある観測時点 t まで生存していた患者の，たとえば，6 カ月後の条件付き生存率を予測するため，従来は，Mayo updated モデルやヨーロッパ new version モデルが広範に活用されてきた [63, 64]．

表 9.6 患者 #9（死亡例）に関する共変量の値

	時間区間 l（来院日 $t_l^{<9>}$）						
	1(0)	2(184)	3(361)	4(723)	5(1027)	6(1396)	7(2278)
中央値 $a_l^{<9>}$	92.0	272.5	542.0	875.0	1211.5	1837.0	2339.0
年齢（歳）$x_{l1}^{<9>}$	42.5	43.0	43.5	44.5	45.4	46.4	48.8
プロトロンビン時間 $x_{l2}^{<9>}$	11.0	12.5	11.2	14.1	11.5	11.5	13.0
ビリルビン値 $x_{l3}^{<9>}$	3.2	7.0	4.2	13.5	12.0	16.2	14.8
アルブミン値 $x_{l4}^{<9>}$	3.08	3.64	3.10	2.87	2.96	2.99	2.41
エデマ・スコア $x_{l5}^{<9>}$	0	0	0	0	0	0.5	1

(1) Mayo updated モデル

観測時点（来院日）t における共変量 $\boldsymbol{x}(t) = (x_1(t), x_2(t), \ldots, x_I(t))$ の値が与えられたとき，Mayo updated モデルを用い，PBC データを解析しよう．表 9.6 の患者 #9（死亡例）の場合，初診時 $t_0^{<9>} = 0$ から次の来院日（来院回数 1）$t_1^{<9>} = 184$ までの時間 184 を $l = 1$ に対する生存時間（打切り），$t_1^{<9>} = 184$ から次の来院日（来院回数 2）$t_2^{<9>} = 361$ までの時間 $177 (= 361 - 184)$ を $l = 2$ に対する生存時間（打切り）などとする．そして，最終の $l = 7$ に対する生存時間は $122 (= 2400 - 2278)$ で死亡となる．時間区間 l における生存時間は，共変量として $x_{l1}^{<9>}, x_{l2}^{<9>}, \ldots, x_{l5}^{<9>}$ をもつ．よって，$n = 312$ 例について，合計 1945 個の観測ベクトルが得られ，これらを従来の時間固定 (time-fixed) 型の比例ハザードモデルで解析する．生存関数は，$S(\boldsymbol{x}(t), t) = \{S_0(t)\}^{\exp(PI)}$ と書ける．ここに，予後指数 PI (Prognostic Index) を

$$PI = \beta_1\{x_1(t) - \overline{x}_1\} + \beta_2\{x_2(t) - \overline{x}_2\} + \cdots + \beta_I\{x_I(t) - \overline{x}_I\}$$

と定義する．ベースライン生存関数は，$S_0(t)$ すべての共変量 $\boldsymbol{x}(t) = (x_1(t), x_2(t), \ldots, x_I(t))$ がそれぞれの平均値 $\overline{\boldsymbol{x}} = (\overline{x}_1, \ldots, \overline{x}_I)$ を取ったときの生存関数である．このベースライン生存関数 $S_0(\Delta t)$ を用い，観測時点 t まで生存していた患者の Δt 後の条件付き生存率

$$Pr(t, t + \Delta t) = \{S_0(\Delta t)\}^{\exp(PI)} \tag{9.15}$$

を予測する．

回帰係数の推定値および標準誤差の推定値を表 9.7 に与えておく．なお，Mayo updated モデルおよびヨーロッパ new version モデルでは，プロトロンビン時間，ビリルビン値，アルブミン値について対数変換値が用いられる．

表 9.7 回帰係数，および標準誤差の推定値

共変量	Mayo updated モデル		ヨーロッパ new version モデル		部分ロジスティックモデル	
	回帰係数	標準誤差	回帰係数	標準誤差	回帰係数	標準誤差
年齢（歳）	0.044	0.009	0.043	0.009	0.077	0.018
プロトロンビン時間	2.682	0.580	2.817	0.627	0.199	0.052
ビリルビン値	1.184	0.114	1.068	0.110	0.139	0.015
アルブミン値	-3.496	0.459	-3.666	0.492	-1.688	0.227
エデマ・スコア	0.669	0.226	0.801	0.233	0.931	0.288

ベースライン生存関数 $S_0(\Delta t)$ は，表 9.8 のように推定される．$S_0(\Delta t)$ を用い，観測時点 t まで生存していた患者の，6 カ月後の条件付き生存率を予測する．たとえば，患者 #9 に対する来院回数 1 の PI は $0.044 \times (42.5 - 52.43) + 2.682 \times (\ln 11.0 - 2.39) + 1.184 \times (\ln 3.2 - 0.6) - 3.469 \times (\ln 3.08 - 1.21) + 0.669 \times (0 - 0.182) = 0.4472$ となる．よって，来院回数 1 のとき，6 カ月後の条件付き生存率は，表 9.8 と (9.15) 式から $0.992^{\exp(0.4472)} = 0.9875$ と予測される．

表 9.8 ベースライン生存関数の推定値

Δt （月）	0	3	6	9	12
$S_0(\Delta t)$	1	0.996	0.992	0.991	0.990

(2) ヨーロッパ new version モデル

時間とともに変動する共変量が含まれる場合でも，Breslow(Nelson-Aalen) 推定量を拡張すれば，ベースライン累積ハザード関数は求められる（[68] の 6.4.1 項）．ヨーロッパ new version モデルでは，ハザード関数に基づく予後予測の近似が試みられている．表 9.6 の患者 #9 に関し，観測時点 t まで生存していた患者の，Δt 後の条件付き生存率 $Pr(t, t + \Delta t)$ を予測しよう．(9.10) 式より

$$\int_0^t h(\boldsymbol{x}(t), u) \, du = \left\{ \int_0^t \lambda_0(u) \, du \right\} \exp\left(\sum_{i=1}^I \beta_i x_i(t) \right) \tag{9.16}$$

となる．

$$\begin{cases} \Lambda\left(\boldsymbol{x}(t),t\right) \equiv \int_0^t h\left(x\left(t\right),u\right)du \\ \Lambda_0\left(t\right) \equiv \int_0^t \lambda_0\left(u\right)du \end{cases} \quad (9.17)$$

とおくと，累積ハザード関数 $\Lambda\left(\boldsymbol{x}(t),t\right)$ は

$$\Lambda\left(\boldsymbol{x}(t),t\right) = \Lambda_0\left(t\right)\exp\left(\sum_{i=1}^I \beta_i x_i\left(t\right)\right) \quad (9.18)$$

と書ける．ここで，累積ベースラインハザード関数 $\Lambda_0\left(t\right)$ が t の 1 次関数で補間できる，すなわち

$$\Lambda_0\left(t\right) = \lambda^* t \quad (9.19)$$

と仮定すると

$$\Lambda\left(\boldsymbol{x}(t),t\right) = \lambda^* t \exp\left(\sum_{i=1}^I \beta_i x_i\left(t\right)\right) \quad (9.20)$$

を得る．よって，

$$h\left(\boldsymbol{x}(t),t\right) = \frac{\partial}{\partial t}\Lambda\left(\boldsymbol{x}(t),t\right) = \lambda^* \exp\left(\sum_{i=1}^I \beta_i x_i\left(t\right)\right) \quad (9.21)$$

がヨーロッパ new version モデルである．よって，Δt 後の条件付き生存率 $Pr(t,t+\Delta t)$ は

$$Pr(t,t+\Delta t) = \exp\left[-\lambda^* \cdot \Delta t \cdot \exp\left\{-\sum_{i=1}^I \beta_i x_i(t)\right\}\right] \quad (9.22)$$

となる．ヨーロッパ new version モデルでは，ハザード関数に基づく予後予測の近似が試みられている．(9.22) 式の回帰係数および標準誤差の推定値を表 9.7 に示しておく．ヨーロッパ new version モデルにおけるベースライン累積ハザード関数 $\Lambda_0(t)$ は，図 9.1 のように推定される．

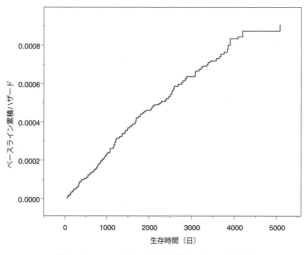

図 9.1 ベースライン累積ハザード関数

図 9.1 に直線を当てはめ，目算により (9.22) 式の傾きを推定すると，$\hat{\lambda}^* = 2.28 \times 10^{-7}$ となる．よって，たとえば来院回数 1 のときの 6 カ月後の生存率は

$$\sum_{i=1}^{5} \hat{\beta}_i x_i(t) = 0.04343 \times 42.5 + 2.8174 \times \ln 11.0 + 1.0684 \times \ln 3.2 - 3.666$$
$$\times \ln 3.08 + 0.8010 \times 0 = 5.744$$

より

$$Pr(t, t + \Delta t) = \exp\left\{-2.3 \times 10^{-7} \times \frac{365}{2} \times \exp(5.744)\right\} = 0.9871$$

と予測される．このデータの場合，図 9.1 に線形性が見られるので，$\lambda_0(t) = \lambda^*$ の仮定が成り立つ．しかし，この方式では，ベースラインハザード関数が局所的に一定という仮定が必要である．また，その一定値をグラフから目算するため，解析者による恣意性が生じてくる．

9.2.3 部分ロジスティックモデル

二項分布に基づく部分ロジスティック回帰モデル [37] をベルヌーイ分布に援用する．時間依存型予測変数をもつグループ化されていないデータについて，（離散）ハザード関数に対する部分ロジスティックモデルは

$$h_l^{<d>} = \frac{1}{1 + \exp\left\{-\left(\gamma a_l^{<d>} + \sum_{i=0}^{I} \beta_i x_{li}^{<d>}\right)\right\}}, x_{l0}^{<d>} \equiv 1; l = 1, 2, \ldots, l_d; d = 1, 2, \ldots, n \tag{9.23}$$

となる．ここに，回帰係数は $\boldsymbol{\beta} = (\gamma, \beta_0, \beta_1, \ldots, \beta_I)$，$n$ は総患者数，l_d は患者 #d の時間区間の個数である（本例の場合，$n = 312$ で，たとえば表 8.2 の患者 #9 について，$l_9 = 7$ となる）．(9.23) 式では，l 番目の時間区間に対する中央値 $a_l^{<d>} = (t_{l-1}^{<d>} + t_l^{<d>})/2$ を予測変数として考慮している [37]．

さて，患者 #d の時間区間 l について

$$\delta_l^{<d>} = \begin{cases} 1 : \text{患者}\#d \text{ が時間区間 } l \text{ で死亡} \\ 0 : \text{その他} \end{cases}, \quad \delta_l^{'<d>} = \begin{cases} 1 : \text{患者}\#d \text{ が時間区間 } l \text{ で打切り} \\ 0 : \text{その他} \end{cases} \tag{9.24}$$

と定義する．患者 #d の最初の時間区間 $l-1$ までの死亡あるいは打切りに関する履歴を $\mathbf{v}_l^{<d>} = (\delta_1^{<d>}, \delta_1^{'<d>}, \delta_2^{<d>}, \delta_2^{'<d>}, \ldots, \delta_{l-1}^{<d>}, \delta_{l-1}^{'<d>}) = (0, 0, \ldots, 0)$ とする．$\delta_l^{<d>}$ が含まれるまで $\mathbf{v}_l^{<d>}$ を拡張した量を $\mathbf{v}_l'^{<d>} = (\mathbf{v}_l^{<d>}, \delta_l^{<d>}) = (0, 0, \ldots, 0, \delta_l^{<d>})$ とする．履歴 $\mathbf{v}_l^{<d>}$ が与えられたとき，$\delta_l^{<d>}$ の分布はベルヌーイ分布 $B_e(1, h_l^{<d>})$ に従う．ただし，$h_l^{<d>}$ はハザード関数 (9.23) 式である．$\mathbf{v}_l'^{<d>}$ が与えられたとき $\delta_l'^{<d>}$ は，ある分布 $p(\delta_l'^{<d>}|\mathbf{v}_l'^{<d>})$ に依存するが，回帰係数 $\boldsymbol{\beta}$ には依存しないと仮定する．患者 #d に対する $(\delta_1^{<d>}, \delta_1'^{<d>}, \delta_2^{<d>}, \delta_2'^{<d>}, \ldots, \delta_{l_d}^{<d>}, \delta_{l_d}'^{<d>})$ の分布は

$$(1 - h_1^{<d>}) p(\delta_1'^{<d>}|\mathbf{v}_1'^{<d>}) \times (1 - h_2^{<d>}) p(\delta_2'^{<d>}|\mathbf{v}_2'^{<d>}) \times \cdots \times (1 - h_{l_d-1}^{<d>}) p(\delta_{l_d-1}'^{<d>}|\mathbf{v}_{l_d-1}'^{<d>}) \times$$
$$(h_{l_d}^{<d>})^{\delta_{l_d}^{<d>}} (1 - h_{l_d}^{<d>})^{1-\delta_{l_d}^{<d>}} p(\delta_{l_d}'^{<d>}|\mathbf{v}_{l_d}'^{<d>})$$

$$= \left\{\prod_{l=1}^{l_d-1}(1 - h_l^{<d>})\right\} \times (h_{l_d}^{<d>})^{\delta_{l_d}^{<d>}} (1 - h_{l_d}^{<d>})^{1-\delta_{l_d}^{<d>}} \times \prod_{l=1}^{l_d} p(\delta_l'^{<d>}|\mathbf{v}_l'^{<d>}) \tag{9.25}$$

となる．すべての患者に関する対数尤度は

$$\ln L = \ln L(\boldsymbol{\beta}) + \sum_{d=1}^{n}\sum_{l=1}^{l_d} \ln p(\delta_l^{'<d>}|\mathbf{v}_l^{'<d>}) \tag{9.26}$$

と表せる．ただし，

$$\ln L(\boldsymbol{\beta}) = \sum_{d=1}^{n}\left\{\sum_{l=1}^{l_d-1}\ln(1-h_l^{<d>}) + \delta_{l_d}^{<d>}\ln h_{l_d}^{<d>}) + (1-\delta_{l_d}^{<d>})\ln(1-h_{l_d}^{<d>})\right\} \tag{9.27}$$

とする．よって，独立なベルヌーイ分布の（部分）対数尤度 (9.27) 式を最大化すれば，(9.23) 式の回帰係数 $\boldsymbol{\beta}$ が推定される．

部分ロジスティックモデルの包括的な適合度を評価する手順はないが，ブートストラップ法を援用し，逸脱度

$$Dev = 2(\ln L_f - \ln L_c) \tag{9.28}$$

の棄却点を算出することができる．$\ln L_c$ は，現行 (current) の部分ロジスティックモデルのもとでの対数尤度 (9.27) 式，$\ln L_f$ は最大 (full) モデルのもとでのそれで

$$\ln L_f = \sum_{d=1}^{n}\sum_{l=1}^{l_d}\left\{\delta_l^{<d>}\ln\delta_l^{<d>} + (1-\delta_l^{<d>})\ln(\delta_l^{<d>})\right\} = 0 \tag{9.29}$$

となる．しかし，グループ化されていない 2 値データの場合，(9.28) 式の漸近カイ 2 乗性は成り立たない ([34] の 3.8.3 項, [76])．さらに，患者 1 人が複数個の観測値（すなわち，患者 #d は l_d 個）を生成しており，自由度が計算できない．そこで，ブートストラップ法に基づいて，逸脱度の棄却点を算出する．ここでは，ペア・ブートストラッピング (bootstrapping pairs) を採用する [45, 128]．

[ステップ 1] 初期標本 $\mathbf{X} = \left(\mathbf{X}^{<1>}, \mathbf{X}^{<2>}, \ldots, \mathbf{X}^{<d>}, \ldots, \mathbf{X}^{<n>}\right)$ からリサンプリング（ペア・サンプリング）によりブートストラップ標本 $\mathbf{X}^* = \left(\mathbf{X}^{<1>*}, \mathbf{X}^{<2>*}, \ldots, \mathbf{X}^{<n>*}\right)$ を生成する．ただし，$\mathbf{X}$ の成分 $\mathbf{X}^{<d>}$ は $\mathbf{X}^{<d>} = \left(\mathbf{X}_1^{<d>}, \mathbf{X}_2^{<d>}, \ldots, \mathbf{X}_{l_d}^{<d>}, \delta_1^{<d>}, \delta_2^{<d>}, \ldots, \delta_{l_d}^{<d>}\right)$ である．

[ステップ 2] $b(=1,\ldots,B)$ 番目のブートストラップ標本を $\mathbf{X}_b^*$ とし，逸脱度

$$Dev(b) = 2\left\{\ln L_f - \ln L\left(\mathbf{X}_b^*; \hat{\boldsymbol{\beta}}(\mathbf{X}_b^*)\right)\right\} = -2\ln L\left(\mathbf{X}_b^*; \hat{\boldsymbol{\beta}}(\mathbf{X}_b^*)\right) \tag{9.30}$$

を計算する．ここに，$\hat{\boldsymbol{\beta}}(\mathbf{X}_b^*)$ は b 番目のブートストラップ標本 $\mathbf{X}_b^*$ から推定される回帰係数で，その推定値から算出される $\mathbf{X}_b^*$ の対数尤度が $\ln L\left(\mathbf{X}_b^*; \hat{\boldsymbol{\beta}}(\mathbf{X}_b^*)\right)$ である．

[ステップ 3] $Dev \geq Dev^*$ なら，有意水準 α でモデルは妥当でないとみなす．ここに，Dev は初期標本に対する (9.28) 式の逸脱度で，

$Dev^* = Dev(b)$ を小さい順に並べたときの第 j 番目の値，$\alpha = 1 - j/(B+1)$

とする．

次に，患者 #d の来院時間（観測時点）$t_1^{<d>}, \ldots, t_l^{<d>}, \ldots, t_{l_d}^{<d>}$ について，(9.23) 式のハザード関数 $h_l^{<d>}$ を用いると生存関数は

$$S(\mathbf{X}_l^{<d>}, a_l^{<d>}) = \prod_{k=1}^{l} (1 - h_k^{<d>}) \tag{9.31}$$

となる．予測変数の係数 β_i の有意性を検定するには，尤度比検定統計量

$$-2\ln\lambda = -2\left\{\ln L\left(\mathbf{X}_{[i]}; \hat{\boldsymbol{\beta}}'\right) - \ln L\left(\mathbf{X}; \hat{\boldsymbol{\beta}}\right)\right\} \tag{9.32}$$

を計算すればよい．ここに，$\ln L(\mathbf{X}; \hat{\boldsymbol{\beta}})$ は初期標本 $\mathbf{X}$ に対する対数尤度であり，$\ln L(\mathbf{X}_{[i]}; \hat{\boldsymbol{\beta}}')$ は i 番目の予測変数を除去したときのそれである．帰無仮説が真なら，(9.32) 式の $-2\ln\lambda$ は漸近的に自由度 $d.f. = 1$ のカイ 2 乗分布に従う．

9.2.4 ニューラルネット

データ解析の目的が予測にあるなら，母集団構造の非線形性を摘出するだけでは不十分で，適切な非線形モデルで記述しなければならない．本項では，階層型ニューラルネットを想定し，ブートストラップ法 [129] に基づく隠れユニット数の決定およびモデルの妥当性の検証を行う．隠れユニット数の決定に CV 法 [114] を適用することもできるが，そのための再計算に要する時間は膨大になり，かつその方法ではモデルの妥当性の検証ができない．

時間依存型でない予測変数をもつ生存時間を "月" あるいは "週" 単位で離散化し，ニューラルネットによる生存時間解析が試みられている [16]．その離散化の仕方により，結果が異なることもある．しかし，表 9.6 のように予測変数が時間とともに変動する場合，離散化の仕方は一意に決まる．さらに，ニューラルネットは部分ロジスティックモデルの拡張とみなせるので，各個体の尤度への寄与が，時間区間で独立であるという (9.26) 式は，ニューラルネットにおいても成立する．

階層型ニューラルネットによって生存データを取り扱う場合，入力パターンを提示したときの出力値は，ベイズの事後確率と考えられる．いま，患者 #$d(=1, 2, \ldots, n)$ の入力 $\mathbf{X}_l^{<d>}$ が与えられたとき，隠れ層の第 $j(=1, 2, \ldots, J)$ ユニットの活性値

$$u_{lj}^{<d>} = \alpha a_l^{<d>} + \sum_{i=0}^{I} \alpha_{ij} x_{li}^{<d>}, x_{0j} \equiv 1; l = 1, \ldots, l_d; d = 1, \ldots, n; j = 1, \ldots, J \tag{9.33}$$

が定まる．(9.33) 式の活性値 $u_{lj}^{<d>}$ にロジット（シグモイド）変換

$$y_{lj}^{<d>} = \frac{1}{1 + \exp(-\varepsilon u_{lj}^{<d>})} \tag{9.34}$$

を施すと，隠れ層の第 j ユニットの出力値 $y_{lj}^{<d>}$ が決まる．ここに，ロジット変換の傾き ε は，非線形性を有効に作用させるための係数である．ε が小さければ線形関数に近い形状となり，逆に大きくなれば非線形性が強くなる．傾き ε の決定方法については，([2] の 4.4 節）に詳しい．

ロジット変換された (9.34) 式の $y_{lj}^{<d>}$ が，出力層への活性値

$$z_l^{<d>} = \sum_{j=0}^{J} \beta_j y_{lj}^{<d>}, y_{l0}^{<d>} \equiv 1 \tag{9.35}$$

となる．$z_l^{<d>}$ にロジット変換を施すと，最終出力（ハザード関数）

$$h_l^{<d>} = \frac{1}{1+\exp(-\varepsilon z_l^{<d>})} \tag{9.36}$$

が得られる．前節と同様にして，$\delta_l^{<d>}, \delta_l^{'<d>}, \mathbf{v}_l^{<d>}, \mathbf{v}_l^{'<d>}$ を定義する．(9.23) 式の代わりに (9.36) 式を用いれば，対数尤度が得られる．この対数尤度を最大にする $\hat{h}_l^{<d>}$（すなわち，リンク荷重 $\hat{\boldsymbol{\theta}} = \{\hat{\boldsymbol{\alpha}}, \hat{\boldsymbol{\beta}}\}, \hat{\boldsymbol{\alpha}} = \{\hat{\alpha}, \hat{\alpha}_{ij}\}, \hat{\boldsymbol{\beta}} = \{\hat{\beta}_j\}$）が最尤推定量となる．

ニューラルネットは，母集団モデルの近似であるため，真のモデルと想定したそれとは分離している (model misspecified) と考えるべきである [10]．この点から，想定したモデル族に真のモデルが含まれていることを前提にした AIC によるモデル選択は妥当ではない．競合するモデルが複数個あるとき，対数尤度の比較によってモデルを選択すると，自由なパラメータ数の大きいモデルほど選ばれやすい．EIC[66, 72] は，対数尤度のバイアスをブートストラップ法を用いて直接推定している．ブートストラップ法に基づくバイアス推定は付録 7.A に詳しい．

部分ロジスティックモデルとニューラルネットとの関係について考察しよう．ニューラルネットにおいて，隠れユニット数が 1 の場合を考える．入力 $\mathbf{X}_l^{<d>}$ が与えられたとき，隠れユニットの活性値

$$u_l^{<d>} = \alpha a_l^{<d>} + \sum_{i=0}^{I} \alpha_i x_{li}^{<d>}, x_{0j} \equiv 1; l=1,\ldots,l_d; d=1,\ldots,n \tag{9.37}$$

に恒等変換を施すと，隠れ層の出力値が決まる．これが，出力層への活性値

$$z_l^{<d>} = \beta_0 + \beta_1 u_l^{<d>} \tag{9.38}$$

となる．$z_l^{<d>}$ にロジット変換を施すと，最終出力（ハザード関数）

$$h_l^{<d>} = \frac{1}{1+\exp\left\{-\sum_{j=0}^{1}\beta_j\left(\alpha a_l^{<d>} + \sum_{i=0}^{p}\alpha_{ij}x_{li}^{<d>}\right)\right\}} \tag{9.39}$$

$$= \frac{1}{1+\exp\left\{\xi a_l^{<d>} + \sum_{i=0}^{p}\xi_i x_{li}^{<d>}\right\}} \tag{9.40}$$

が得られる．これは，グループ化されていないデータに対する部分ロジスティックモデルと等価になる．

部分ロジスティックモデルと時間依存型比例ハザードモデル（[68] の 6.4 節，[77] の 7.1.8 項）に基づく有意性検定（Wald 検定）の結果を表 9.9 に示す．いずれのモデルでも，すべての予測変数が高度に有意である．部分ロジスティックモデルとニューラルネットとの関係を数値的に示すため，PBC データのうち，予測変数として生存時間の中央値，年齢，プロトロンビン時間，ビリルビン値の 4 個の場合も考える [30]．この 2 種類のデータに対して，隠れユニット数が 1〜4 のニューラルネットおよび部分ロジスティックモデルを当てはめたところ，表 9.10 のような EIC 値が得られた．同表から，i) 予測変数が (a, x_1, x_2, x_3) と少なくなると，最適な隠れユニット数は 2

表 9.9 予測変数の係数の Wald カイ 2 乗値（p 値）

予測変数	部分ロジスティックモデル	時間依存型比例ハザードモデル
年齢（歳）	25.15(<0.0001)	23.82(<0.0001)
プロトロンビン時間	14.65(0.0001)	20.16(<0.0001)
ビリルビン値	84.03(<0.0001)	94.21(<0.0001)
アルブミン値	55.14(<0.0001)	55.53(<0.0001)
エデマ・スコア	10.46(0.0012)	11.86(0.0006)

となり，隠れユニット数を増やしたニューラルネットの有効性が明白になってくる．ii) 予測変数が $(a, x_1, x_2, x_3, x_4, x_5)$ の場合，隠れユニット数が 1 のニューラルネットと部分ロジスティックモデルに対する EIC 値には，ほとんど差がない．すなわち，隠れユニット数が 1 の場合，(9.36) 式と恒等変換との違いのみである．

表 9.10 EIC 値

予測変数	隠れユニット数				部分ロジスティック
	1	2	3	4	
(a, x_1, x_2, x_3)	723.02	708.28	720.16	732.16	719.34
$(a, x_1, x_2, x_3, x_4, x_5)$	666.04	681.00	686.68	687.20	664.82

*:a:生存時間の中央値,x_1:年齢,x_2:プロトロンビン時間,x_3:ビリルビン値,x_4:アルブミン値,x_5:エデマ・スコア

ニューラルネットを生存時間解析に適用したとき，未解決な課題としてモデルの妥当性の検証が残されている [16]．前節と同様にして，ブートストラップ法による逸脱度の棄却点を算出することができる．$B = 400$ としたとき，ブートストラップ標本に基づく逸脱度のヒストグラムは図 9.2 のようになる．逸脱度は $Dev = 655.44$ となり，5 % 棄却点 719.51 より小さいので，モデルの妥当性が示唆される．なお，ニューラルネットのリンク荷重について，部分ロジスティックモデルのような回帰係数の解釈は困難であるが，予測変数の係数の有意性は，前節と同様に行うことができる．参考までにその結果を表 9.11 に示す．すべての予測変数が高度に有意である．

表 9.11 予測変数の係数の有意性検定

予測変数（歳）	Wald カイ 2 乗値（p 値）
年齢	51.18(<0.0001)
プロトロンビン時間	31.04(<0.0001)
ビリルビン値	138.96(<0.0001)

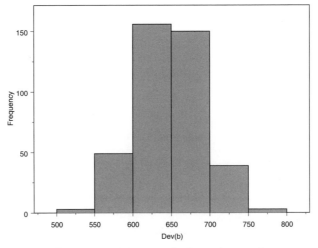

図 9.2 $Dev(b)$ のヒストグラム ($B=400$)

9.3 イベントヒストリー解析

時間依存型の特殊なケースとして，多重状態 (multistate) モデルに基づくイベントヒストリー解析がある（[4] の 9 章，[142] の 3.2 節）．最も単純な場面は図 9.3 のように表せる．観測開始から目標事象（死亡あるいは打切り）発生までに種々のイベント（すなわち，多重状態）が起こり，その時間と共変量の値が記録される．

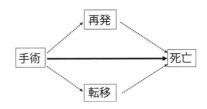

図 9.3 multistate モデル

表 9.12 患者 #15, 43, 86 に関する実際のデータ

患者#	追跡時間	個数（初期値）	サイズ（初期値）	処置	再発時間			
					1	2	3	4
#15	25	3	1	1	3	15	25	
#43	53	1	3	1	3	15	46	51
#86	59	1	3	2				

膀胱癌データについて，患者 #15, 43, 86 に関する実際のデータを表 9.12 に示す．

(1) Anderson-Gill モデル

Anderson-Gill モデルでは，表 9.13 のような時間依存型で表す．Num,Size,Treat は時間とともに変動してもよい．たとえば，患者 #43 は時間 3,15,46,51 で再発し，観測終了の 53 時間で打切りとなった．

表 9.13　Anderson-Gill モデル

患者#	Start	Stop	Cens	Num	Size	Treat
・	・	・	・	・	・	・
15	0	3	1	1	1	1
15	3	15	1	1	1	1
15	15	25	1	1	1	1
・	・	・	・	・	・	・
43	0	3	1	3	1	1
43	3	15	1	3	1	1
43	15	46	1	3	1	1
43	46	51	1	3	1	1
43	51	53	0	3	1	1
・	・	・	・	・	・	・

R プログラムは

```
function()
{
library(survival)
train<-read.csv("F:\\train.csv",header=FALSE)
kfit<-coxph(Surv(V1,V2,V3)~V4+V5+factor(V6),data=train,method="breslow")
summary(kfit)
}
```

となり，解析結果

```
              coef exp(coef) se(coef)     z Pr(>|z|)
V4         0.17164   1.18726  0.04733  3.627 0.000287 ***
V5        -0.04256   0.95833  0.06903 -0.617 0.537528
factor(V6)2 -0.45979  0.63142  0.19996 -2.299 0.021481 *
---
Signif. codes:  0 '***' 0.001 '**' 0.01 '*' 0.05 '.' 0.1 ' ' 1

           exp(coef) exp(-coef) lower .95 upper .95
V4            1.1873    0.8423    1.0821    1.3027
V5            0.9583    1.0435    0.8371    1.0972
factor(V6)2   0.6314    1.5837    0.4267    0.9344
Rsquare= 0.09   (max possible= 0.994 )
Likelihood ratio test= 16.77  on 3 df,    p=0.000787
```

```
Wald test              = 18.21  on 3 df,    p=0.0003984
Score (logrank) test  = 18.57  on 3 df,    p=0.0003355
```

を得る．よって，Num と Treat が高度に有意となる．

(2) PWP モデル

PWP モデル [99] は，層別解析の援用である．すなわち，来院ごとに層別し，データを表 9.14 のように並び替える．

表 9.14　PWP モデル

患者#	Start	Stop	Cens	Num	Size	Treat	Clinic visit
1	0	1	0	1	3	1	1
.	.	.	.	.	.	.	.
43	0	3	1	1	3	1	1
.	.	.	.	.	.	.	.
85	0	59	0	1	3	2	1
5	6	10	0	4	1	1	2
.	.	.	.	.	.	.	.
43	3	15	1	1	3	1	2
.	.	.	.	.	.	.	.
84	38	54	0	2	1	2	2
.	.	.	.	.	.	.	.
25	12	30	0	2	1	1	5
.	.	.	.	.	.	.	.
43	51	53	0	1	3	1	5
.	.	.	.	.	.	.	.
76	27	44	0	6	1	2	5

同表からわかるように，患者は来院ごとに層別されており，その層の中では観測値は独立になる．すなわち，対数尤度を

$$\begin{aligned}\ln L = &\ln L_1(\beta) : Clinic\ visit\ 1 \\ &+ \ln L_2(\beta) : Clinic\ visit\ 2 \\ &+ \ln L_3(\beta) : Clinic\ visit\ 3 \\ &+ \ln L_4(\beta) : Clinic\ visit\ 4 \\ &+ \ln L_5(\beta) : Clinic\ visit\ 5\end{aligned}$$

と分解できる．

R プログラムは

```
function()
{
```

```
library(survival)
train<-read.csv("F:\\train.csv",header=FALSE)
kfit<-coxph(Surv(V1,V2,V3)~V4+V5+factor(V6)+strata(V7),data=train,
method="breslow")
summary(kfit)
}
```

となり，解析結果

```
                  coef exp(coef)  se(coef)      z Pr(>|z|)
V4            0.115653  1.122606  0.053681  2.154   0.0312 *
V5           -0.008051  0.991982  0.072725 -0.111   0.9119
factor(V6)2  -0.334295  0.715842  0.216087 -1.547   0.1219
---
Signif. codes:  0 '***' 0.001 '**' 0.01 '*' 0.05 '.' 0.1 ' ' 1
             exp(coef) exp(-coef) lower .95 upper .95
V4              1.1226     0.8908    1.0105     1.247
V5              0.9920     1.0081    0.8602     1.144
factor(V6)2     0.7158     1.3970    0.4687     1.093
Rsquare= 0.034   (max possible= 0.973 )
Likelihood ratio test= 6.11  on 3 df,   p=0.1062
Wald test            = 6.41  on 3 df,   p=0.0934
Score (logrank) test = 6.45  on 3 df,   p=0.09152
```

を得る．

(3) PWP gap モデル

PWP モデルで生存時間を時間依存型で与えたが，それをギャップ time=stop-start で置き換えたモデルである．R プログラムは

```
function()
{
library(survival)
train<-read.csv("F:\\train.csv",header=FALSE)
kfit<-coxph(Surv(V1,V2)~V3+V4+factor(V5)+strata(V6),
data=train,method="breslow")
# V1=time
summary(kfit)
}
```

となり，解析結果

```
          coef exp(coef) se(coef)     z Pr(>|z|)
V3     0.15353   1.16595  0.05211 2.947  0.00321 **
```

```
V4              0.00684   1.00686   0.07001   0.098   0.92217
factor(V5)2    -0.26952   0.76375   0.20766  -1.298   0.19433
---
Signif. codes:  0 '***' 0.001 '**' 0.01 '*' 0.05 '.' 0.1 ' ' 1

             exp(coef) exp(-coef) lower .95 upper .95
V3              1.1659     0.8577    1.0528     1.291
V4              1.0069     0.9932    0.8778     1.155
factor(V5)2     0.7637     1.3093    0.5084     1.147

Rsquare= 0.048   (max possible= 0.984 )
Likelihood ratio test= 8.76  on 3 df,   p=0.03272
Wald test            = 9.46  on 3 df,   p=0.02379
Score (logrank) test = 9.6   on 3 df,   p=0.02231
```

を得る.

9.4 競合リスクモデル

たとえば,喫煙習慣と肺癌の疫学調査において,死因として肺癌,その他の癌,その他の疾患,事故が考えられる.このとき,肺癌がエンドポイントで,その他の癌,その他の疾患,事故を競合リスクという.4つの死因は(確率的に)独立ではない.すなわち,肺癌のリスクの高い人は,他の癌のリスクも高い.打切りのタイプとして

1) 研究(治験)の終了:打切りと死亡は独立
2) 追跡不能

$$\begin{cases} \text{生存関数を過小推定 (download bias):患者自身で完治したと判断して治療打切り} \\ \text{生存時間を過大評価 (upload bias):余命が少ないため,故郷へ帰郷} \end{cases}$$

3) 競合リスク:研究対象以外の死因が発生

がある [100].

表 9.15 は,マウス発癌性データ(単位:日数)である([68] の pp.257-259).死因として,胸腺リンパ腫,網状組織細胞肉腫,その他がある.共変量は 2 値(対照群と,無菌群)である.

表 9.15 マウス発癌性データ

共変量	死因	(300rad の放射後)	
	胸腺リンパ腫	網状組織細胞肉腫	その他
対照群	159, 189, 191, ..., 428, 432	317, 318, 399, ..., 748, 753	40, 42, 51, ..., 761, 763
無菌群	158, 192, 193, ..., 707, 800	430, 590, 606, ..., 821, 986	136, 246, ..., 1015, 1019

9.4.1 周辺モデル

表 9.15 において，周辺モデルでは胸腺リンパ腫を注目しているイベントとし，他の 2 つの死因を打切りとして比例ハザードモデルを適用する．R プログラムは

```
function()
{
library(survival)
train<-read.csv("F:\\train.csv",header=FALSE)
kfit<-coxph(Surv(V1,V2)~V3,data=train,method="breslow")
summary(kfit)
}
```

となり，解析結果

```
      coef exp(coef) se(coef)     z Pr(>|z|)
V3  0.3019    1.3524   0.2866 1.053    0.292
    exp(coef) exp(-coef) lower .95 upper .95
V3      1.352     0.7394    0.7712     2.371


Rsquare= 0.006   (max possible= 0.935 )
Likelihood ratio test= 1.12  on 1 df,    p=0.2903
Wald test            = 1.11  on 1 df,    p=0.2921
Score (logrank) test = 1.12  on 1 df,    p=0.2903
```

を得る．3 つの死因別の結果を表 9.16 に与えておく．注目しているイベントを胸腺リンパ腫とした場合のみ，対照群と無菌群の有意差はない．

表 9.16 死因別の結果

死因	$\hat{\beta}_j$	S.E.$[\hat{\beta}_j]$	p 値
胸腺リンパ腫	0.302	0.287	0.29
網状組織細胞肉腫	−2.030	0.354	$\ll 0.01$
その他	−1.107	0.304	< 0.01

これら 3 種類のイベントごとの累積ハザードを求めると図 9.4〜図 9.6 のようになる．

9.4.2 層別比例ハザードモデル

表 9.17 は，骨髄腫症データ（[8] の p.31）である．DUR は生存時間，
$$\text{STATUS} = \begin{cases} 0 : 打切り \\ 1 : 死亡 \end{cases}$$
で，共変量として薬剤に関する

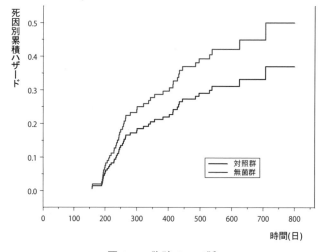

図 **9.4** 胸腺リンパ腫

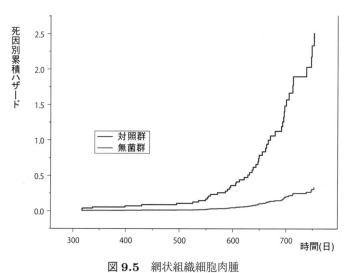

図 **9.5** 網状組織細胞肉腫

$$\text{TREAT} = \begin{cases} 1: 薬剤\ A\ 投与 \\ 2: 薬剤\ B\ 投与 \end{cases}$$

を取り上げる．

生存時間 (dur) と打切り (status) について，比例ハザードモデルを当てはめると

```
          coef    exp(coef) se(coef)    z    Pr(>|z|)
TREAT  0.5611     1.7525    0.5098   1.101    0.271


         exp(coef) exp(-coef) lower .95 upper .95
TREAT     1.753      0.5706    0.6453     4.76
Rsquare= 0.049    (max possible= 0.977 )
Likelihood ratio test= 1.26  on 1 df,   p=0.2609
```

9.4 競合リスクモデル 243

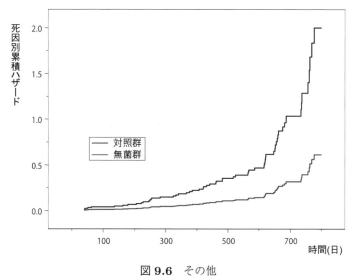

図 9.6 その他

表 9.17 骨髄腫症データ

DUR	STATUS	TREAT
8	1	1
180	1	2
.	.	.
852	0	1
.	.	.
23	1	2

```
Wald test            = 1.21  on 1 df,    p=0.2710
Score (logrank) test = 1.24  on 1 df,    p=0.2650
```

となり，共変量（薬剤）は有意にならない．

しかし，患者に腎機能障害があるか否かによってハザード関数の形状が異なることもある．そこで，層別比例ハザードモデル

$$h(t|\boldsymbol{x}) = \begin{cases} h_{01}(t)\exp(\beta x) \\ h_{02}(t)\exp(\beta x) \end{cases} \quad (9.41)$$

を採用する．m 個の層がある場合，一般に

$$h_j(t|\boldsymbol{x}) = h_{j0}(t)\exp(\boldsymbol{\beta}^T\boldsymbol{x}), j = 1, 2, \ldots, m \quad (9.42)$$

と書け，ベースラインハザード関数は j（層）ごとに異なるが，同一の相対リスク関数 $\exp(\boldsymbol{\beta}^t x)$ をもつ比例ハザードモデルである．

層ごとに求めた部分尤度の積 $\prod_{i=1}^{\text{死亡数}}$（各層の尤度）

表 9.18 腎機能障害で層別された骨髄腫症データ

DUR	STATUS	TREAT	RENAL
8	1	1	2
180	1	2	1
.	.	.	.
852	0	1	1
.	.	.	.
23	1	2	2

表 9.19 部分尤度の計算

生存時間	打切り (=0)	TREAT	尤度
8	1	0	$1/(8+10e^\beta)$
70	1	1	$e^\beta/(8+9e^\beta)$
76	1	1	$e^\beta/(8+8e^\beta)$
.	.	.	.
365	0	0	.
632	1	1	$e^\beta/(5+5e^\beta)$
.	.	.	.
2240	0	0	.
8	1	0	$1/(4+3e^\beta)$
13	1	1	$e\beta/(3+3e^\beta)$
18	1	1	$e^\beta/(3+2e^\beta)$
23	1	1	$e^\beta/(3+e^\beta)$
52	1	0	$1/3$
63	1	0	$1/2$
63	1	0	1

$$\ln L = \underset{\text{腎機能障害}}{\ln L_1(\beta)} + \underset{\text{正常}}{\ln L_2(\beta)} \tag{9.43}$$

を最大にする β が ML 推定量である．データは，表 9.18 のように与えられる．ここに，

$$\text{RENAL} = \begin{cases} 1 : \text{腎機能障害} \\ 2 : \text{正常} \end{cases}$$

とする．部分尤度の計算は表 9.19 で与えられる．

R プログラム

```
function()
{
library(survival)
```

```
train<-read.csv("F:\\train.csv",header=TRUE)
kfit<-coxph(Surv(DUR,STATUS)~TREAT+strata(RENAL),data=train)
summary(kfit)
}
```

を用いると

```
             coef    exp(coef)  se(coef)     z     Pr(>|z|)
TREAT      1.4640    4.3232     0.6596    2.219    0.0265 *
---
Signif. codes:  0 '***' 0.001 '**' 0.01 '*' 0.05 '.' 0.1 ' ' 1

            exp(coef)  exp(-coef)  lower .95  upper .95
TREAT         4.323      0.2313      1.187      15.75


Rsquare= 0.216   (max possible= 0.933 )
Likelihood ratio test= 6.07  on 1 df,    p=0.01372
Wald test            = 4.93  on 1 df,    p=0.02646
Score (logrank) test = 5.79  on 1 df,    p=0.01611
```

が得られる．層別比例ハザードモデルを採用すると薬剤は有意になる．

次に，共変量が連続値である表 9.20 のデータを解析する．腎障害，骨病変，タンパク尿などを伴わない良性単クローン性 γ グロブリン血症 (MGUS) に関するデータで，一部が多発性骨髄腫に移行するため，定期的な経過観察が必要である ([126] の 8.4.1 項)．共変量として，性別，年齢，ヘモグロビンレベル (hgb)，単クローン性蛋白ピーク (mspike) をもつ．死因としては，MGUS, 骨髄腫，その他の 3 つがある．この死因（競合リスク）を層別因子とし，表 9.21 のように書き換える．これは，

$$\ln L = \underbrace{\ln L_1(\beta)}_{\text{MGUS}} + \underbrace{\ln L_2(\beta)}_{\text{骨髄腫}} + \underbrace{\ln L_3(\beta)}_{\text{その他}} \tag{9.44}$$

と書ける．通常の層別比例ハザードモデルとの相違点は，患者が必ず層別されたすべての対数尤度に入ることである（通常の層別比例ハザードモデルでは，患者を層ごとに分類する）．

Rプログラムは，

```
function()
{
library(survival)
train<-read.csv("F:\\train.csv",header=FALSE)
kfit<-coxph(Surv(V1,V2)~V3+V4+V5+V6+strata(V7),data=train,method="breslow")
summary(kfit)
}
```

となり，解析結果

表 9.20　良性単クローン性γグロブリン血症

id	time	Endpoint (status)	age	sex	hgb	mspike
1	760	MGUS:死亡 (1)	79	2	11.5	2.0
2	2160	その他 (1)	76	2	13.3	1.8
3	277	MGUS:死亡 (1)	87	1	11.2	1.3
.	.	.	.	.	.	.
14	7807	打切り (0)	66	1	15.3	1.9
.	.	.	.	.	.	.
17	3590	骨髄腫 (1)	53	2	11.1	2.0
.	.	.	.	.	.	.

表 9.21　競合リスクを層別因子

id	time	status	age	sex	hgb	mspike	endpoint
1	760	1	79	2	11.5	2.0	MGUS
1	760	0	79	2	11.5	2.0	骨髄腫
1	760	0	79	2	11.5	2.0	その他
.	.		.	.	.	.	.
17	3590	0	53	2	11.1	2.0	MGUS
17	3590	1	53	2	11.1	2.0	骨髄腫
17	3590	0	53	2	11.1	2.0	その他
.	.		.	.	.	.	.

```
         coef exp(coef)  se(coef)      z Pr(>|z|)
V3   0.051574  1.052927  0.007316  7.050 1.79e-12 ***
V4  -0.348884  0.705475  0.156116 -2.235  0.02543 *
V5  -0.166800  0.846369  0.044188 -3.775  0.00016 ***
V6  -0.094699  0.909646  0.186743 -0.507  0.61208
---
Signif. codes:  0 '***' 0.001 '**' 0.01 '*' 0.05 '.' 0.1 ' ' 1

    exp(coef) exp(-coef) lower .95 upper .95
V3     1.0529     0.9497    1.0379     1.068
V4     0.7055     1.4175    0.5195     0.958
V5     0.8464     1.1815    0.7762     0.923
V6     0.9096     1.0993    0.6308     1.312


Rsquare= 0.102   (max possible= 0.919 )
```

```
Likelihood ratio test= 76.76  on 4 df,    p=8.882e-16
Wald test            = 74.74  on 4 df,    p=2.220e-15
Score (logrank) test = 76.68  on 4 df,    p=8.882e-16
```

を得，死因（競合リスク）をすべてイベント (status=1) として解析した結果と同一になる．

9.4.3 累積発生関数

(1) ハザード関数

m 個の競合リスクの中で，タイプ $k(=1,2,\ldots,m)$ のイベントに対する累積発生関数 CIF (Cumulative Incidence Function) は

$$F_k(t) = \Pr\{T \leq t, C = k\} \tag{9.45}$$

と定義される．すなわち，時間 t 以前に，タイプ k のイベントが発生する同時確率である．累積発生関数は，部分分布 (subdistribution) とも呼ばれている．競合リスクイベント $k(=1,2,\ldots,m)$ は互いに独立である必要はない．

時間 t 以前に，いずれかのイベントが起こる確率は，(9.45) 式から

$$F(t) = \Pr\{T \leq t\} = \sum_{k=1}^{m} \Pr\{T \leq t, C = k\} = \sum_{k=1}^{m} F_k(t) \tag{9.46}$$

となる．時間 t までにタイプ k のイベントが起こらない確率（部分生存関数という）は，(9.45) 式から

$$S_k(t) = \Pr\{T > t, C = k\} \tag{9.47}$$

で与えられる．タイプ k のイベントに対する部分密度 (subdensity) 関数は，(9.45) 式から

$$f_k(t) = \frac{\partial F_k(t)}{\partial t} = \lim_{\Delta t \to 0} \frac{\Pr\{t < T \leq t + \Delta t, C = k\}}{\Delta t} \tag{9.48}$$

となる．

(9.48) 式から，死因別 (cause-specific) ハザード関数を

$$h_k(t) = \lim_{\Delta t \to 0} \frac{\Pr\{t < T \leq t + \Delta t, C = k | T > t\}}{\Delta t} \tag{9.49}$$

と定義する．(9.49) 式から，$h_k(t)$ と $f_k(t), S(t)$ との間には (9.6) 式と類似の

$$\begin{aligned} h_k(t) &= \lim_{\Delta t \to 0} \frac{\Pr\{t < T \leq t+\Delta t, C=k|T>t\}}{\Delta t} \\ &= \lim_{\Delta t \to 0} \frac{\Pr\{t<T\leq t+\Delta t, C=k\}}{\Delta t \Pr\{T>t\}} \\ &= [\Pr\{T>t\}]^{-1} \lim_{\Delta t \to 0} \frac{\Pr\{t<T\leq t+\Delta t, C=k\}}{\Delta t} \\ &= \frac{f_k(t)}{S(t)} \neq \frac{f_k(t)}{S_k(t)} \end{aligned} \tag{9.50}$$

$$h_k(t) \neq \frac{f_k(t)}{S_k(t)} \tag{9.51}$$

であることに留意されたい．死因別ハザード関数に基づくモデル

$$h_k(t|\boldsymbol{x}) = h_{k0}(t)\exp\left(\boldsymbol{\beta}_k^t \boldsymbol{x}\right), k = 1, 2, \ldots, m \tag{9.52}$$

が，9.4.1 項の周辺モデルである．(9.49) 式から

$$\begin{cases} 全 \text{(overall)} 死因別ハザード関数 : h(t) = \sum_{k=1}^{m} h_k(t) \\ 累積死因別ハザード関数 : H_k(t) = \int_0^t h_k(x)dx = \int_0^t \left\{ \frac{f_k(x)}{S(x)} \right\} dx \\ 全累積死因別ハザード関数 : H_k(t) = \sum_{k=1}^{m} H_k(t) \end{cases} \quad (9.53)$$

と定義する．(9.45), (9.50) 式から

$$\begin{aligned} F_k(t) &= \Pr\{T \leq t, C = k\} \\ &= \int_0^t f_k(x)dx = \int_0^t h_k(x)S(x)\,dx \end{aligned} \quad (9.54)$$

となり，$h_k(t)$ と $S(t)$ を推定すれば，$F_k(t)$ が得られる．ちなみに

$$1 - S_k(t) = \int_0^t h_k(x)S_k(x)\,dx \neq F_k(t)$$

であることに留意されたい．

全死因での確率密度関数

$$\begin{aligned} f(t) &= \lim_{\Delta t \to 0} \frac{\Pr\{t < T \leq t + \Delta t\}}{\Delta t} \\ &= h(t)S(t) \\ &= \{h_1(t) + h_2(t) + \cdots + h_m(t)\}S(t) \\ &= f_1(t) + f_2(t) + \cdots + f_m(t) \end{aligned} \quad (9.55)$$

から

$$\sum_{k=1}^{m} F_k(t) = \sum_{k=1}^{m} \int_0^t f_k(x)dx = \int_0^t \sum_{k=1}^{m} f_k(x)dx = \int_0^t f(x)dx = 1 - S(x) \quad (9.56)$$

を得る．$F_k(t) < 1$ より，$F_k(t)$ は分布関数にならない．そのため部分分布と呼ぶ．

部分分布のハザード関数を

$$\begin{aligned} \gamma_k(t) &= \lim_{\Delta t \to 0} \frac{\Pr\{t < T \leq t + \Delta t, C = k | (T > t) \cup (T \leq t \cap C \neq k)\}}{\Delta t} \\ &= \frac{\partial \ln\{1 - F_k(t)\}}{\partial t} \\ &= \frac{f_k(t)}{1 - F_k(t)} \end{aligned} \quad (9.57)$$

と定義する ([46],[97] の p.46)．すなわち，注目しているイベントが，その時間までに起こらないか，あるいは競合リスクイベントが観測された条件のもとで，注目しているイベントが，次の時間 Δt に起こる確率を単位時間当たりの量に換算し，$\Delta t \to 0$ としたときの極限値が部分分布のハザード関数である．競合リスクがなければ（注目しているイベントのみ），死因別ハザードと部分分布のハザードは同一になる．

(2) 死因別ハザード関数に基づく CIF のノンパラメトリック推定

イベントが発生した時間を $t_1, t_2, \ldots, t_r (t_1 < t_2 < \cdots < t_r)$ としたとき，時間 t_j で起きたタイプ k のイベント数を d_{kj}, t_j でのリスク集合の個体数を n_j, 時間 t までにいかなるイベントも

起きない確率の Kaplan-Meier 推定量を $\hat{S}(t)$ とする. t_j の直前までにはいかなるイベントも起こらず, t_j でタイプ k のイベントを経験する同時確率である CIF は

$$\hat{F}_k(t) = \sum_{\text{すべての } j, t_j \leq t} \hat{h}_{kj} \hat{S}(t_{j-1}) \tag{9.58}$$

から推定される ([97] の 4.2.1 項). ここに, $\hat{h}_{kj}$ は, 時間 t_j でのイベント k に対する死因別ハザード関数の推定量である.

区間 $[t_{j-1}, t_j)$ で C_j 個の打切りが $t_{j1} < t_{j2} < \cdots < t_{jC_j}$ で起きたとき, 尤度関数は

$$\begin{aligned} L &= \prod_{j=1}^{r} \prod_{k=1}^{m} \{F_i(t_j) - F_i(t_{j-1})\}^{d_{kj}} \left[\prod_{j=1}^{r+1} \prod_{l=1}^{C_j} S(t_{jl})\right] \\ &= \prod_{j=1}^{r} \prod_{k=1}^{m} h_{kj}^{d_{kj}} (1 - h_j)^{n_j - d_j} \end{aligned} \tag{9.59}$$

で与えられる ([68] の (8.9),(8.10) 式). ただし, h_k は時間 t_j における任意のタイプのイベントに対するハザード関数で, $d_j = \sum_{k=1}^{m} d_{kj}$ とする. (9.59) 式から

$$\begin{aligned} \ln L &= \sum_{j=1}^{r} \sum_{k=1}^{m} \{d_{kj} \ln h_{kj} + (n_j - d_j) \ln(1 - h_j)\} \\ &= \sum_{j=1}^{r} \sum_{k=1}^{m} \left\{d_{kj} \ln h_{kj} + (n_j - d_j) \ln\left(1 - \sum_{k=1}^{m} h_{kj}\right)\right\} \end{aligned} \tag{9.60}$$

を得る. よって

$$\frac{\partial \ln L}{\partial h_{kj}} = \frac{d_{kj}}{h_{kj}} + (n_j - d_j) \frac{(-1)}{1 - h_j} = 0$$

より

$$\frac{d_{kj}}{h_{kj}} = \frac{n_j - d_j}{1 - h_j}$$

を得,

$$h_{kj} = \frac{d_{kj}(1 - h_j)}{n_j - d_j} \tag{9.61}$$

が求まる. $h_j = \sum_{k=1}^{m} h_{kj}$, $d_j = \sum_{k=1}^{m} d_{kj}$ より, (9.61) 式は

$$h_j = \sum_{k=1}^{m} h_{kj} = \frac{\sum_{k=1}^{m} d_{kj}(1 - h_j)}{n_j - d_j} = \frac{d_j(1 - h_j)}{n_j - d_j} \tag{9.62}$$

となる. $\hat{h}_j = d_j/n_j$ より, (9.61), (9.62) 式を用いると

$$\hat{h}_{kj} = \frac{d_{kj}}{n_j} \tag{9.63}$$

を得る. (9.58) 式へ (9.63) 式を代入すると, $F_k(t)$ は

$$\hat{F}_k(t) = \sum_{t_j \leq t} \frac{d_{kj}}{n_j} \hat{S}(t_{j-1}) \tag{9.64}$$

から推定される. ここに $\hat{S}(t_{j-1})$ は, すべてのイベントを同じタイプとみなして得られる Kaplan-Meier 推定量である.

(9.64) 式から

$$
\begin{aligned}
\widehat{\mathrm{Var}}&\left[\hat{F}_k(t)\right]\\
&=\sum_{t_j\leq t}\left\{\left[\hat{F}_k(t)-\hat{F}_k(t_j)\right]^2\frac{d_j}{(n_j-1)(n_j-d_j)}\right\}+\sum_{t_j\leq t}\hat{S}(t_{j-1})^2\frac{d_{kj}(n_j-d_j)}{n_j^2(n_j-1)}\\
&\quad-2\sum_{t_j\leq t}\left[\hat{F}_j(t)-\hat{F}_k(t_j)\right]\hat{S}(t_{j-1})\frac{d_{kj}(n_j-d_{kj})}{n_j(n_j-d_j)(n_j-1)}
\end{aligned}
\tag{9.65}
$$

を得る ([1],[97] の 4.2.4 項). よって, $\hat{F}_k$ の $100(1-\alpha)\%$ 信頼区間は

$$\hat{F}_k(t)\pm Z_{1-\alpha/2}\sqrt{\widehat{Var}\left[\hat{F}_k(t)\right]} \tag{9.66}$$

で与えられる. ここに, $Z_{1-\alpha/2}$ は標準正規分布の $(1-\alpha/2)\%$ 点である.

計算手順を示すため, 数値例として表 9.22 のデータを取り上げる. ただし, イベントのタイプは, 0=打切り, 1=注目しているイベント, 2=競合リスクイベントとする. $\hat{S}(t), \hat{F}_1(t), \hat{F}_2(t)$ は, 表 9.23 のように算出され, $1-\hat{S}(t)=\hat{F}_1(t)+\hat{F}_2(t)$ となることを確認できる.

表 9.22 数値例

ID	1	2	3	4	5	6	7	8	9	10
最初のイベントが起きた時間	130	12	203	67	160	145	22	89	12	203
イベントのタイプ	2	0	0	1	1	0	2	0	1	0

表 9.23 計算手順

発現時間	イベントのタイプ	リスク集合	$\hat{S}(t)$	$\hat{F}_1(t)$	$\hat{F}_2(t)$
12	0	10	1.00	0.00	0.00
22	2	9	1.00×(1-1/9)=0.89	0.00	0.00+1×1/9=0.11
45	1	8	0.89×(1-1/8)=0.78	0.00+0.89×1/8=0.11	0.11
67	1	7	0.78×(1-1/7)=0.67	0.11+0.78×1/7=0.22	0.11
89	0	6	0.67	0.222	0.11
112	1	5	0.67×(1-1/5)=0.53	0.22+0.67×1/5=0.36	0.11
130	2	4	0.53×(1-1/4)=0.40	0.36	0.11+0.53×1/4=0.24
145	0	3	0.40	0.36	0.24
160	1	2	0.40×(1-1/2)=0.20	0.36+0.40×1/2=0.56	0.24
203	0	1	0.20	0.56	0.24

R プログラム [48] は

```
function()
{
```

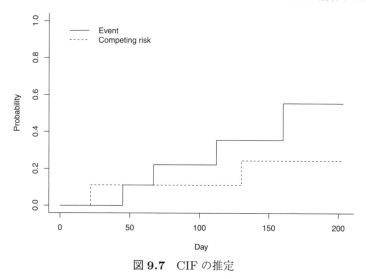

図 **9.7** CIF の推定

```
library(cmprsk)
train <- read.csv("G:\\train.csv",header=FALSE)
ss<-train$V1 #この行が必要
cc<-train$V2 #この行が必要
# 打ち切りは 0, 死亡のみの場合は，1,2,3,... とし 0 は用いない
fit<-cuminc(ss,cc)
fit2<-timepoints(fit,ss) #点（日）ごとに打ち出し
fit2$"est"
plot(fit,xlab="Day",ylab="Probability",
curvlab=c("Event","Competing risk"))
}
```

と書け，図 9.7 の CIF が得られる．

ちなみに，競合リスクを従来のように打切りとして Kaplan-Meier 推定を行うと表 9.24 のようになる．図 9.7 に表 9.24 の $1-\hat{S}(t)$ を加えると図 9.8 のようになる．同図から競合リスクを従来のように打切りとした Kaplan-Meier 推定はナイーブになっていることがわかる．

(3) CIF に関する 2 群間の差の Gray 検定

CIF に関する 2 群間の差を検定するため，部分分布ハザードに関する重み付き平均

$$z_i = \int_0^\tau W_i(t)\{\gamma_i(t) - \gamma_0(t)\}dt \tag{9.67}$$

を採用した [46]．ここに，

$$\begin{cases} \tau: \text{すべての群の中の最大生存時間} \\ \gamma_i(t): \text{群 } i \text{ の部分分布ハザード} \\ \gamma_0(t): \text{すべての群を合併した部分分布ハザード} \end{cases}$$

とする．

表 9.24 競合リスクを打切りとした Kaplan-Meier 推定

発現時間	イベントのタイプ	リスク集合	$\hat{S}(t)$	$\hat{S}(t)$
12	0	10	1	0
22	0	10	1	0
45	1	9	1×(1-1/8)=0.875	0.125
67	1	8	0.875×(1-1/7)=0.75	0.25
89	0	8	0.75	0.25
112	1	5	0.75×(1-1/5)=0.60	0.4
130	0	4	0.6	0.4
145	0	3	0.6	0.4
160	1	2	0.60×(1-1/2)=0.30	0.7
203	0	1	0.3	0.7

2群での生存時間を $t_1 < t_2 < \cdots < t_n$, 時間 t_j における群 $k(=1,2)$ の注目しているイベント数を d_{kj}, 時間 t_j における群 $k(=1,2)$ のリスク集合の大きさを n_{kj} とする.

[ステップ1] 群 k について, 時間 t_{j-1} における注目しているイベントの CIF 推定量 $\hat{F}_k(t_{j-1})$ を算出する.

[ステップ2] 群 k について, 時間 t_{j-1} における注目しているイベントあるいは競合リスクをともにイベントとした Kaplan-Meier 推定量 $\hat{S}_k(t_{j-1})$ を算出する.

[ステップ3] $n_{1j} : R_{1j} = \hat{S}_1(t_{j-1}) : \{1 - \hat{F}(t_{j-1})\}$ から, 修正されたリスク集合の大きさを $R_{kj} = n_{1j} \frac{1-\hat{F}_k(t_{j-1})}{\hat{S}_k(t_{j-1})}, k=1,2$ とする.

[ステップ4] スコア $z_1 = \sum_{\text{すべての } t_j} R_{1j}\left(\frac{d_{1j}}{R_{1j}} - \frac{d_{1j}+d_{2j}}{R_{1j}+R_{2j}}\right)$ を算出する. このとき, $z_1^2/\sqrt{\widehat{Var}(z_1)}$ は漸近的に自由度1のカイ2乗分布

$$\frac{z_1^2}{\sqrt{\widehat{Var}(z_1)}} \sim \chi_1^2 \tag{9.68}$$

に従う.

ステップ4のスコアは

$$z_1 = \sum_{\text{すべての } t_j}\left(d_{1j} - R_{1j}\frac{d_{1j}+d_{2j}}{R_{1j}+R_{2j}}\right)$$

のように考えると log-rank 検定と類似の形式になる.

$$\begin{aligned} z_1 &= \sum_{\text{すべての } t_j}\left(d_{1j} - R_{1j}\frac{d_{1j}+d_{2j}}{R_{1j}+R_{2j}}\right) \\ &= \sum_{\text{すべての } t_j} R_{1j}\left(\frac{d_{1j}}{R_{1j}} - \frac{d_{1j}+d_{2j}}{R_{1j}+R_{2j}}\right) \end{aligned}$$

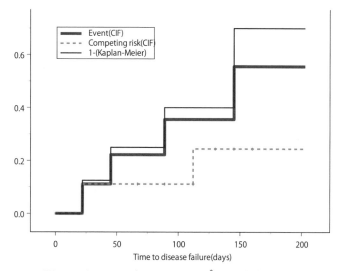

図 **9.8** 図 9.7 に表 9.24 の $1 - \hat{S}(t)$ を加えた CIF

と変形すると R_{1j} が重みで，log-rank 検定の一般化のように他の重みを採用することもできる．[ステップ 4] の z_1 の分散の導出は，([97] の付録 A.3) に詳しい．

数値例として表 9.25 を取り上げる．なお，同表は正しい結果が得られるために [97] の表 5.2 に最後の 2 行を加えた．イベントの 0 は打切り，1 は注目しているイベント，2 は競合リスクである．共変量は A，B の 2 群からなる．

R プログラム

```
function()
{
library(cmprsk)
train <- read.csv("F:\\train.csv",header=FALSE)
ss<-train$V1
gg<-train$V3
cc<-train$V2      # 打ち切りは 0，死亡は，1,2,3,... とし 0 は用いない
xx<-cuminc(ss,cc,gg,cencode=0)
xx
xx2<-timepoints(xx,ss)   #時間ごとの推定値を打ち出し
xx2
}
```

を採用すると

```
Tests:
        stat       pv         df
1   0.07160819  0.7890095     1
2   0.30092485  0.5833032     1
```

表 9.25 数値例

時間	イベントのタイプ	群	n_A	n_B	F_A	F_B	S_A	S_B	R_A	R_B	z_A の成分
1	2	B	13	6	0	0	1	0.85714	13	6.002401	0
2	2	A	13	6	0	0	0.92308	0.85714	13	7.000023	0
3	0	A	12	6	0	0	0.92308	0.85714	12.99996	7.000023	0
4	1	B	11	6	0	0.14286	0.92308	0.71429	11.91663	7.000023	-0.629954393
5	1	A	11	5	0.08392	0.14286	0.83916	0.71429	11.91663	5.999944	0.334882385
6	0	A	10	5	0.08392	0.14286	0.83916	0.71429	10.91663	5.999944	0
7	2	B	9	5	0.08392	0.14286	0.83916	0.57143	9.824968	5.999944	0
8	0	A	9	4	0.08392	0.14286	0.83916	0.57143	9.824968	5.999965	0
9	1	B	8	4	0.08392	0.28571	0.83916	0.42857	8.733305	5.999965	-0.592760799
10	0	A	8	3	0.08392	0.28571	0.83916	0.42857	8.733305	5.000047	0
11	2	A	7	3	0.08392	0.28571	0.71928	0.42857	7.641642	5.000047	0
12	1	A	6	3	0.2038	0.28571	0.5994	0.42857	7.641642	5.000047	0.395520483
13	1	A	5	3	0.32368	0.28571	0.47952	0.42857	6.641642	5.000047	0.429494978
14	2	A	4	3	0.32368	0.28571	0.35964	0.42857	5.641642	5.000047	0
15	2	B	3	3	0.32368	0.28571	0.35964	0.28571	5.641642	5.000047	0
16	1	A	3	2	0.44356	0.28571	0.23976	0.28571	5.641642	5.000105	0.46985755
17	1	B	2	2	0.44356	0.42857	0.23976	0.14286	4.641642	5.000105	-0.48141087
18	1	A	2	1	0.56344	0.42857	0.11988	0.14286	4.641642	3.99993	0.462870664
19	0	A	1	1	0.28172	0.42857	0.11988	0.14286	3.641642	3.99993	0
20	0	B	0	1	0	0.42857	0.11988	0.14286	0	3.99993	0

(Ramsay, J.O., Hooker, G. and Graves, S. (2009): Functional Data Analysis with R and MATLAB (Use R!), Springer, 表 5.2 を改変)

を得る.すなわち,

$$\frac{z}{\sqrt{\hat{V}ar(z)}} = \frac{0.3885}{5.4260} = 0.0716 \quad (p \text{ 値} = 0.7890)$$

より,注目するイベントの 2 群間には有意差がない.

(4) CIF に関する 2 群間の差の Pepe&Mori 検定

競合リスクを伴う 2 群間の差を検定しよう.群 $i(i=1,2)$ の CIF を $F_i(t)$,個体数を N_i とする.2 群を合併した観測値 $t_1, t_2, \ldots, t_n$ ($t_1 < t_2 < \cdots < t_n$) について,

$$\text{帰無仮説 } H_0 : F_1(t) = F_2(t)$$

を検定しよう.打切り,あるいは競合リスクをイベントとした生存関数の Kaplan-Meier 推定量を $C(t)$ としたとき,

$$W(t_j) = \frac{(N_1+N_2)\hat{c}_1(t_{j-1})\hat{c}_2(t_{j-1})}{N_1\hat{c}_1(t_{j-1})+N_2\hat{c}_2(t_{j-1})}$$
$$s = \sqrt{\frac{N_1 N_2}{N_1+N_2}} \sum \left\{ W(t_j) \left[\hat{F}_1(t_j) - \hat{F}_2(t_j)\right] (t_{j+1}-t_j) \right\} \tag{9.69}$$

について,s は漸近的に正規分布 $N(0,\sigma^2)$,すなわち,$s^2/\hat{\sigma}^2$ は自由度 1 のカイ 2 乗分布

$$s^2/\hat{\sigma}^2 \sim \chi_1^2 \tag{9.70}$$

に従う.$\hat{\sigma}^2$ は

$$\hat{\sigma}^2 = \frac{N_1 N_2 \left(\tilde{\sigma}_1^2 + \tilde{\sigma}_2^2\right)}{N_1 + N_2} \tag{9.71}$$

で推定される.各群 i に関する分散 $\hat{\sigma}_1^2, \hat{\sigma}_2^2$ は

$$\tilde{\sigma}^2 = \sum \frac{\left\{v_1(t_j) - \hat{F}_{cr}(t_j) v_2(t_j)\right\}^2 d_{ev_j} + v_2^2(t_j)(d_j - d_{ev_j})}{n_j(n_j-1)} \tag{9.72}$$

となる.ここに,

$$\begin{cases} v_1(t_j) = \sum_{t_k \geq t_j} W(t_k)(t_{k+1}-t_k)\left(1-\hat{F}(t_k)\right) \\ v_2(t_j) = \sum_{t_k \geq t_j} W(t_k)(t_{k+1}-t_k) \end{cases} \tag{9.73}$$

で,群 i の時間 t_j でのリスク集合の個体数を n_j,群 i の時間 t_j の注目している,あるいは競合リスクのイベント数を d_j,群 i の時間 t_j での注目しているイベント数を dev_j,群 i における注目しているイベントの CIF を F,群 i の競合リスクに対する CIF を F_{cr} とする.3 群以上の場合への拡張は [82] に詳しい.

表 9.15 のマウス発癌性データについて,Peto&Mori 検定 [96] を行うと

$$\hat{s}^2/\hat{\sigma}^2 = 12.39 (p=0.00043)$$

より,胸腺リンパ腫を注目するイベントとしたとき,2 群間の CIF は高度に有意になる.R プログラムは([97] の付録 B.3.2)に公開されている.

(5) 部分分布に基づく競合リスク回帰モデル

部分分布のハザード関数((9.57)式)に基づく競合リスク回帰モデル (competing risks regression) は,共変量が 1 個の場合,

$$\gamma(t,x) = \gamma_0(t) \exp(\beta x) \tag{9.74}$$

で与えられる([41] の 6.2, 6.3 節).ここに γ は部分分布のハザード関数,γ_0 は部分分布のベースラインハザード関数である.このとき,尤度は

$$L(\beta) = \prod_{j=1}^{r} \frac{\exp(\beta x_j)}{\sum_{i \in R_j} w_{ji} \exp(\beta x_i)} \tag{9.75}$$

となる.ここに,R_j は時間 t までにあるイベントが起きていない個体,および時間 t までに競合リスクイベントが起きた個体の集合で $R_j(t) = \{i; T_i > t,$ あるいは $(T_i < t$ かつ競合リスクイ

ベントが起きた個体)} となる．他のイベントが起きた個体は，すべての時間でリスク集合に残る．重み w_{ji} は

$$w_{ji} = \frac{\hat{G}(t_j)}{\hat{G}(\min\{t_j, t_i\})} \tag{9.76}$$

から算出する．ただし，

$$c_i = \begin{cases} 1 : 打切り \\ 0 : o.w. \end{cases}$$

としたとき，$\hat{G}$ は打切り分布 (T_i, C_i) の生存時間に対する Kaplan-Meier 推定量である．注目しているイベント（j とする）が起きた時間でリスクに入る個体（i とする）の集合は，t_j より前に競合リスクイベントが起きた（この場合，重みは 1）個体，および時間 t_j までにいかなるタイプのイベントも起きていない（この場合，重みは 1 より小さい）個体からなる．競合リスクイベントが起きた個体は，部分尤度に加味されない．

重み w_{ji} の算出法は下記のとおりである．

［ステップ1］縦軸に注目しているイベントのみの時点 (j)，横軸にすべての個体 (i) の番号を記入し，各セルの重みを w_{ji} とする．

［ステップ2］各 (j) について，$i \geq j$ となる w_{ji} を 1 とする．

［ステップ3］注目しているイベントが起きた個体，および打切り例について，$w_{ji} = 1$ 以外のセルは，部分尤度に加味しない（× をつける）．

［ステップ4］残りのセルには

$$w_{ji} = \frac{\hat{G}(t_j)}{\hat{G}(\min\{t_j, t_i\})} \tag{9.77}$$

を割り付ける．

(9.76) 式から，スコア統計量

$$U(\beta) = \sum_{j=1}^{r} \left\{ x_j - \frac{\sum_{i \in R_j} w_{ji} x_i \exp(\beta x_i)}{\sum_{i \in R_j} w_{ji} \exp(\beta x_i)} \right\} \tag{9.78}$$

を得る．CIF の予測は

$$F(t) = 1 - \exp(-H(t)) \tag{9.79}$$

から算出する．ここに，$H(t)$ は部分分布の累積ハザードで，予測したい共変量の値を x_0 としたとき，Breslow 型推定量

$$\hat{H}(t, x_0, \hat{\beta}) = \sum_{t_j \leq t} \left\{ \frac{\exp(\hat{\beta} x_0)}{\sum_{i \in R_j} w_{ji} \exp(\hat{\beta} x_i)} \right\} \tag{9.80}$$

を採用する．

表 9.22 の数値例に，共変量 x を加えた表 9.26 のデータを解析する．$\hat{G}$ は表 9.26 のように算出される．w_{ji} は，表 9.27 のようになる．よって，(9.78) 式の $U(\beta)$ は

9.4 競合リスクモデル

表 9.26 共変量 x を加えたデータ

個体#	時間	イベントのタイプ	x	$\hat{G}$
1	12	0	3	0.9
2	22	2	4	0.9
3	45	1	12	0.9
4	67	1	21	0.9
5	89	0	5	$0.9(1-1/6)=0.75$
6	112	1	6	0.75
7	130	2	11	0.75
8	145	0	13	$0.75(1-1/3)=0.5$
9	160	1	8	0.5
10	203	0	7	

表 9.27 重みの計算

時点	1	2	3	4	5	6	7	8	9	10
3	×	$\frac{\hat{G}(3)}{\hat{G}(2)}=1$	1	1	1	1	1	1	1	1
4	×	$\frac{\hat{G}(4)}{\hat{G}(2)}=1$	×	1	1	1	1	1	1	1
6	×	$\frac{\hat{G}(6)}{\hat{G}(2)}=1$	×	×	×	1	1	1	1	1
9	×	$\frac{\hat{G}(9)}{\hat{G}(2)}=1$	×	×	×	×	$\frac{\hat{G}(9)}{\hat{G}(7)}=1$	$\frac{\hat{G}(9)}{\hat{G}(8)}=1$	1	1

$$\begin{aligned}
U(\beta) &= x_3 - \frac{w_{32}x_2\exp(\beta x_2)+w_{33}x_3\exp(\beta x_3)+w_{34}x_4\exp(\beta x_4)+\cdots+w_{3,10}x_{10}\exp(\beta x_{10})}{w_{32}\exp(\beta x_2)+w_{33}\exp(\beta x_3)+w_{34}\exp(\beta x_4)+\cdots+w_{3,10}\exp(\beta x_{10})} \\
&+ x_4 - \frac{w_{42}x_2\exp(\beta x_2)+w_{44}x_4\exp(\beta x_4)+w_{45}x_5\exp(\beta x_5)+\cdots+w_{4,10}x_{10}\exp(\beta x_{10})}{w_{42}\exp(\beta x_2)+w_{44}\exp(\beta x_4)+w_{45}\exp(\beta x_5)+\cdots+w_{4,10}\exp(\beta x_{10})} \\
&+ x_6 - \frac{w_{62}x_2\exp(\beta x_2)+w_{66}x_6\exp(\beta x_6)+\cdots+w_{6,10}x_{10}\exp(\beta x_{10})}{w_{62}\exp(\beta x_2)+w_{66}\exp(\beta x_6)+\cdots+w_{6,10}\exp(\beta x_{10})} \\
&+ x_9 - \frac{w_{92}x_2\exp(\beta x_2)+w_{97}x_7\exp(\beta x_7)+w_{98}x_8\exp(\beta x_8)+w_{99}x_9\exp(\beta x_9)+w_{9,10}x_{10}\exp(\beta x_{10})}{w_{92}\exp(\beta x_2)+w_{97}\exp(\beta x_7)+w_{98}\exp(\beta x_8)+w_{99}\exp(\beta x_9)+w_{9,10}\exp(\beta x_{10})} \\
&= 12 - \frac{4\exp(4\beta)+12\exp(12\beta)+21\exp(21\beta)+5\exp(5\beta)+\cdots+8\exp(8\beta)+7\exp(7\beta)}{\exp(4\beta)+\exp(12\beta)+\exp(21\beta)+\exp(5\beta)+\cdots+\exp(8\beta)+\exp(7\beta)} \\
&+ 21 - \frac{4\exp(4\beta)+21\exp(21\beta)+5\exp(5\beta)+\cdots+8\exp(8\beta)+7\exp(7\beta)}{\exp(4\beta)+\exp(21\beta)+\exp(5\beta)+\cdots+\exp(8\beta)+\exp(7\beta)} \\
&+ 6 - \frac{0.82\times 4\exp(4\beta)+6\exp(6\beta)+11\exp(11\beta)+13\exp(13\beta)+8\exp(8\beta)+7\exp(7\beta)}{0.82\times\exp(4\beta)+\exp(6\beta)+\exp(11\beta)+\exp(13\beta)+\exp(8\beta)+\exp(7\beta)} \\
&+ 8 - \frac{0.55\times 4\exp(4\beta)+0.666\times 11\exp(11\beta)+13\exp(13\beta)+8\exp(8\beta)+7\exp(7\beta)}{0.55\exp(4\beta)+0.666\exp(11\beta)+\exp(13\beta)+\exp(8\beta)+\exp(7\beta)}
\end{aligned}$$

と書ける. R プログラム

```
function()
{
library(cmprsk)
```

```
train <- read.csv("G:\\train.csv",header=FALSE)
time<-train$V1      # 生存時間
x<-train$V3         # 共変量の値
cens<-train$V2      # 打ち切りは0，死亡のみの場合は，1,2,3,... とし0は用いない
xx<-crr(time,x,cens)
xx
xx$score
}
```

から

```
convergence:   TRUE
coefficients:
    gg1
0.1448
standard errors:
[1] 0.04541
two-sided p-values:
    gg1
0.0014
xx$score
[1] 1.614071e-10
```

が求まる．よって，

$$\hat{\beta} = 0.1448 \ (p\,値 = 0.0014)$$

より，共変量は高度に有意である．ちなみに

$$U\left(\hat{\beta}\right) = 1.61 \times 10^{-10}$$

となる．

次に，表 9.20 のデータを解析する．MGUS を注目しているイベント，骨髄腫とその他を競合リスクとして再解析する．R プログラム

```
function()
{
library(cmprsk)
mgus2<- read.csv("F:\\train.csv",header=TRUE)
cens=mgus2$endpoint
x=cbind(mgus2$sex,mgus2$age,mgus2$hgb,mgus2$mspike)
fit=crr(mgus2$time,cens,x)
fit
}
```

を採用すると

```
convergence:   TRUE
coefficients:
        x1        x2        x3        x4
  -0.31320   0.07775  -0.00765   0.02976
standard errors:
[1] 0.188600 0.009581 0.006711 0.021340
two-sided p-values:
      x1        x2        x3        x4
9.7e-02 4.4e-16 2.5e-01 1.6e-01
```

が得られる．表 9.28 に周辺モデルおよび層別比例ハザードモデルの結果も載せておく．

表 9.28　競合リスク回帰モデル，周辺モデルおよび層別比例ハザードモデルとの比較

共変量	競合リスク回帰（p 値）	周辺モデル			層別比例ハザード
		死亡	多発性骨髄腫	その他	
sex	-0.3132	0.0753	0.0079	-0.0024	-0.3493
	(0.097)	(< 0.0001)	(0.6006)	(0.907)	(0.0253)
age	0.0778	-0.4525	-0.0761	0.0043	0.0516
	(< 0.0001)	(0.0176)	(0.8231)	(0.993)	(< 0.0001)
hgb	-0.00765	-0.2055	-0.0998	0.0573	-0.1669
	(0.250)	(< 0.0001)	(0.3329)	(0.727)	(0.002)
mspike	0.02976	0.1244	-0.6917	-0.3071	-0.0946
	(0.160)	(0.579)	(0.0995)	(0.603)	(0.257)

ちなみに，競合リスクが存在しない場合，死因別ハザードと部分分布のハザードに基づく回帰モデルが一致することを確認しよう．表 9.26 のデータで，競合リスクイベントをすべて注目するイベントとした表 9.29 を解析する．

従来の比例ハザードモデル（死因別ハザード）の場合，R プログラム

```
function()
{
library(survival)
train<-read.csv("F:\\train.csv",header=FALSE)
fit<-coxph(Surv(V1,V2)~V3,data=train)
summary(fit)
}
```

を採用すると

```
        coef exp(coef) se(coef)      z Pr(>|z|)
```

表 9.29 表 9.26 のデータで，競合リスクイベントをすべて注目しているイベントとしたデータ

個体#	時間	イベントのタイプ	x
1	12	0	3
2	22	1	4
3	45	1	12
4	67	1	21
5	89	0	5
6	112	1	6
7	130	1	11
8	145	0	13
9	160	1	8
10	203	0	7

```
V3 0.05639    1.05801    0.09569 0.589    0.556


    exp(coef) exp(-coef) lower .95 upper .95
V3     1.058     0.9452      0.877     1.276


Rsquare= 0.032   (max possible= 0.862 )
Likelihood ratio test= 0.33  on 1 df,   p=0.5684
Wald test            = 0.35  on 1 df,   p=0.5557
Score (logrank) test = 0.35  on 1 df,   p=0.5519
```

を得る．一方，部分分布のハザードに基づく競合リスク回帰モデルの場合，258 ページの R プログラムを採用すると

```
convergence:  TRUE
coefficients:
    gg1
0.05639
standard errors:
[1] 0.07987
two-sided p-values:
 gg1
0.48
```

を得，両者が一致することがわかる．

(6) CIF の比例ハザード性の検定

CIFの比例ハザード性の検定を行うことができる（[97]の6.2.3項）．表9.20のデータについて，TIME関数を用い，性別との交互作用を新たな共変量にすればよい．Rプログラム

```
function()
{
iid=function(x)
{y=x
return(y)
}
library(cmprsk)
mgus2<- read.csv("G:\\train.csv",header=TRUE)
cens=mgus2$endpoint
x=cbind(mgus2$sex,mgus2$age,mgus2$hgb,mgus2$mspike)
fit=crr(mgus2$time,cens,x,mgus2$sex,iid)
fit
}
```

を採用すれば

```
convergence:   TRUE
coefficients:
            x1           x2           x3           x4  mgus2$sex1*tf1
      -5.365e-01    7.720e-02   -7.317e-03    3.015e-02        6.453e-05
standard errors:
[1] 3.299e-01 9.559e-03 6.690e-03 2.149e-02 7.768e-05
two-sided p-values:
        x1          x2          x3          x4  mgus2$sex1*tf1
      1.0e-01     6.7e-16     2.7e-01     1.6e-01         4.1e-01
```

が得られる．すなわち，交互作用性別 × time は有意にならないため，比例ハザード性は妥当といえる．また，ハザード比はtとともに$\exp(-0.5365 + 0.0000645t)$で変動する．

参考文献

[1] Aalen,O., Borgan, Φ. and Gjessing,H.K. (2008): Survival and Event History Analysis. Springer.

[2] 安居院猛, 長橋宏, 高橋裕樹 (1993)：ニューラルプログラム, 昭晃堂.

[3] Aitkin, M., Laird, N. and Francis, B.(1983). A reanalysis of the Stanford heart transplant data, *Journal of the American Statistical Association*, **78**, 264-292.

[4] 赤澤宏平, 柳川堯 (2010)：サバイバルデータの解析－生存時間とイベントヒストリーデーター, 近代科学社.

[5] Akaike, H. (1973): Information theory and an extension of the maximum likelihood principle. *2nd International Symposium on Information Theory* (eds. Petrov, B.N. and Caski, F.), Akademiai Kiado, Budapest, 267-281.

[6] Albert, A. and Lesaffre, E. (1986): Multiple group logistic discrimination. *Computers and Mathematics with Applications*, **12**, 209-224.

[7] Allison,P.D. (1991): *Logistic regression using the SAS system: Theory and Application.* SAS Institute Inc.

[8] Allison,P.D.(1995):Survival Analysis Using the SAS System, A Practical Guide. SAS Publisher.

[9] Altman, D.G. and De Stavola, B.L. (1994): Practical problems in fitting a proportional hazards model to data with updated measurements of the covariates. *Statistics in Medicine*, **13**, 301-341.

[10] Anders, V. and Korn, O. (1999): Model selection in neural networks. *Neural Networks*, **12**, 309-323.

[11] Andelsen, P.K. and Gill, R.D.(1982): Cox's regression model for counting process: A large sample study, *Annals of Statistics*, **10**, 1100-1120.

[12] Andrews, D.F. and Herzberg, A.M.(1985): *Data-A Collection of Problems from Many Fields for the Student and Research Worker*, Springer.

[13] 麻生英樹, 津田宏治, 村田昇 (2003)：パターン認識と学習の統計学, 岩波書店.

[14] Atkinson, K. (1989): *An Introduction to Numerical Analysis,second edition*, Wiley.

[15] Beyersmann,J. and Schumacher,M.(2008):Time-depependent covariates in the proportional subdistribution hazards model for competing risks, *Biostatistics*, **9**, 765-776.

[16] Biganzoli, E., Boracchi, P., Mariani, L. and Marubini, E. (1998): Feed forward neural networks for the analysis of censored survival data: A partial logistic approach. *Statistics in Medicine*, **17**, 1169-1186.

[17] Biganzoli, E., Boracchi, P. and Marubini, E. (2002): A general framework for neural network models on censored survival data. *IEEE transactions on Neural Networks*, **15**,

209-218.

[18] Bishop,C.M. (1995): *Neural Networks for Pattern Recognition*, Clarendon Press.

[19] Bishop,C.M. (2006): *Pattern Recognition and Machine Learning*, Springer, New York; 元田浩，栗田多喜夫，樋口知之，松本裕治，村田昇 監訳 (2007, 2008)：パターン認識と機械学習 上・下，シュプリンガー・ジャパン．

[20] Borchers, D.L., Buckland, S.T., Priede, I.G. and Ahmadi,S. (1997): Improving the precision of the daily eggproduction method using generalized additive models.*Canadian Journal of Fisheries and Aquatic Sciences*, **54**, 2727-2742.

[21] Breiman, L., Friedman, J., Olshen, R.A. and Stone, C. J. (1984): *Classification and Regression Trees*, Chapman & Hall/CRC.

[22] Breiman, L. (1996): Bagging Predictors. *Machine Learning*, **24**, 2, 123-140.

[23] Breiman, L. (1996): Out-of-bag estimation. *Technical Report*. http://citeseerx.ist.psu.edu/viewdoc/summary?doi=10.1.1.45.3712

[24] Bridle, J.S. (1990): Probabilistic interpretation of feedforward classification network outputs, with relationships to statistical pattern recognition. in *Neurocomputing: Algorithms, Architectures and Applications*, (eds. Soulié, F.F. and Hérault, J.) 227-236, Springer-Verlag.

[25] car.test.frame.csv http://finzi.psych.upenn.edu/R/library/mvpart/html/car.test.frame.html

[26] Cawley, G.C. and Talbot, N.L.C. (2004): Sparse Bayesian kernel logistic regression. in *Proceedings of the European Symposium on Artificial Neural Networks*,133-138,Belgium.

[27] Cawley,G.C. and Talbot,N.L.C. (2005a): Constructing Bayesian formulations of sparse kernel learning methods. *Neural Networks*, **18**, 674-683.

[28] Cawley, G.C. and Talbot,N.L.C. (2005b): The evidence framework applied sparse kernel logistic regression. *Neurocomputing*, **64**, 119-135.

[29] Chang, C.-C. H. and Weissfeld, L.A. (1999): Normal approximation diagnostics for Cox model. *Biometrics*, **55**, 1114-1119.

[30] Chang, C-C. and Lin, C-J. (2001): LIBSVM: a library for support vector machines. http://www.csie.ntu.edu.tw/~cjlin/libsvm/

[31] Christensen, E., Schlichting, P., Andersen, P.K., Fauerholdt, L., Schou, G., Pedersen, B.V., Juhl, E., Poulsen, H., Tygstrup, N. and Copenhagen Study Group for Liver Disease (1986): Updating prognosis and therapeutic effect evaluation in cirrhosis with Cox's multiple regression model for time-dependent variables. *Scandinavian Journal of Gastroenterology*, **21**, 163-174.

[32] Christensen, E., Altman, D.G., Neuberger, J., De Stavola, B.L., Tygstrup, N., Williams, R. (1993): Updating prognosis in primary biliary cirrhosis using a time-dependent Cox regression model. PBC1 and PBC2 trial groups. *Gastroenterology*, **105**, 1865-1876.

[33] Collett,D. (1994): *Modelling Survival Data in Medical Research*, Chapman & Hall/CRC.

[34] Collett,D. (2003): *Modelling Binary Data*, 2nd ed., Chapman & Hall/CRC.

[35] Cox, D.R. (1975): Partial likelihood. *Biometrika*, **62**, 269-276.

[36] Dean,C. and Lawless, J.F. (1989): Tests for detecting overdispersion in Poisson regression models. *Journal of the American Statistical Association*, **84**, 467-472.

[37] Efron, B. (1988): Logistic regression, survival analysis, and Kaplan-Meier curve. *Journal of the American Statistical Association*, **83**, 414-425.

[38] Efron,B. and Tibshirani, R.J. (1993): *An Introduction to the Bootstrap*. Chapman & Hall/CRC.

[39] Faraway, J.J. (2006): *Extending the Linear Model with R Generalized Linear, Mixed Effects and Nonparametric Regression Models*, Chapman & Hall/CRC.

[40] Fessler, J.A. (1991): Nonparametric fixed-interval smoothing with vector splines. *IEEE Transactions on Signal Processing*, **39**, 852-859.

[41] Fine,J.P. and Gray,R.J.(1999): A proportional hazards model for the subdistribution of a competing risk, *Journal of the American Statistical Association*, **94**, 496-509.

[42] Friedman, J.H. (1991): Multivariate adaptive regression splines (with discussion). *Annals of Statistics*, **19**, 1-141.

[43] Friedman, J.H., Meulman, J.J. (2003): Multiple adaptive regression trees with application in epidemiology. *Statistics in Medicine*, **22**, 1365-1381.

[44] 舟橋賢一 (1991)：階層型ニューラルネットワークの原理的機能. 計測と制御, **30**, 280-284.

[45] Gong, G. (1986): Cross-validation, the jackknife and the bootstrap: Excess error estimation in forward logistic regression. *Journal of the American Statistical Association*, **81**, 108-113.

[46] Gray, R.J.(1988): A class of k-sample tests for comparing the cumulative incidence of a competing risk, *Annals of Statistics*, **16**, 1141-1154.

[47] Gray, R.J. (1992): Flexible methods for analyzing survival data using splines, with applications to breast cancer prognosis. *Journal of the American Statistical Association*, **87**, 942-951.

[48] Gray,R.J.(2010): cmprsk:Subdistribution analysis of competing risks. R package version 2.2-1, URL http://cran.r-project.org/web/packages/cmprsk

[49] Green, P.J. and Silverman, B.W. (1994): *Nonparametric Regression and Generalized Linear Models: A roughness penalty approach*, Chapman & Hall/CRC.

[50] Gu, C. (2002): *Smoothing Spline Anova Models*, Springer.

[51] Gu, C. and Xiang, D. (2001): Cross-validation non-Gaussian data: generalized approximate cross-validation revisited. *Journal of Computational and Graphical Statistics*, **10**, 581-591.

[52] Günther, F. and Fritsch, S.(2010): neuralnet:training of neural networks. *The R Journal*, **2**, 30-38.

[53] Hampshire,J.B.II and Pelmutter, B.A. (1990): Equivalence proofs for multi-layer perceptoron classifires and the Bayesian discriminant function. In *Proceedings of the 1990 Connectionist Models Summer School*, 159-172.

[54] Hastie, T.J. and Tibshirani, R.J. (1987): Generalized additive models: Some applications. *Journal of the American Statistical Association*, **82**, 371-386.

[55] Hastie, T.J. and Tibshirani, R.J. (1990): Exploring the nature of covariate effects in the proportional hazards model. *Biometrics*, **46**, 1005-1016.

[56] Hastie, T., Tibshirani, R. and Friedman, J.H. (2001): *The Elements of Statistical Learning: Data Mining, Inference and Prediction*, Springer-Verlag.

[57] Hastie, T.J. and Tibshirani, R.J. (1990): *Generalized Additive Models*, Chapman & Hall/CRC.

[58] Hilbe,J.M. (2007): *Negative Binomial Regression*, Cambridge University Press.

[59] Hjorth, J.S.U. (1993): *Computer Intensive Statistical Methods: Validation, Model Selection, and Bootstrap*, Chapman & Hall/CRC.

[60] Holt, M.J. and Semnani, S. (1990): Convergence of back propagation in neural networks using a log-likelihood cost function. *Electronics Letters*, **26**, 1964-1965.

[61] Hosmer,D.W. and Lemshow, S. (2000): *Applied Logistic Regression*, John Wiley.

[62] Hsu,C-W., Chang,C-C. and Lin,C-J. (2004): A practical guide to support vector classification, http://www.csie.ntu.edu.tw/~cjlin/papers/guide/guide.pdf

[63] 市田文弘, 谷川久一 (1991)：肝移植適応基準, 国際医書出版.

[64] 井上恭一 (1994)：原発性胆汁性肝硬変：病態治療予後, へるす出版.

[65] ipredbagg, http://finzi.psych.upenn.edu/R/library/ipred/html/bagging.html

[66] Ishiguro, M., Sakamoto, Y. and Kitagawa, G. (1997): Bootstrapping log likelihood and EIC, An extension of AIC. *Annals of the Institute of Statistical Mathematics*, **49**, 411-434.

[67] Ismail, N. and Jemain, A.A. (2007): Handling overdispersion with negative binomial and generalized Poisson regression models, Casualty Actuarial Society Forum, Winter, 103-158.

[68] Kalbfleisch, J.D. and Prentice, R.L. (2002): *The Statistical Analysis of Failure Time Data*, 2nd ed., John Wiley.

[69] Karatzoglou, A., Meyer, D. and Hornik, K. (2006): Support vector machines in R, *Journal of Statistical Software*, **15**, 1-28.

[70] 金明哲 (2007)：R によるデータサイエンス，森北出版．

[71] 気象庁「過去の気象データ・ダウンロード」より入手したデータをもとに筆者が作成．http://www.data.jma.go.jp/gmd/risk/obsdl/index.php#

[72] 小西貞則，北川源四郎 (2004)：情報量規準，朝倉書店．

[73] 小西貞則 (2010)：多変量解析入門，岩波書店．

[74] 越水孝，辻谷將明 (1998)：階層型ニューラルネットによる非線形判別分析について．電子情報通信学会論文誌，**J81-D-2**, 1384-1391.

[75] Klein, J.P. and Moeschberger, M.L. (2003):*Survival Analysis*, 2nd ed., Springer, New York.

[76] Landwehr, J.M., Pregibon, D. and Shoemaker,A.C. (1984): Graphical methods for assessing logistic regression models. *Journal of the American Statistical Association*, **79**, 61-71.

[77] Lawless, J.F. (2003): *Statistical Models and Methods for Lifetime Data*, 2nd ed., John Wiley.

[78] Leathwick, J. R., Rowe, D., Richardson, J., Elith, J. and Hastie, T. (2005): Using multivariate adaptive regression splines to predict the distributions of New Zealand's freshwater diadromous fish. *Freshwater Biology*, **50**, 2034-2052.

[79] Lee,E.M. et al. (2003):Statistical Methods for Survival Data Analysis. John Wiley.

[80] Lin, H-T, Lin, C-J. and Weng, R.C. (2007): A note on Platt's probabilistic outputs for support vector machines, *Machine Learning*, **68**, 267-276.

[81] Lin, X., Wahba, G., Xiang, D., Gao, F., Klein, R. and Klein, B. (2000): Smoothing spline ANOVA models for large data sets with Bernoulli observations and the randomized GACV. *The Annals of Statistics*, **28**, 1570-1600.

[82] Lunn,M.(1998): Applying k-sample tests to conditional probabilities for competing risks in a clinical trial, *Biometrics*, **54**, 1662-1672.

[83] Marubini, E. and Valsecchi, M.G. (1995): *Analysing Survival Data from Clinical Trials and Observational Studies*, John Wiley.

[84] Marx, B. D. and Eilers, P.H.C. (1998): Direct generalized additive modeling with penalized likelihood. *Computational Statsitics & Data Analysis*, **28**, 193-209.

[85] Montgomery, D. C., Peck, E. A. and Vining G. G. (2001): *Introduction to Linear Regression Analysis*, 3rd ed., Wiley-Interscience.

[86] Murata, N., Yoshizawa, S. and Amari, S. (1994): Network information criterion — determining the number of hidden units for artificial neural network models. *IEEE Transactions on Neural Networks*, **5**, 865-872.

[87] Murtaugh, P.A., Dickson, E.R., Van Dam, G.M., Malinchoc, M., Grambsch, P.M., Langworthy, A.L. and Gips, C.H. (1994): Primary biliary cirrhosis: Prediction of short-term survival based on repeated patient visits. *Hepatology*, **20**, 126-134.

[88] mvpart http://cran.r-project.org/web/packages/mvpart/
http://finzi.psych.upenn.edu/R/library/mvpart/html/00Index.html
http://cran.r-project.org/web/packages/mvpart/mvpart.pdf

[89] Myers, R. H. (1990): *Classical and Modern Regression with Applications*, 2nd ed.（ペーパーバック版），Duxbury Press.

[90] 中村剛 (2001)：Cox 比例ハザードモデル，朝倉書店.

[91] 西川正子 (2008)：生存時間解析における競合リスクモデル，計量生物学，**29**，141-170.

[92] 大橋靖雄，浜田知久馬 (1995)：生存時間解析，東大出版.

[93] 奥野忠一，久米均，芳賀敏朗，吉澤正 (1981)：多変量解析法，日科技連出版.

[94] 小野田崇 (2008)：サポートベクターマシン，オーム社.

[95] Ooyen, A.V. and Nienhuis, B. (1992): Improving the convergence of back-propagation algorithm. *Neural Networks*, **5**, 465-471.

[96] Pepe, M.S. and Mori,M.(1993): Kaplan-Meier, Marginal or conditional probability curves in summarizing competing risks failure time data? *Statistics in Medicine*, **12**, 737-751.

[97] Pintilie,M.(2006):Copeting Risks, a Practical Perspective. John Wiley.

[98] Platt, J.C. (2000): Probabilistic outputs for support vector machines and comparisons to regularized likelihood methods. in *Advances in Large Margin Classifiers* (eds. Smola, A. *et al.*), Cambridge MIT Press.

[99] Prentice,R.L., Williams,B.J. and Peterson, A.V.(1981): On the regression analysis of multivariate failure time data, *Biometrika*, **68**, 373-379.

[100] Putter,H., Fiacco, M. and Geskus, R.B.(2007): Tutorial in Biostatistics; Competing risks and multi-state models, *Statistics in Medicine*, **26**, 2389-2430.

[101] Ramsay, J.O. and Silverman, B.W. (2002): *Applied Functional Data Analysis: Methods and Case Studies*, Springer.

[102] Ramsay, J.O. and Silverman, B.W. (2005): *Functional Data Analysis, 2nd edition*, Springer.

[103] Ramsay, J.O., Hooker, G. and Graves, S. (2009): *Functional Data Analysis with R and MATLAB (Use R!)*, Springer.

[104] Ramsay, J.O., Wickham, H., Graves, S. and Hooker,G. (2013): *Functional Data Analysis. Version 2.4.0 Date 2013-05.* http://cran.r-project.org/web/packages/fda/fda.pdf

[105] Richard, M.D. and Lippman, R.P. (1991): Neural network classifiers estimate Bayesian a *posteriori* probabilities. *Neural Computation*, **3**, 461-483.

[106] Ripley, B.D. (1996): *Pattern Recognition and Neural Networks*, Cambridge University Press.

[107] rpart.control() http://finzi.psych.upenn.edu/R/library/rpart/html/rpart.control.html

[108] Ruppert,D., Wand, M.P. and Caroll, R.J. (2003): Semiparametric Regression, Cambridge Univ. Press, Cambridge.

[109] 桜井明 (1991)：スプライン関数入門，東京電機大学出版局.

[110] Schölkopf, B. and Smola, A.J. (2002): *Learning with Kernels,Support Vector Machines, Regularization, Optimization, and Beyond*, The MIT Press.

[111] Shawe-Taylor, J. and Cristianimi, N.(2004): *Kernel Methods for Pattern Analysis*, Cambridge University Press.

[112] Shepherd, A.J. (1997): *Second-Order Methods for Neural Networks*, Springer.

[113] 柴田里程（訳）(1992)：S と統計モデル，共立出版.

[114] Shibata, R. (1997): Bootstrap estimate of Kullback-Leibler information for model selection. *Statistica Sinica*, **7**, 375-394.

[115] 庄野宏 (2000)：情報量規準とステップワイズ検定の比較と水産資源解析への応用，遠洋水産研究所報告，**37**，1-8. http://fsf.fra.affrc.go.jp/bulletin/pdf/37/shono37.pdf

[116] 庄野宏 (2006)：統計モデルとデータマイニング手法の水産資源解析への応用，筑波大学博士審査論文．http://www.fra.affrc.go.jp/bulletin/bull/bull22/shono.pdf

[117] Solla, S.A. and Levin, E. (1988): Accelerated learning in layered neural networks, *Complex Systems*, **2**, 625-640.

[118] 竹澤邦夫 (2003)：ペナルティ付きクロスバリデーション．応用統計学，**32**，1，31-42.

[119] Takezawa, K. (2006): *Introduction to Nonparametric Regression*, John Wiley.

[120] 竹澤邦夫 (2007a)：みんなのためのノンパラメトリック回帰（上）第3版，吉岡書店．

[121] 竹澤邦夫 (2007b)：みんなのためのノンパラメトリック回帰（下）第3版，吉岡書店．

[122] 竹澤邦夫 (2009)：R によるノンパラメトリック回帰の入門講義，メタブレーン．

[123] 竹澤邦夫 (2010)：R による画像表現と GUI 操作，カットシステム．

[124] 田中豊，森川敏彦，山中竹春，冨田誠（訳）(2008)：一般化線形モデル入門（原著第2版），共立出版．

[125] 丹後俊郎 (2000)：統計モデル入門，朝倉書店．

[126] Therneau, T. M. and Grambsch, P.M. (2000): *Modeling Survival Data: Extending the Cox Model*, Springer.

[127] Therneau,T.M., Grambsch,P.M. and Pankratz,V.S. (2003): Penalized survival models and frailty. *Journal of Computational and Graphical Statistics*, **20**, 156-175.

[128] Tibshirani, R. (1996): A comparison of some error estimates for neural network models. *Neural Computation*, **8**, 152-163.

[129] 辻谷將明，和田武夫 (2012)：R で学ぶ確率・統計，共立出版．

[130] Tsujitani, M. and Koshimizu, T. (2000): Neural Discriminant Model. *IEEE transactions on Neural Networks*, **11**, 1394-1401.

[131] 辻谷將明 (2004)：関西多変量解析法セミナー入門コーステキスト（第5章　判別と予測），日本科学技術連盟．

[132] 辻谷將明，青木雅彦 (2005)：ニューロ回帰モデル，リサンプリング，そして診断．電子情報通信学会論文誌，**J88-D-2**，398-405.

[133] 辻谷將明，左近賢人 (2005)：時間依存型予測変数を伴う生存データの解析．応用統計学，**34**，15-29.

[134] 辻谷將明，外山信夫 (2007)：R による GAM 入門．行動計量学，**34**，111-131.

[135] Tsujitani, M. and Sakon, M. (2009): Analysis of survival data having time-dependent covariates. *IEEE transactions on Neural Networks*, **20**, 389-394.

[136] 辻谷將明，竹澤邦夫 (2009)：R で学ぶデータサイエンス 6，マシンラーニング，共立出版．

[137] Tsujitani, M. and Tanaka, Y.(2011):Cross-validation,Bootstrap, and support vector machines, *Advances in Artificial Neural Systems*, **2011**.

[138] Tsujitani, M. and Baesens, B.(2012) : Survival analysis for personal loan data using generalized additive models, *Behaviormetrika*, **39**,9-23.

[139] Tsujitani, M., Tanaka, Y. and Sakon,M.(2012):Survival analysis with time-dependent covariates using generalized additive models, *Computational and Mathematical Methods in Medicine*, **2012**.

[140] Tsujitani, M., Iba,K. and Tanaka,Y.(2012):Neural discriminant models, bootstrapping and simulation, *Computational and Mathematical Methods in Medicine*, **2012**.

[141] Tsujitani, M. and Tanaka, Y. (2013): Analysis of heart transplant survival data using generalized additive models, Computational and Mathematical Methods in Medicine, Article ID 609857.

[142] 辻谷將明，田中裕輔 (2013)：フリーソフト R を活用した生存データ解析（総合報告），大阪電気通信大学研究論集（自然科学編），**48**,49-83.

[143] Venables,W.N. and Ripley, B.D. (2002): *Modern Applied Statistics with S*, Springer.

[144] Wahba,G. (1999): Support vector machines, reproducing kernel hilbert spaces and the randomized GACV. in *Advances in Kernel Methods-Support Vector Learning* (eds.

Schölkopf, B., Burges, C.J.C. and Smola, A.J.), 69-88, MIT Press.

[145] Wang, Y.(1997): GRKPACK: Fitting smoothing spline ANOVA models for exponential families. *Commun. Statist.-Simulat. Comput.*, **26**, 765-782.

[146] Wang, Y., Wahba, G., Gu, C., Klein, R. and Klein, B.(1997): Using smoothing spline ANOVA to examine the relation of risk factors to the incidence and progression of diabetic retinopathy. *Statistics in Medicine*, **16**, 1357-1376.

[147] White, H. (1989): Learning in artificial neural networks: A statistical perspective. *Neural Computation*, **1**, 425-464.

[148] Wood, S. N. (2000): Modelling and smoothing parameter estimation with multiple quadratic penalties. *Journal of the Royal Statistical Society, Series B*, **62**, 413-428.

[149] Wood, S.N. (2004): Stable and efficient multiple smoothing parameter estimation for generalized additive models. *Journal of the American Statistical Association*, **99**, 673-686.

[150] Wood, S.N. (2006): *Generalized additive models: An Introduction with R*, Chapman & Hall/CRC.

[151] Wood, S.N. (2008): Fast stable direct fitting and smoothness selection for generalized additive models. *Journal of the Royal Statistical Society Series B*, **70**, 3, 495-518.

[152] Wood, S.N. and Augustin,N.H. (2002): GAMs with integrated model selection using penalized regression splines and applications to environmental modelling. *Ecological Modelling*, **157**, 157-177.

[153] Xiang, D. and Wahba,G. (1996): A generalized approximate cross validation for smoothing splines with non-Gaussian data. *Statistica Sinica*, **6**, 675-692.

[154] 矢部博, 八卷直一 (1999)：非線形計画法, 朝倉書店.

[155] Yee, T.W. (1998): On an alternative solution to the vector spline problem. *Journal of the Royal Statistical Society, Series B*, **60**, 183-188.

[156] Yee, T.W. and Mackenzie, M. (2002): Vector generalized additive models in plant ecology. *Ecological Modelling*, **157**, 141-156.

[157] York, T.P., Eaves, L.J. and Oord. E. J. C. G. v.d. (2006): Multivariate adaptive regression splines: a powerful method for detecting disease-risk relationship differences among subgroups. *Statistics in Medicine*, **25**, 1355-1367.

[158] Zhang, J., Jin, R.,Yang, Y. and Hauptmann, A.G. (2003): Modified logistic regression: An approximation to SVM and its applications in large-scale test categorization. in *Proceedings of the Twentieth International Conference on Machine Learning*, Washington DC.

[159] Zhu, J. and Hastie, T. (2005): Kernel logistic regression and import vector machine. *Journal of Computational and Graphical Statistics*, **14**, 185-205.

索 引

■ 英字（一般名）

AIC, 14, 192
Anderson-Gill モデル, 236
B-スプライン基底, 52, 53, 72, 74, 78, 91, 149
BIC, 193
`bifd()`, 78
`bifdPar()`, 78
Breslow 型推定量, 256
car.test.frame.csv, 16, 39, 153, 169, 179
CIF, 247
`create.bspline.basis()`, 53, 57, 59, 65, 72, 78, 91
`create.constant.basis()`, 66, 73
CV: Cross-Validation, 14, 57

deleted studentized residual, 20
DFFITS, 24

EIC, 192
`eval.bifd()`, 78
`eval.fd()`, 67, 73, 79
externally studentized residual, 20

`fdPar()`, 57, 59, 66, 73, 78, 91
`fRegress()`, 66, 73
F 検定, 31, 34, 35, 47
F 値, 31, 35, 47

GACV, 122, 131, 146, 147
GCV: Generalized Cross-Validation, 14, 58, 62, 66, 67, 74, 146, 173
GLM, 119
Gray 検定, 251

`inprod()`, 91, 92
internally studentized residual, 21

Kullback-Leibler 情報量, 186

leaving-one-out method, 14
`linmod()`, 78

MARS(Multivariate Adaptive Regression Splines), 149
Mayo updated モデル, 228
MLE, 5
mvpart, 16, 153, 154, 158, 160, 161, 164, 167, 169
mylda2, 102

offset, 139
one SE ルール (one SE rule), 158
overdispersion, 123, 140, 148

painters, 163
partial F-test, 35
`pca.fd()`, 91
Pepe&Mori 検定, 254
`persp()`, 79
PIRLS, 122
predictor, 10
predictor variable, 10
PWP gap モデル, 239
PWP モデル, 238
p 値, 28, 29, 33, 35

residuals, 11

scale, 126
`screen()`, 79

sequential F-test, 47
set.seed(), 65
smooth.basis(), 54, 57, 60, 65, 72, 73, 78, 79, 91, 93
smooth.spline(), 55
split.screen(), 79
sum of squares, 11

TIC, 137
t 検定, 28
t 値, 28
t 分布, 23, 29

UBRE, 126, 143

vector(), 66, 72

■ R の関数コマンド
anova(), 34, 46
aov(), 46, 47
coef(), 18, 28
colnames(), 17
contour(), 145
deviance(), 129
dffits(), 26
expand.grid(), 172, 181
family=negbin, 143
fitted(), 17
gam(), 125, 126, 128, 129, 131, 142, 143
gam.method(), 126, 128, 131
glm(), 131
hist(), 129
image(), 144, 145
ipredbagg(), 169, 172
kernlab(), 203
ksvm(), 203
lda(), 111, 113, 130
lm(), 13, 17, 25, 39, 45, 92
lm.influence(), 17, 22, 25
mars(), 173, 175, 179, 180, 182
mvpart(), 160, 161, 167
pf(), 33, 35, 46, 47
plot.rpart(), 154, 164
plotcp(), 158
predict(), 93, 106, 127, 128, 130, 131, 133, 136, 138, 144, 145, 204, 215
pt(), 28, 29
qda(), 106, 107
qqnorm(), 129
quantile(), 28

residuals(), 22, 28, 35, 46, 47
rownames(), 17
rpart(), 154, 158, 164, 167
rstandard(), 22
rstudent(), 22
solve(), 28
stdres(), 22
studres(), 22
summary(), 27, 29, 126, 128, 131, 136, 142, 143, 213
svm(), 215
table(), 113, 127, 128, 130, 131, 133
text(), 154, 164
tune.svm(), 213, 214
vgam(), 135, 138
xpred.rpart(), 158

■ パッケージの名称
e1071, 213, 215
fda, 53, 57, 59, 65, 72, 78, 90
GAM, 119
gamair, 142, 143
MASS, 22, 106, 111, 130
mgcv, 125, 126, 128, 131, 142, 143
VGAM, 134, 135, 137

■ あ行
赤池の情報量規準, 14

1 次のスプライン, 172
1 例消去 CV 法, 104, 136, 214
逸脱度, 120, 121, 192, 198, 232
一般化クロスバリデーション, 14, 58, 173
一般固有値問題, 110
イベントヒストリー解析, 236

重み, 120
重み関数, 84

■ か行
回帰係数, 50, 149
カイ 2 乗分布, 12
改善度, 155
外部スチューデント化残差, 20
外部反復, 123, 146
過学習, 196, 210
確率分布, 1
確率変数, 11
確率密度関数, 2
隠れ層, 184
隠れユニット数, 192

隠れユニット数の決定, 192
過剰当てはめ, 121
カーネル関数, 207, 208
カーネルトリック, 207
カーネルロジスティック判別モデル, 210
加法モデル, 61
関数主成分分析, 79, 91
関数データ・オブジェクト, 54, 57, 78
関数パラメータ・オブジェクト, 57
完全, 84
肝臓病データ, 135
ガンマ分布, 139

棄却域, 29
疑似乱数, 57
期待値, 3, 11
基底, 66, 73
競合リスクイベント, 247
競合リスク回帰モデル, 255
競合リスクモデル, 240
教師値, 184
共分散, 4, 97
局外パラメータ, 7
局所的最適解, 202
局所評点化法, 120

区分的線形関数, 52
グリッド検索, 213
クロスエントロピー, 186, 209
クロスバリデーション, 14, 57
群間平方和, 110, 114
群内平方和, 110, 114
訓練標本, 200, 212, 215

計画行列, 10, 13, 181
決定係数, 30
決定値, 204, 209
検証標本, 196, 200, 212, 215
原発性胆汁性肝硬変データ, 223

交互作用, 123, 131
交差検証法, 14
甲状腺データ, 195
後退当てはめ法, 120
誤差, 1
誤差逆伝播, 189
骨髄腫症データ, 241
固有値, 81
固有ベクトル, 81

■ さ行

最小2乗法, 10, 50
再生核ヒルベルト空間, 210
最大モデル, 232
最大尤度, 121
最尤推定量, 5, 185
削除後スチューデント化残差, 20
サポートベクター, 202
残差, 19
残差2乗和, 11, 50
残差標準誤差, 30
3次のスプライン, 173
3次のスプライン関数, 52

死因別ハザード関数, 247
指数分布族, 7, 119
自然スプライン, 56
自然パラメータ, 7
実現値, 11
ジニ係数, 166
四分位数, 28
重回帰式, 10
10群 CV, 156, 157, 158, 159, 160, 161, 162, 165, 167, 168, 169, 174
重決定係数, 30
自由度, 12
自由度調整済み決定係数, 31
周辺分布, 4
樹形図, 150
主成分分析, 79
出力層, 184
出力値, 184
主問題, 201
順位, 227

スカラーを目的変数とする関数線型モデル, 61
スケールパラメータ, 140, 144, 148
スチューデント化残差, 20
スパースネス, 202
スプライン関数, 50, 52, 55, 62, 67, 74
スラック変数, 205, 209

正規直交基底, 83
正規分布, 3, 12
正射影, 83, 85
正準判別解析, 109
正準変量, 109, 110
生存関数, 233
性能指向型反復, 123, 146

脊柱後湾症データ, 125
漸近カイ 2 乗性, 232
線形回帰, 58
線形結合, 52, 83
線形判別, 129
線形判別関数, 99
線形微分演算子, 57
線形分離可能, 200
選択バイアス, 36, 174

相関係数, 97
相関比, 109, 115
双対形式, 201, 217, 219
双対問題, 201
総平方和, 114
層別比例ハザードモデル, 241
ソフトマージン, 205, 207
ソフトマックス変換, 189
損失関数, 211

■ た行
大局的最適解, 202
対称行列, 20
対数オッズ, 209
対数線形性, 223
多群判別, 107, 135
多項分布, 4, 133
多項ロジットモデル, 134
多重状態, 236
多値応答, 134
ダブル・クロスバリデーション, 36
多変量正規分布, 117
ターミナルノード, 150
探査スコア, 84
探査スコア分散, 85

逐次 F 検定, 47
鳥瞰図, 79
調整従属変数, 120, 147
調整パラメータ, 205, 213
超平面, 199
直交系, 84
直交展開係数, 85

梃子値, 14, 17, 22, 182
凸凹ペナルティ, 51, 149
デザイン行列, 10, 121
データフレーム, 13
転置, 10, 72, 91

動径基底, 208
動径基底関数, 213
統計量, 14
同時確率, 5
糖尿病データ, 212
糖尿病網膜症データ, 131
特徴空間, 208, 219
独立変数, 10

■ な行
内積, 80, 91
内部スチューデント化残差, 21

二項分布, 2, 119, 148
2 次計画, 201, 202, 207, 217, 219
2 次判別関数, 105
ニューラルネットワークモデル, 233
入力層, 184

ノード, 150
ノルム, 83, 86
ノンパラメトリック回帰, 50

■ は行
葉, 150
バイアス, 198
バイアス補正, 213
バギング, 169
バギング樹形モデル, 169
薄板スプライン, 123
薄板平滑化スプライン, 141
ハザード関数, 231, 233, 234
バックプロパゲーション学習則, 188
ハット行列, 11, 19, 58, 122, 181
パラメトリックモデル, 121
反復再重み付き最小二乗, 148
判別スコア, 101

ピアソン統計量, 122, 147
1 つ取って置き法, 14
標準化残差, 20
標準誤差, 159
標準残差, 20
標準正規分布, 3
標準偏差, 159
標本分散共分散, 80
比例オッズモデル, 135
比例ハザード性, 223

複雑度コスト測度, 154
節点, 52

ブートストラップ推定, 198
ブートストラップ・データ, 169
ブートストラップ標本, 197, 214, 232
ブートストラップ法, 125, 192, 213, 232, 233, 234
負二項分布, 139
部分分布, 247
部分密度関数, 247
部分尤度, 227
部分ロジスティックモデル, 231, 232, 233, 234
フーリエ基底, 74
分岐, 150
分岐ルール, 150
分散共分散行列, 20, 97
分布関数, 2
分離可能, 205

ペア・ブートストラッピング, 232
平滑化スプライン, 50, 54, 57, 60, 61, 65, 72, 73, 78, 86, 91, 93, 119, 149
平滑化パラメータ, 51, 57, 61, 67, 74, 121, 152
ベイズの事後確率, 103, 186, 187, 209, 211, 233
ベイズの定理, 116
ベースライン生存関数, 229
ヘッセの公式, 103, 200
ペナルティ行列, 121
ペナルティ付き反復再み付き最小二乗, 122
ペナルティ付き対数尤度, 120
ベルヌーイ試行, 2, 119
ベルヌーイ分布, 117, 185, 210, 220, 221, 232

ポアソン比率モデル, 139
ポアソン分布, 2, 139
母集団, 1
母標準偏差, 3
母分散, 3
母平均, 3

■ ま行
マサバ卵データ, 141
マージン, 200, 205, 207, 211, 216
マシンラーニング, vi

マハラノビスの汎距離, 96, 98, 107
マハラノビスの平方距離, 99, 105

見かけ上の誤判別率, 104

無作為, 1

目的変数, 10, 50

■ や行

尤度関数, 5
尤度比検定, 123
ユークリッドの距離, 95

ヨーロッパ new version モデル, 228
予後指数, 228
予測誤差, 14, 19, 57
予測平方和規準, 184, 187, 188
予測変数, 10, 50
4 重節点, 52

■ ら行
ラグランジェ関数, 201, 205, 206, 216
ラグランジェの未定乗数, 81
ラグランジェの未定乗数法, 80

離散型確率変数, 1
リスト形式, 66, 72
リンク荷重, 185, 186, 188
リンク関数, 119, 139

類似度, 208
累積確率, 135
累積寄与率, 110
累積ハザード関数, 230
累積発生関数, 247
累積分布関数, 1
累積ベースラインハザード関数, 230
累積ロジット, 135

ロジスティック回帰, 148
ロジスティック判別, 107, 116, 119, 129, 133, 209, 210, 211
ロジスティック判別モデル, 196
ロジット変換, 185, 221

著者紹介

辻谷將明（つじたに まさあき）

[略歴] 1948年生まれ
1980年 大阪府立大学大学院工学研究科修了
[専攻] 数理統計学
[現職] 大阪電気通信大学 情報通信工学部 情報工学科 教授，工学博士
[著書] 『パワーアップ 確率・統計』（共著，共立出版），『実用 実験計画法』（共著，共立出版），『Rで学ぶ確率・統計』（共著，共立出版）

竹澤邦夫（たけざわ くにお）

[略歴] 1959年生まれ
1984年 名古屋大学大学院 工学研究科 応用物理学専攻 博士課程前期修了
[専攻] 応用統計学
[現職] 独立行政法人 農業・食品産業技術総合研究機構 中央農業総合研究センター 情報利用研究領域 上席研究員，博士（農学）
[著書] 『みんなのためのノンパラメトリック回帰』〈上・下〉（吉岡書店），『シミュレーションで理解する回帰分析』（共立出版）

Rで学ぶデータサイエンス 6	著　者	辻谷將明・竹澤邦夫　ⓒ 2015
マシンラーニング　第2版	発行者	南條光章
Machine Learning Second Edition	発行所	共立出版株式会社
2009年 6月20日　初　版1刷発行		東京都文京区小日向 4-6-19（〒112-0006）
2011年 5月 1日　初　版3刷発行		電話 03-3947-2511（代表）
2015年 2月25日　第2版1刷発行		振替口座 00110-2-57035
		http://www.kyoritsu-pub.co.jp/
	印　刷	啓文堂
	製　本	協栄製本

一般社団法人
自然科学書協会
会員

検印廃止
NDC 350.1
ISBN 978-4-320-11103-5

Printed in Japan

JCOPY 〈(社)出版者著作権管理機構委託出版物〉
本書の無断複写は著作権法上での例外を除き禁じられています．複写される場合は，そのつど事前に，(社)出版者著作権管理機構（電話 03-3513-6969, FAX 03-3513-6979, e-mail: info@jcopy.or.jp）の許諾を得てください．

Rで学ぶデータサイエンス

金 明哲 [編集] ／全20巻

本シリーズは「R」を用いたさまざまなデータ解析の理論と実践的手法を，読者の視点に立って「データを解析するときはどうするのか？」「その結果はどうなるか？」「結果からどのような情報が導き出されるのか？」を分かり易く解説。【各巻：B5判・並製】

1 カテゴリカルデータ解析
藤井良宜著　カテゴリカルデータの取り扱い／カテゴリカルデータの集計とグラフ表示／比率に関する分析／2元分割表の解析他 192頁・本体3300円

2 多次元データ解析法
中村永友著　統計学の基礎／Rの基礎／線形回帰モデル／判別分析／ロジスティック回帰モデル／主成分分析法他 …… 264頁・本体3500円

3 ベイズ統計データ解析
姜 興起著　Rによるファイルの操作とデータの視覚化／ベイズ統計解析の基礎／線形回帰モデルに関するベイズ推測他 …… 248頁・本体3500円

4 ブートストラップ入門
汪 金芳・桜井裕仁著　Rによるデータ解析の基礎／ブートストラップ法の概説／推定量の精度のブートストラップ推定他 …… 248頁・本体3500円

5 パターン認識
金森敬文・竹之内高志・村田 昇著　判別能力の評価／k-平均法／階層的クラスタリング／混合正規分布モデル／判別分析他 … 288頁・本体3700円

6 マシンラーニング 第2版
辻谷將明・竹澤邦夫著　重回帰／関数データ解析／Fisherの判別分析／一般化加法モデル（GAM）による判別／樹形モデルとMARS他 288頁・本体3700円

7 地理空間データ分析
谷村 晋著　地理空間データ／地理空間データの可視化／地理空間分布パターン／ネットワーク分析／地理空間相関分析他 …… 258頁・本体3700円

8 ネットワーク分析
鈴木 努著　ネットワークデータの入力／最短距離／ネットワーク構造の諸指標／中心性／ネットワーク構造の分析他 ……… 192頁・本体3300円

9 樹木構造接近法
下川敏雄・杉本知之・後藤昌司著　分類回帰樹木法とその周辺／検定統計量に基づく樹木／データピーリング法とその周辺他 … 228頁・本体3500円

10 一般化線形モデル
粕谷英一著　一般化線形モデルとその構成要素／最尤法と一般化線形モデル／離散的データと過分散／擬似尤度／交互作用他 … 224頁・本体3500円

11 デジタル画像処理
勝木健雄・蓬来祐一郎著　デジタル画像の基礎／幾何学的変換／色，明るさ，コントラスト／空間フィルタ／周波数フィルタ他 258頁・本体3700円

12 統計データの視覚化
山本義郎・飯塚誠也・藤野友和著　統計データの視覚化／Rコマンダーを使ったグラフ表示／Rにおけるグラフ作成の基本／他 236頁・本体3500円

13 マーケティング・モデル
里村卓也著　マーケティング・モデルとは／R入門／確率・統計とマーケティング・モデル／市場反応の分析と普及の予測他 … 180頁・本体3300円

14 計量政治分析
飯田 健著　統計的推論：政党支持におけるジェンダーギャップ／最小二乗法による回帰分析：政府のパフォーマンスの決定要因他 … 160頁・本体3500円

15 経済データ分析
野田英雄・姜 興起・金 明哲著　統計学の基礎／国民経済計算／Rに基本操作／時系列データ分析／産業連関分析／回帰分析他 ……… 続 刊

16 金融時系列解析
川崎能典著　時系列オブジェクトの基本操作／一変量時系列モデル／非定常性時系列モデル／時系列回帰分析／他 …………… 続 刊

17 社会調査データ解析
鄭 躍軍・金 明哲著　R言語の基礎／社会調査データの特徴／標本抽出の基本方法／社会調査データの構造／調査データの加工他 288頁・本体3700円

18 生物資源解析
北門利英著　確率的現象の記述法／統計的推測の基礎／生物学的パラメータの統計的推定／生物学的パラメータの統計的検定他 … 続 刊

19 経営と信用リスクのデータ科学
董 彦文著　経営分析の概要／経営実態の把握方法／経営指標の予測／経営指標間の因果関係分析／企業・部門の差異評価他 …… 続 刊

20 シミュレーションで理解する回帰分析
竹澤邦夫著　線形代数／分布と検定／単回帰／重回帰／赤池の情報量基準（AIC）と第三の分散／線形混合モデル／他 ……… 240頁・本体3500円

http://www.kyoritsu-pub.co.jp/

共立出版

税別価格（価格は変更される場合がございます）

https://www.facebook.com/kyoritsu.pub